脱硫石膏基复合材料结构设计与功能化研究

陈 畅 著

北 京
冶 金 工 业 出 版 社
2024

内 容 提 要

本书详细阐述了脱硫石膏基复合材料的结构设计和功能化处理过程，主要内容包括脱硫石膏基复合材料增强增韧机理研究、轻质脱硫石膏基复合材料性能研究、耐水型脱硫石膏基复合材料性能研究、相变储能型脱硫石膏基复合材料性能优化研究。

本书可供材料科学、材料工程、材料应用、环境工程、建筑设计及相关领域的科研人员、工程技术人员和管理人员阅读，也可供高等院校相关专业师生参考。

图书在版编目（CIP）数据

脱硫石膏基复合材料结构设计与功能化研究 / 陈畅著. -- 北京 : 冶金工业出版社, 2024. 10. -- ISBN 978-7-5024-9999-0

Ⅰ. TQ177. 3

中国国家版本馆 CIP 数据核字第 2024UZ2071 号

脱硫石膏基复合材料结构设计与功能化研究

出版发行 冶金工业出版社　**电　话** (010)64027926
地　址 北京市东城区嵩祝院北巷 39 号　**邮　编** 100009
网　址 www. mip1953. com　**电子信箱** service@ mip1953. com

责任编辑　高　娜　美术编辑　吕欣童　版式设计　郑小利
责任校对　梁江凤　责任印制　禹　蕊
北京建宏印刷有限公司印刷
2024 年 10 月第 1 版，2024 年 10 月第 1 次印刷
710mm×1000mm　1/16；15. 25 印张；295 千字；234 页
定价 118. 00 元

投稿电话　(010)64027932　投稿信箱　tougao@cnmip. com. cn
营销中心电话　(010)64044283
冶金工业出版社天猫旗舰店　yjgycbs. tmall. com
(本书如有印装质量问题，本社营销中心负责退换)

前　言

脱硫石膏基复合材料具有低碳环保、生产效率高、产品质量稳定、可循环利用等特点，在众多的建筑材料中具有独特的优势。此外，该复合材料还具有许多其他优点，如耐火性强、隔音性好、可加工性及装饰性良好等。因此，脱硫石膏基复合材料的广泛应用可以满足不同市场多元化需求。然而，关于固体废物脱硫石膏的利用，我国一直处于落后水平。目前，脱硫石膏产品存在强度较低、容重大、不耐水等问题，因此亟须通过大量实验研究解决这些问题，以提高脱硫石膏基复合材料的性能和拓展其应用领域。作者针对这些问题进行了系统研究，并根据多年来的研究成果撰写本书，以期促进脱硫石膏基复合材料的研究与发展。

本书主要内容包括四个方面：一是介绍掺加不同种类工业废渣和纤维对脱硫石膏基复合材料力学性能的改善及其机理分析；二是介绍脱硫石膏基复合材料的轻质化处理及其性能分析；三是介绍通过不同防水剂的添加和制备工艺的优化改善脱硫石膏基复合材料的耐水性；四是介绍掺加不同类型的相变材料对石膏基复合材料物理、力学、热性能的影响。

本书由西安建筑科技大学陈畅撰写。在本书的写作和成稿过程中，研究生王多明对部分图表进行重新绘制，并对资料进行了仔细整理，亢泽千、王楠、马奋天、张少杰、王欢、邓逸豪、房立童、王诗语等进行了文字录入及校对工作。此外，对西安建筑科技大学陈延信教授、王宇斌教授和何廷树教授给予的大力帮助深表感谢！同时，对书中所引用文献资料的作者致以诚挚的谢意！

由于本书涉及知识面较为广泛，加上作者水平有限，书中难免有不足之处，恳请广大读者指正。

作　者

2024 年 5 月

目录

1 绪　　论

1.1 脱硫石膏概述

1.1.1 脱硫石膏资源现状

能源短缺和环境污染问题制约着社会的可持续发展，因此能源消费已成为全球关注的焦点。目前，我国正处于能源转型的新时代，在节能减排、绿色可持续发展的大背景下，水力发电、风力发电、太阳能发电等发电方式不断兴起，但如今中国的能源结构仍以火力发电形式为主。图 1.1 中 2023 年国家能源局发布的全国电力工业统计数据显示：火力发电装机占全年发电装机容量的 47.6%。

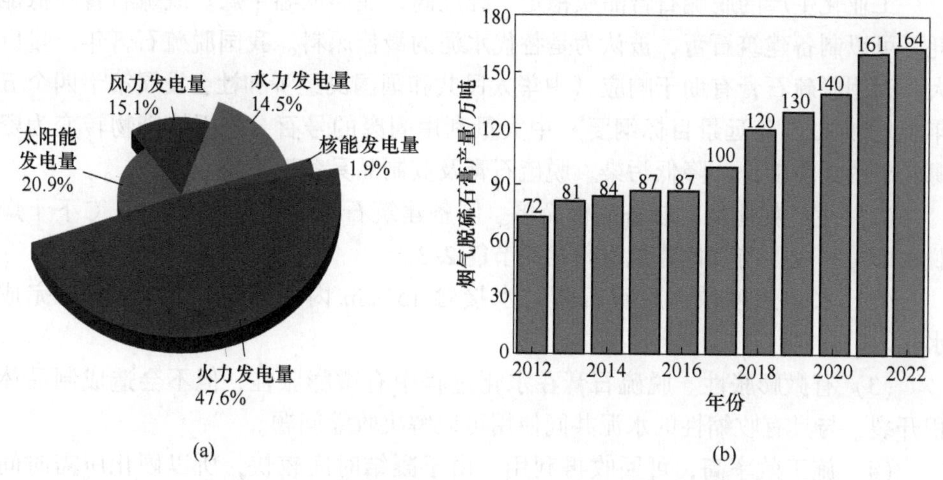

图 1.1　2023 年中国发电结构（a）及烟气脱硫石膏产量趋势（b）

建筑能耗占了总能耗的相当大的一部分，促进建筑材料行业的节能减排已成为解决建筑领域能源供需不平衡的有效途径。其中，烟气脱硫石膏（flue gas desulfurization gypsum，简称 FGDG，也称脱硫石膏）是热电工业中产生的一种副产品，产生于净化电厂烟气以消除二氧化硫排放的过程中。随着能源消耗的不断增加和环境保护要求的日益严格，其产量呈现逐年大幅提高的趋势（如图 1.1（b）所示）。自 2014 年成为中国散装固体废物（各工业区生产活动年产 1000 万吨以上，对环境和安全影响较大的固体废物）至今，其年产量和现有储量均位于固体废物前列。2020 年，全球脱硫石膏产量估计达到 2. 55 亿吨，主要分布在亚洲（55%），其次是欧洲（22%）、北美（18%）和世界其他地区（5%）。2022 年我国脱硫石膏产量约为 1. 64 亿吨，而利用量约 1. 18 亿吨，利用率仅为 72%。在 2024 年 2 月《国务院办公厅关于加快构建废弃物循环利用体系的意见》中指出：到 2025 年，初步建成覆盖各领域、各环节的废弃物循环利用体系，主要废弃物循环利用取得积极进展。尾矿、粉煤灰、煤矸石、冶炼渣、工业副产石膏、建筑垃圾、秸秆等大宗固体废弃物年利用量达到 40 亿吨，新增大宗固体废弃物综合利用率达到 60%。到 2030 年，建成覆盖全面、运转高效、规范有序的废弃物循环利用体系，各类废弃物资源价值得到充分挖掘，再生材料在原材料供给中的占比进一步提升，资源循环利用产业规模、质量显著提高，废弃物循环利用水平总体居于世界前列。在碳中和以及环境治理的大背景下，固体废物的资源化利用成为新的研究热点。

1.1.2 脱硫石膏特性

工业化生产的脱硫石膏品质稳定，纯度高，能够低温干燥。脱硫石膏在低能耗下可以制备建筑石膏，被认为是替代水泥的最佳原料。我国脱硫石膏年产量巨大，利用脱硫石膏有助于响应《中华人民共和国国民经济和社会发展第十四个五年规划和 2035 年远景目标纲要》中大量利用固废的号召，将固体废物转变为资源，节约天然能源，降低污染。脱硫石膏及其制品具备以下特点：

（1）生产耗能低，制备流程简单。制备建筑石膏仅需在 150~180 ℃下干燥脱水即可完成，与其他建筑材料相比节能 2/3。

（2）水化速度快。脱硫石膏与水接触 15 min 内便可凝结，2 d 内可完成水化。

（3）有微膨胀性。脱硫石膏在水化过程中有微膨胀性，但不会造成制品体积开裂，与具有收缩性的水泥共同使用可以解决收缩问题。

（4）施工效率高，可回收再利用。由于凝结时间较快，所以硬化所需时间短，施工效率高，废弃的二水石膏经过脱水之后可制备出建筑石膏再利用。

（5）耐火性能好。脱硫石膏水化产物为二水石膏，遇火之后可释放部分结晶水，形成水汽，延缓温度升高，阻碍火势蔓延。

（6）轻质、吸声。密度在 1.0 kg/m^3 左右，远低于水泥制品的 2.4 kg/m^3。石膏水化用水量过大，在硬化后蒸发留下大量孔隙，这些孔隙有较好的吸声与隔声效果。

（7）对人体亲和，可以适当调节石膏制品周围温度。脱硫石膏在硬化后形成的微孔结构能够吸收空气中的水分，降低湿度，高温时孔隙中水分蒸发，降低温度，维持石膏周围温度的稳定。

（8）防水性差。由于脱硫石膏拌和用水量过大，在水化后留下孔隙，导致吸水率过高，同时石膏微溶于水，结构被破坏，导致吸水后力学性能大幅下降。

1.1.3 脱硫石膏的综合利用途径及其难题

脱硫石膏是在燃煤电厂或钢厂等企业的脱硫系统中生成的，一般表现为略带黄色的颗粒。硫酸钙晶体颗粒独立存在，极少出现黏结现象，硫酸钙晶体形貌以菱形为主。由于各地电厂的脱硫工艺不同，脱硫石膏中的杂质种类较为复杂，盐类以及碳酸钙杂质含量较多，其中氯离子（Cl^-）在可溶性杂质中最具有代表性。杂质成分和含量是脱硫石膏性能的最大影响因素，直接影响到其煅烧后的脱硫建筑石膏在物理、力学性能的差异。此外，烟气脱硫技术对氧化钙含量要求严格，使得脱硫石膏产品的化学成分较稳定，其硫酸钙晶体纯度一般在90%以上。

目前脱硫石膏的资源化利用途径分为两种：第一，燃煤电厂脱硫后直接利用脱硫石膏作为水泥缓凝剂或盐碱地土壤改良剂；第二，脱硫石膏出厂后再进一步进行粉磨改性煅烧成为建筑石膏进行利用。

用脱硫石膏作为水泥缓凝剂前景十分广阔，但因为脱硫石膏在出厂时含水量较高，造成运输、计量等方面的一些障碍。直接将工业副产脱硫石膏原状作外加剂添加到水泥中需要人工干预调节；或者利用经过造粒后的脱硫石膏，那么就不存在运输和计量的问题，但需要改进现有设备。由于石膏作为外加剂在水泥中的掺量相对较小，以至于用脱硫石膏完全代替天然石膏作为水泥缓凝剂尚未得到规模应用。

我国局部地区土壤碱化严重，而国内外目前改良碱化土壤的方法主要是利用石膏进行改良，但是天然石膏根据其分布特征导致原材料价格不稳定，而且作为重要建材之一，建材市场对石膏的需求很大，过高的石膏成本和石膏原料的短缺，导致盐碱地改良存在障碍。同时，我国大量燃煤电厂产生的工业副产脱硫石膏却成为企业固废处理的一个负担，如果工业固废脱硫石膏用于改良碱化土壤，不仅解决了企业固废处理的负担，而且可以解决盐碱地改良所存在的障碍。除此之外，脱硫石膏还含有硫酸钙、亚硫酸钙，以及容易被植物吸收的锶、钙等矿物元素，所以在土壤改良方面应该有很好的前景。

在我国北方的许多省份，如河北、辽宁、吉林等，已经在大量使用以脱硫石膏作为原材料的建筑材料。脱硫石膏作为建材使用，必须要对其进行粉磨使其颗粒产生级差，才能具有更好的凝结强度。在粉磨过程中，碾压力所形成的级差改性效果不好，劈裂力形成极差改性效果最好，接下来是碰撞力。在实际利用中可以在煅烧过程中同时完成脱水和改变粒级两项任务，美国的 Delta 磨以及国内正在研制的斯德炉都可以实现这两个功能。经过粉磨及煅烧后，脱硫石膏可以作为建筑石膏粉来生产石膏砌块、纸面石膏板、石膏装饰等建材。其中，石膏砌块作为高层建筑的非承重结构，可以降低建筑物自重。由于石膏具有吸湿、吸声、防火的生态优点，适宜作为室内的装饰，前景不容小觑。

脱硫石膏的生产过程具有能耗低、无废渣、无废水排放、可回收、生产速度快等特点，在众多的建筑材料中具有生产优势。此外，脱硫石膏制品还具有自重轻、凝结速度快、良好的耐火性、优异的隔声性、良好的加工性及良好的装饰性等优点。因此，脱硫石膏在建材行业的应用，不仅可以有效地解决长期大规模储存的问题，而且还可以满足建材市场的多元化需求。然而，目前我国的固体废物脱硫石膏产量巨大，国内关于脱硫石膏的科研和生产利用水平一直较为落后，资源化利用固废石膏的问题亟待加强，并且脱硫石膏制品应用方面仍然有很多问题，例如其强度相对较低、容重大、不耐水等。因此亟须大量研究解决这些问题，以提高脱硫石膏及其制品的性能，并扩大其应用领域。

1.2 脱硫石膏基复合材料性能优化

1.2.1 脱硫石膏基复合材料力学性能优化

1.2.1.1 *矿物掺和料增强脱硫石膏基复合材料研究及发展现状*

常见的矿物掺和料如粉煤灰、硅灰、矿粉等具有潜在的胶凝活性，其低成本和低碳排放使得它能够广泛地应用于建筑材料领域。但是由于矿物掺和料的来源、处理工艺和化学成分的不同，其可加工性、力学性能和活性指数等方面存在差异。对于不同的矿物掺和料，其对脱硫石膏性能的改善不同。

付建等人使用硅酸盐水泥增强建筑石膏，发现当硅酸盐水泥掺量为15%时，石膏基复合材料较对照组的抗压强度和软化系数分别提升了64.4%和62.5%，吸水率下降了28.5%。Wu等人使用了平均粒径为26.83 μm的硅酸盐熟料增强石膏基复合材料，脱硫石膏复合材料的抗折强度和抗压强度分别为5.4 MPa和10.7 MPa，分别比脱硫石膏高80%和15%，抗折软化系数和抗压软化系数分别达到0.61和0.54，比脱硫石膏高52.5%和58.8%。硅酸盐熟料主要成分是二氧化硅和氧化钙，同时也含有少量的氧化铝、三氧化二铁、氧化镁等，其在石膏晶体表面形成了高强度和不可溶的水化硅酸钙凝胶和钙矾石（Ettringite，缩写AFt）。赵敏等人的研究中，硫铝酸盐水泥降低了建筑石膏的标准稠度需水量，加速了石膏基复合材料的水化进程。当硫铝酸盐水泥掺量为10%时，石膏基复合材料的抗折强度和抗压强度提升了28.8%和34.7%，软化系数提升了11.6%。Cui等人通过单因素实验分别研究了硅灰、矿粉和粉煤灰对脱硫石膏基复合材料的力学性能和保温性能的影响。结果表明，硅灰、矿粉和粉煤灰的加入不仅提高了复合材料的力学性能和保温性能，且导热系数随复合材料的抗压强度的增加呈线性降低的趋势。

单因素方法主要用于矿物掺和料含量对脱硫石膏的性能影响研究，因此只能得到单一种类的最佳剂量，而不能实现多目标优化及协同效应的研究。Lesovik 等人研究了废弃混凝土对石膏-水泥胶凝体系的性能影响，随着废弃混凝土细度的降低，胶凝体系的抗压强度显著升高。这是由于先期未水化的水泥颗粒暴露，并在反应后期发生水化。Wu 等人自行制备了矿物相（$Ca_{20}Al_{13}Si_3Mg_3O_{68}$），由 $CaCO_3$、Al_2O_3、$(MgCO_3)_4 \cdot Mg(OH)_2 \cdot 5H_2O$ 和 SiO_2 按照一定比例配制而成，将其加入脱硫石膏中可以延长复合材料的放热时间，增加总水化热。其中，初级水合物包括二水硫酸钙、偏石、单硫铝酸盐等可以细化孔隙结构，提高复合材料的抗压强度和耐水性。柳京育等人通过实验确定了石膏-水泥-粉煤灰-石灰石粉体系的配合比，当脱硫石膏 80%、42.5 水泥 5%、粉煤灰 10%、石灰石粉 5%（质量分数）时，脱硫石膏基复合材料具有最佳的力学性能，其中水化后产生的水化硅酸钙凝胶以及钙矾石对其性能提升具有关键性作用。

Guo 等人采用单元中心设计法（simplex-centroid design method）研究了脱硫石膏、水泥和矿粉的最佳比例。当脱硫石膏、水泥和矿粉的最佳比例分别为 75%、5%和 20%时，二元和三元体系均具有良好的耐水性，软化系数可达到 0.71。Zhou 等人在建筑脱硫石膏中掺入铝酸盐水泥、矿粉和生石灰作为增强体，利用响应面法（response surface methodology，简称 RSM）的 Box-Behnken 设计程序建立了回归模型。模型结果显示水泥、矿粉和生石灰的最佳掺量（质量分数）分别为 7.82%、21%和 5.22%，石膏基复合材料具有良好的力学性能和耐水性。Li 等人使用了同样的方法探究了水泥、粉煤灰和石灰作为增强体时的最佳比例。其中，抗压强度和吸水率的最佳含量（质量分数）比分别为水泥：粉煤灰：石灰 = 10%：20%：14.86%和 20%：20%：14.29%。刘凤利等人使用生石灰、粉煤灰和水泥作为改性剂部分取代脱硫石膏，并建立了响应面预测模型。当生石灰为 5.53%、粉煤灰为 9.17%、水泥为 15.32%时，石膏基复合材料的抗压强度为 20.30 MPa，较脱硫石膏提高了 67.77%。Ji 等人的研究中使用磨细粒化高炉矿渣、电石渣和脱硫石膏制备了脱硫石膏基复合材料。胶凝体系中的主要水化产物为钙矾石、氢氧化钙和硅铝酸钙凝胶。其中，电石渣为粒化高炉矿渣的溶解提供了碱性环境，促进了硅铝酸钙凝胶的形成。脱硫石膏为钙矾石的形成提供了 SO_4^{2-}，最终基体中的硅铝酸钙凝胶和钙矾石逐渐形成并相互促进，使基体结构更加致密，从而改善了脱硫石膏的力学性能。

1.2.1.2 纤维增强脱硫石膏基复合材料研究及理论探索

纤维在其使用寿命中具有优异的强度、韧性和耐久性，因此可以通过添加纤维制备纤维增强脱硫石膏基复合材料来提高脱硫石膏的性能。纤维对脱硫石膏基复合材料的力学性能的影响可以归因于纤维的脱粘和拔出，这与纤维的特性和纤维与基体的黏附性密切相关。当材料内部最大的预制缺陷由环境拉应力触发时，裂纹扩展伴随着纤维不断桥接裂纹并承载开裂基体所释放的载荷。因此，在不损失抗拉强度的情况下，大量的裂纹可以形成并有助于整体的应变能力，这些现象也被公认为是伪应变硬化（pseudo-strain-hardening，简称 PSH）特性。这种独特的开裂模式是通过基于微观力学的设计理论来实现的，该理论将材料的多尺度特性联系起来，通过对组分的有意剪裁，可以获得具有不同期望性能的纤维增强材料。PSH 特性要求满足强度和能量标准，以确保纤维在裂缝的起始和传播过程中桥接裂缝。强度准则表示为：

$$\sigma_{fc} < \sigma_0 \tag{1.1}$$

式中，σ_{fc}为第一裂纹强度；σ_0 为纤维在所有潜在裂纹下的最小裂纹桥接强度。

能量准则定义为：

$$\sigma_0\delta_0 - \int_0^{\delta_0}\sigma(\delta)\,d\delta \equiv J'_b \geqslant J_{tip} \tag{1.2}$$

式中，$\sigma(\delta)$ 为纤维桥接应力与单个裂纹的裂纹宽度之间的完整关系；σ_0 和 δ_0 分别为最大纤维桥接强度和对应的裂纹宽度；J_{tip} 和 J'_b 分别为基体的裂纹尖端韧性和互补能，其定义如图 1.2 所示。

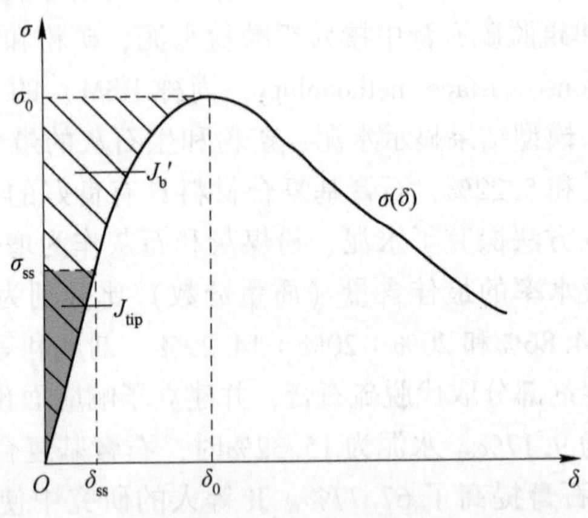

图 1.2 J_{tip} 和 J'_b 的说明

式（1.1）和式（1.2）可转换为 PSH 指数：

$$\text{PSH}_s = \sigma_0/\sigma_{fc} \tag{1.3}$$

$$\text{PSH}_e = J'_b/J_{tip} \tag{1.4}$$

对强度和能量标准的满足程度是指式（1.3）和式（1.4）的值均应大于 1。同时，PSH 指数值越大，意味着应变硬化行为越强。此外，脱硫石膏具有低腐蚀或无腐蚀性，对纤维无害，保证了纤维在石膏基体中具有良好的耐久性，因此纤维对石膏基复合材料具有良好的适应性。纤维增强脱硫石膏基复合材料比脱硫石膏具有更好的力学性能、热性能和声学性能，因此纤维增强石膏基复合材料在建筑材料市场上具有广阔的发展前景。

在脱硫石膏基复合材料中用作增强体的纤维必须满足以下最低要求：良好的分散性和相容性，优异的物理和力学性能，与石膏基体良好的黏附性，以及在使用寿命内具有良好的耐久性等。不同的纤维具有不同的化学成分和物理特性，这导致它们在石膏基质中的行为不同。

其中，无机纤维最先用于石膏基复合材料的增强增韧研究，其桥接了材料内部的孔隙，缓解了应力集中，减少了石膏基体内部的缺陷，从而提高材料的力学性能。Gonçalves 等人使用了回收的玻璃纤维与商品玻璃纤维进行了基准测试。在石膏基体中加入回收的玻璃纤维降低了石膏基体的脆性，并在掺量为 6%（质量分数）时增加了 66% 的抗折强度；商品玻璃纤维的质量分数为 12%时，其抗折强度提高了近 290%。Xie 等人使用不同长度的玄武岩纤维增强石膏基复合材料时，具有最佳用量和长度的玄武岩纤维显著提高了石膏基复合材料的抗折强度和韧性，降低了气孔率和吸水率，并且研究结果表明纤维用量对石膏基复合材料性能的影响大于纤维长度。玻璃纤维、碳纤维、硅灰石纤维等无机纤维可显著提高石膏基复合材料的抗折强度，但对抗压强度通常不利。这是因为无机纤维的力学性能较好，能够承受更大的拉拔力，在基体开裂时能持续发挥桥接裂缝和传递荷载的作用，抑制基体开裂，但大多数无机纤维的相对扭转刚度较大，难以在石膏基复合材料受压时发挥作用，致使抗压强度有所降低。

有机纤维通常重量轻、强度高、成本低、资源丰富，已经被广泛应用于建筑材料中，常用的有机纤维主要是合成高分子纤维和天然植物纤维等。刘川北等人系统研究了聚乙烯醇纤维（polyvinyl alcohol fiber，简称 PVAF）对石膏基复合材料早期水化过程和浆体微观结构变化的影响。结果表明：纤维分散到石膏颗粒间可以促进絮凝网络结构形成，同时亲水性的 PVAF 表面还吸附了大量自由水分和 Ca^{2+}，使晶体优先在其表面成核，从而改善纤维与浆体的界面和粘接性能。在 Pekrioglu 等人的研究中，聚丙烯纤维（polypropylene fiber，简称 PPF）增强石膏基复合材料与纯石膏相比具有更好的力学性能。Zhang 等人研究了 PVAF 对发泡磷石膏基复合材料的性能影响，PVAF 虽提高了复合材料的吸声和导热性能，但明显改善了其力学强度和耐水性能。Zhu 等人使用 PVAF 和 PPF 制备的纤维增强石膏基复合材料。与 PPF 相比，PVAF 可显著降低石膏基复合材料的工作性，加速水化进程，提高其抗折强度和韧性。Suárez 等人对聚合物纤维增强石膏基复合材料的宏观、微观断裂形势进行了研究，发现微纤维在微观尺度上均匀地改变了材料的微观结构，在损伤开始之前就可以被视为一种均匀的复合材料。在使用大纤维加固的试样中，损伤开始前的材料行为与未加固的石膏相似，在微观尺度上，载荷是由石膏本身产生的；只有在损伤开始时，纤维才会开始改变材料的行为。Suresh 等人研究了麻纤维对石膏基复合材料性能的影响，与纯石膏相比，纤维长度 15 mm 和纤维体积分数 12% 的石膏基复合材料的抗折强度和抗压强度分别提高了268%和109.8%，并且其导热系数显著降低，具有更好的热性能，有助于提高建筑的热舒适性。Boccarusso等人设计并制造了用麻纤维增强的石膏试样，以改善传统石膏板的抗冲击性能。与未加固的石膏相比，使用麻纤维加固的石膏基复合材料可使其抗折强度和吸附能分别提高约100%和320%。Désiré等人研究了从喀麦隆赤道地区提取的热带植物纤维的特性，并将其用作石膏基复合材料的增强材料。植物纤维的分散程度与纤维横截面的几何形状、规格长度和植物类型有关。植物纤维明显增加了石膏基复合材料的弯曲刚度、断裂应力和韧性，但低于类似体积分数的玻璃纤维所产生的挠曲刚度、断裂应力和韧性，此外，提高植物纤维的长径比也会提高石膏基复合材料的抗折强度。

目前，对复合材料的增韧处理仅依靠某单一纤维，具有较大的局限性。同一种纤维材料性能较为单一，虽通过改性处理方式可增强与基体材料的黏结力，但经过化学或物理改性后的纤维，很难保证纤维的粗糙度及各项性能的一致性，也增加了工艺的难度与精准度。现阶段为进一步提高复合材料的性能，突破复合材料性能的研究瓶颈，可采用复掺两种及以上种类的纤维，依靠纤维的自身特性，优势互补，综合提升复合材料的各项性能。例如Li等人通过缺口梁实验研究了纤维素纤维、PVAF和聚烯烃纤维对混凝土的力学性能的影响。实验结果显示纤维增强混凝土的裂口张开位移与挠度之间存在三级线性函数关系，且纤维素和PVA混合纤维对混凝土的抗折强度和极限强度有积极的协同作用。纤维素纤维、PVAF和聚烯烃纤维的掺量（质量分数）分别为1.2%、2.0%和2.0%时被认为是混合纤维的最佳组合。Wang等人研究了PVAF和钢纤维对海水珊瑚骨料混凝土的增强效果。纤维的加入明显降低了混凝土高应变速率下的脆性，但在高应变速率时，PVAF的强化效率降低。PVA与钢混合纤维使混凝土的硬化效应发生得更早，动态抗压强也更高，并且混凝土的耗散能量密度大大提高，这种提高效果最初会随着应变速率的增加而增强，然后随着应变速率的增加而减弱。在高应变速率下，PVAF的断裂或钢纤维的塑性变形和拉伸起到了增强增韧的作用，从而使复合材料的损伤程度优于单PVAF或无纤维混凝土。

Kuqo等人从多角度评估了海草和松木纤维组成的石膏基复合材料。在力学性能方面，含2%（质量分数）木纤维的石膏基复合材料抗折和抗压强度分别提高了28%和4%，但海草纤维制备的石膏基复合材料的强度出现下降。此外，布什硬度测试表明，木纤维更有效地在小范围内传递载荷，提高了石膏基复合材料的局部强度。将两种纤维进行复掺后，纤维增强石膏基复合材料在保持与未增强石膏相似的抗折强度的基础上，降低复合材料的密度并增加了韧性。杨慧君等人使用了三种不同的纤维增强了石膏基复合材料，其中纤维掺量为1.5%（PPF固定掺量0.3%，木质纤维素纤维掺量∶玻璃纤维掺量=1∶2）时，制备的复合材料强度大、干表观密度小，比单掺三种纤维时的性能更优异。Lv等人使用玄武岩纤维和PVAF制备脱硫石膏基复合材料，抗折强度和抗压强度与空白组相比分别提高了70.05%和64.52%。当PVAF和玄武岩纤维质量分数分别增加到0.5%和0.75%时，混合纤维增强石膏基复合材料的耐水性最好。当PVAF和玄武岩纤维质量分数均提高到0.5%时，混合纤维增强石膏基复合材料的耐久性最好。

1.2.2 脱硫石膏基复合材料轻质化处理

建筑脱硫石膏粉直接水化成型制成的脱硫石膏砌块，其密度为1000~1100 kg/m^3，不符合当下建筑墙体材料轻质化的要求和实际需要。目前，解决脱硫石膏砌块轻质化问题的主要办法是将脱硫石膏砌块做成空心砌块，这种做法带来的问题是砌块墙体的吊挂承载不够，其次就是隔声、保温等性能相对较差。

加气脱硫石膏砌块是轻质石膏砌块的一个重要分支，主要是在石膏浆体中加入造孔剂，在石膏砌块中形成毫米级且分布均匀的孔隙，该孔结构可以使石膏砌块具备隔声、隔热、重量轻等优异性能，可以很好地解决目前传统空心砌块诸多不足，例如吊挂承载力不够、隔声和隔热较差等。许多研究学者为了获得性能稳定的轻质石膏砌块，进行了多方面研究，例如造孔剂、水膏比、缓凝剂、减水剂、防水剂等。

1.2.2.1 造孔剂对轻质脱硫石膏砌块性能的影响

造孔剂是一种具有憎水作用的表面活性物质，多为阴离子和非离子表面活性剂，能显著降低石膏拌和水的表面张力，经搅拌可在拌和物中产生大量密闭、稳定和均匀的微小气泡。由于泡沫是不稳定的体系，纯液体很难形成稳定持久的泡沫，在搅拌过程中，气泡间会运动、合并增大以至破坏而消失。根据拉普拉斯原理，小气泡内的压力比大气泡高，经过一定时间空气通过隔膜向大气泡移动，最后形成一个大气泡。因此，为了稳定浇注料浆，保证坯体形成细小而均匀的多孔结构，需加入一定量的稳泡剂。采用稳泡剂的目的就是使产生的泡沫由不稳定体系变成稳定体系，稳泡剂掺入料浆后，可吸附在气泡表面形成双分子膜，并且使气泡膜外表面呈疏水层，因而对气泡起稳定和分散作用。另外，由于稳泡剂在气泡水膜上的定向分布，降低了水膜的表面张力，从而增加其稳定性。常用的气泡稳定剂有氯化石蜡，掺量为0.01%~0.02%。

1.2.2.2 水膏比对轻质脱硫石膏砌块性能的影响

石膏砌块的组成配比一定时，成型水膏比是十分重要的工艺参数，它直接对料浆的搅拌质量和浇注质量产生影响，而从力学强度的高低反映出内在结构的缺陷。石膏砌块的强度原则上是随着水膏比减小而上升，在低水膏比情况下，石膏浆体的流动性小，石膏硬化体的密实度高、强度高，制品的密度大。在高水膏比情况下，石膏浆体的流动性大，石膏硬化体的密实度较低、强度低，制品的密度小，存在泌水的可能性。从微观上分析，水膏比适宜时，石膏浆料液相过饱和度高，形成晶核多、晶粒小，产生的结晶接触点多，容易形成结晶结构网，硬化后砌块强度较高；水膏比低于限制值时，石膏浆体液相过饱和度高，当初始结构形成之后，水化产物继续形成，使结构网进一步密实，对已经形成的结构网产生结晶应力，当结晶应力大于当时的结构强度时，硬化后的砌块结构强度遭到破坏；水膏比高于限制值时，由于硬化前浆体充水空间加大，浆体饱和度降低，形成的结晶核数量少，结晶接触点也较少，难以形成结晶结构网，加之硬化后的浆体内部气孔率提高，从而导致硬化后的砌块强度低。

1.2.2.3 缓凝剂对轻质脱硫石膏砌块性能的影响

脱硫建筑石膏凝结、硬化快的特点对于缩短生产周期和提高设备利用率是有利的，但对于实现工业化大生产所要求的可控性却极其不利。加入缓凝剂是改善新拌和的脱硫石膏浆体的凝结时间最简单、最有效的措施。缓凝剂是用来适当延长新拌和的脱硫石膏浆体的凝结时间，使新拌和的脱硫石膏浆体能保持较长时间流动性的一种外加剂。为满足生产需要，制备脱硫石膏砌块时必须添加凝结时间调节剂以满足生产工艺要求，一般是在材料中添加适量的缓凝剂。目前常用的石膏缓凝剂一般有柠檬酸、马来酸酐、柠檬酸三钠、酒石酸等。利用缓凝剂可以控制石膏浆料的流动性保持时间，从而满足生产过程中对操作时间的要求。

1.2.2.4 纤维对轻质脱硫石膏砌块性能的影响

纤维一般呈条状，和其他材料搅拌在一起时容易分散在材料中形成三维空间结构。将纤维和脱硫石膏、水泥、粉煤灰搅拌在一起，提高了拌和物的和易性能。纤维本身具有很强的稳定性，能够提高砌块表面强度及材料的均匀性。条状纤维将各种胶凝材料连接在一起，在砌块内部起到紧固材料的作用，可以提高砌块的抗折强度及抗压强度。同时纤维也可以减少由于材料塑性及温度变化引起的砌块裂缝，但是纤维的掺量不能过量，例如木质纤维素具有很强的吸水性，拌和物的水化反应在水中进行，过多的纤维素将会把拌和水吸收掉，这样就会影响水化反应。水化反应不充分，砌块强度就会降低，因此木质纤维素的掺量也应适中。

1.2.2.5 轻质脱硫石膏砌块泛霜抑制性能评价

泛霜主要是砌块硬化体内可溶性碱金属盐随水分蒸发富集到脱硫石膏砌块表面所致。墙体表面出现泛霜现象不仅影响墙体的美观，最重要的是会导致墙体本身强度的降低。因此，抑制砌块的泛霜关系到砌块在后期的推广使用。

墙体表面泛霜现象出现主要与墙体中所含 Na^+ 和 K^+ 有关，随着建筑墙体的使用，外部环境不断变化，墙体中本身均匀分布的各种离子会在墙体中移动，这样就会破坏砌块内部的均质性。在离子移动过程中，当墙体中的阳离子 Na^+、K^+ 与阴离子 OH^- 一起时，两种离子结合在一起生成了可溶性的碱，墙体的内部环境呈现为碱性。NaOH 和 KOH 遇到空气中的二氧化碳时发生化学反应，生成相应的碳酸盐，这样就会在墙体的表面析出白色晶体，出现泛霜现象。不溶性的盐分布在墙体表面会形成局部的应力，导致墙体出现墙皮脱落现象，破坏墙体表面。一般情况下，不溶性的盐随着墙体水分的蒸发主要会出现在建筑构件的棱边，严重时墙体的整个表面会析出白色晶体。加气脱硫石膏砌块由于自身具备大量的孔隙结构，极易出现泛霜现象，因此对于加气脱硫石膏砌块泛霜抑制性能进行评价很有必要。

1.2.3 脱硫石膏基复合材料耐水性能提高

石膏材料大多数是轻质多孔材料，石膏制品的吸水率可以达到40%，石膏水化产物二水硫酸钙在水中的溶解度达到2 g/L，遇水之后会溶浸，降低基体强度，强度下降率达70%～80%，这是限制石膏基复合材料大范围应用的主要原因之一。

石膏耐水性差的原因在于：

（1）石膏水化反应后为多孔状结构，会吸附大量水分子等物质，同时基体内部微细裂纹较多，展现出比表面积巨大，液体以吸附膜的形式向微裂纹间渗透，产生压力；当微裂纹宽度与液体吸附膜厚度相等时，吸附膜停止移动。吸附膜产生的压力在基体内部造成拉应力，从而降低强度。

（2）石膏水化后的水化产物为 $CaSO_4 \cdot 2H_2O$ 晶体，晶体之间互相搭接。由于晶体之间接触点较多，晶体尺寸较小，晶格发生严重变形，因此在潮湿环境下容易产生溶解-再结晶现象，使得石膏的耐水性降低。

针对石膏基复合材料耐水性差的特点，为了使石膏基材料大范围应用，学者对石膏基复合材料的防水问题进行深入研究。目前，防水剂的使用方法可分为三个部分：

（1）表面喷涂或浸泡憎水及防水性涂料，阻止外部水分进入脱硫石膏内部。

（2）掺入无机矿物材料，在脱硫石膏水化过程中形成钙矾石和水化硅酸钙凝胶等高强度和难溶性晶体，提高其软化系数。

（3）掺入水乳型的聚合物或水溶性憎水剂，控制脱硫石膏水化速率和疏水性能，降低脱硫石膏的吸水率，使石膏材料具备防水性能。

当石膏制品成型后，在制品表面喷涂具有憎水性的物质，有效隔离开石膏制品与外界水分子的接触，从而提高其耐水性。Colak 等人在研究中将丙烯酸乳液与环氧树脂乳液分别喷涂在石膏制品表面，研究其防水性能。研究结果表明石膏试块在用丙烯酸乳液喷涂处理后，当乳液用量增加，抗折强度明显增强，但是不影响抗压强度；用环氧树脂乳液处理后对石膏抗折强度和抗压强度的提升效果并不明显；常温下用水浸泡 7 d 后，丙烯酸乳液处理的石膏试块力学性能损失超过70%，环氧树脂乳液处理的试块力学性能几乎没有损失，表明环氧树脂作为喷涂剂能有效提升石膏制品的耐水性能。徐彩宣等人采用有机硅作为防水剂喷涂在石膏试件表面，对提升耐水性也有一定的效果。

虽然外喷涂防水层对于石膏制品的耐水性有一定的提升效果，操作简单，但仍然有许多缺点。表面喷涂的防水型材料多为有机高分子，这些材料与石膏基复合材料的性能有很大的差别。在较大温差的环境下，会因收缩率不同而产生防水层脱落或老化现象。如果喷涂不当，石膏制品会出现局部破碎或喷涂效果不佳，也会加速防水层的失效。最重要的是，喷涂的材料在石膏表面形成密不透风的保护层，严重降低了石膏材料的透气性与耐水性。

内掺无机材料主要是在石膏中添加水泥、粉煤灰等一系列矿物材料，使之在石膏水化时与石膏反应生成难溶性物质，降低在潮湿环境中二水石膏的溶解效果，也能够提升石膏材料的致密性，减少水分子渗入的概率，从而提升石膏材料的耐水性。关淑君等人在石膏中添加硅铝酸盐类物质研究其防水效果。研究结果表明石膏基体的需水量减少了 8%，后期力学性能显著提升，吸水率基本不变，此类硅铝酸盐类物质的最佳掺量在30%左右。Camarini 等人在石膏中添加复合硅酸盐水泥，在自然环境下暴露 3 年后其力学性能均未发生明显改变。在微观结构中观察到其结构较为密实。姜洪义等人以建筑石膏、高炉矿渣、碱性激发剂为基础配制出石膏基材料。研究结果表明较纯石膏基体，加入矿渣的实验组吸水率从原先的 29. 0%降低至 17. 3%，软化系数提高 2 倍。张志国等人在脱硫石膏中添加粉煤灰、水泥熟料、矿渣等物质。研究结果表明添加的物质均可小范围内降低石膏基体的吸水率，显著提升软化系数。闫亚楠等人在磷石膏中添加矿粉、水泥和生石灰，使基体的吸水率仅为 3. 5%，但是抗折强度仅为空白样的 1. 43%，对耐水性提升效果一般。黄洪财等人同样在石膏中添加矿渣粉、粉煤灰和生石灰等改性材料，虽然石膏晶体的接触条件被破坏，改变了在水中的可溶性，但是改善了耐水性。

添加具有火山灰活性的无机矿物虽然增大了石膏基体的密实度，提升了耐水性，但是改变了石膏的水化特性，同时增大了石膏基复合材料的容重与表观色泽，限制了其应用范围。当无机掺和料添加不适当时，不仅不会提升耐水性，还会削弱基体强度，降低软化系数。

国内外众多研究学者对脱硫石膏的有机聚合物防水剂进行了探索，其主要原理是通过有机聚合物的成膜性和疏水性，在脱硫石膏水化后的 $CaSO_4 \cdot 2H_2O$ 晶体上形成一层薄而坚固的疏水膜层，使脱硫石膏具备一定的防水性能。通常所用的有机聚合物主要有松香、有机硅、石蜡等。但这些有机聚合物不容易分散在石膏浆体中，这是由于互不相溶的液体，如水与油，将两者混合在一起后，会出现明显的分层，油漂浮在水的上方（水的密度大于油）。如果加入表面活性剂，进行充分搅拌后，油便会均匀地分散在水中，形成内向为油，外向为水的 O/W 型乳液。因此，利用乳化作用可以解决含氢硅油在水中分散性差的问题，提高硅油的分散性以及在石膏中的防水效果。通常情况下，有机聚合物分散在石膏晶体中能够显著降低其吸水率并提高软化系数。

在乳化作用中，起关键作用的是乳化剂，乳化剂可以使不同液相之间的相容性发生改变，从而形成稳定性良好的乳化液。乳化剂的选择通常是利用亲水亲油平衡值法（HLB）。HLB 值最先是 1949 年 Griffin 研究非离子型乳化剂时提出，后来 Shinoda 又提出 HLB 温度概念，进一步丰富了 HLB 理论体系。通常情况下，HLB 值为 0~20，越接近 0，表明其亲油性越强，越接近 20，表明其亲水性越好。相关研究表明，HLB 值为 8~10 便可配置出稳定性良好的乳化液。

Greve 等人在石膏中添加 1%聚乙烯醇时，石膏的吸水率从 63.2%降低至 61.0%；加入 10%蜡-沥青乳液后，石膏的吸水率显著下降至 12.3%，由此可见蜡-沥青乳液能够明显提升石膏制品的耐水性。当 7%蜡-沥青乳液和 0.4%聚乙烯醇复配后，石膏制品的吸水率仅为 1.2%，表明复合使用后石膏制品能够显著提升耐水性。Veeramasuneni 等人也得出了蜡-沥青乳液可以大幅度降低石膏的吸水率，掺量越大，防水效果越好。刘润章等人在石膏中添加松香-石蜡乳液、PVA、水玻璃和三乙醇胺等进行研究。他指出随松香-石蜡乳液掺量的增大，石膏试样 2 h 吸水率明显降低，而其他因素对石膏 2 h 吸水率的影响较小。在脱硫石膏中掺入有机乳液作为防水剂，可以在不改变脱硫石膏制品外观和强度的情况下，增加脱硫石膏的防水性能，并且具有掺量少、效果好等特点。但是有机聚合乳液的制备工艺较为复杂，原料价格昂贵。宣玲等人研究了有机硅对石膏板力学性能的影响，研究结果表明适量的有机硅能够提升防水性能，同时提升力学性能与弹性模量。Wang 等人在石膏中添加硅氧烷乳液、粉煤灰和氧化镁配置复合型防水剂，结果表明该复合防水剂能够使得石膏材料的吸水率下降至 5%，有效提升其软化系数。王东等人将有机硅憎水剂添加到不同石膏中，在高强石膏、建筑石膏和脱硫石膏中添加掺量为 0.15%有机硅憎水剂时便具有良好的防水效果，吸水率下降至不大于 6.0%，且憎水剂掺量增大，石膏材料吸水率继续降低。

有机硅类防水剂有很大的分子团结构，所以可以引入不同的官能团对其进行改性以改善石膏基复合材料的性能。对于目前的硅油乳化，研究学者选择司盘/吐温和异构醇聚氧乙烯醚作为乳化剂，这对降低界面张力是有效的。吐温是在司盘的基础上添加了聚氧乙烯亲水基团，因此亲水性增强。实际使用中往往将司盘系列与吐温系列复合使用，但是司盘的亲水基团为环状结构且体积较大，具有一定刚度，在两相界面过程中会出现裂纹，少量含有柔性链的吐温可以插入缝隙中，增强界面的稳定性。郭庆中等人指出加入长链烷基可以显著提高其防水性、防污性和防水寿命。对于石膏强度不足的问题，同样可以引入活性基团来进行弥补。

1.2.4 脱硫石膏基复合材料功能性优化

建筑物中的供暖、通风和空调系统所消耗的能源占全球能源消耗的一个重要部分。热能储存被认为是一种有前途的技术，可以提高这些系统的能源效率，如果纳入建筑围护结构，可以减少能源需求。如将相变材料包裹在管、袋、板等容器中，然后再掺入建筑设备或者墙体、屋顶地板和窗户等围护结构中。

将相变材料添加到建筑材料中得到具有储热能力的墙体材料，这是相变材料在建筑材料的主要应用形式。相变材料与建筑材料的制备方法有：(1) 直接掺入法，将相变材料与水泥、石膏、砂浆和混凝土等直接混合；(2) 封装法，将相变材料封装后与建筑材料复合。封装方法对于水合盐相变材料在建筑中的应用非常重要，由于目前相变材料的封装方式有微胶囊封装和定形封装两种，因此，相变材料与建筑材料复合也相应有两种方式：第一种方式是将相变材料封装在多孔材料内，再将定形相变材料置入建筑材料中；第二种方式则是通过材料薄膜包裹微小形状的相变材料形成的微胶囊结构再掺入建筑材料中。

1.2.4.1 直接掺入法

李鸿锦等人研究了将月桂酸-癸酸基相变材料应用于石膏板中制成的相变储能石膏板在夏热冬冷地区的保温性能与有效的节能效率，结果表明该相变储能石膏板的潜热利用率为 38.7%，相变储能墙体与普通墙体的相比节能效率提高约 27.6%。随着相变材料掺量的增加，相变储能石膏建材的节能效率通常会变大，但是相变储能石膏建材的热稳定性和力学强度会随之下降，因此为维持相变储能石膏建材的热稳定性和力学强度，相变材料在石膏板中的掺量不宜过高。曾令可等人采用了溶胶-凝胶法制备脂肪酸/二氧化硅相变材料，再将脂肪酸/二氧化硅相变材料与硅藻土和 α-半水石膏等复合，制备成相变储能石膏板，研究结果表明该相变储能石膏板在相变材料用量为 15%时具有良好的储热性能和力学性能，但是由于有机相变材料石蜡和硬脂酸导热系数低，需要加入导热增强体改善导热性能。

1.2.4.2 封装法

相变材料在使用过程中由于会发生相态的变化，如固-液等，容易发生泄漏，造成浪费。建筑用相变材料通常为固-液相变形式，当环境温度高于相变温度时，材料由固相转变为液相，若不对其进行处理而直接引入建筑基体中易发生泄漏。针对该现象，学者们提出了不同的相变材料定形方法，如多孔材料基定形相变材料、聚合物基定形相变材料、微封装相变材料、宏封装相变材料等。

A 多孔材料基定形相变材料

多孔材料因具有高的比表面积、丰富的孔结构、优异的吸附性能和良好的热稳定性而被常用作催化剂的载体。相比于其在催化剂载体和离子吸附领域已经开展的大量研究工作，其在相变材料吸附领域的研究仍然相对较少。将多孔材料与固-液相变材料进行复合以解决相变后液相的流动问题是目前的研究热点，但同时也发现常用多孔材料的导热性通常较差。因此，在相变材料中引入高导热粒子并将其与多孔基体复合成为了行之有效的解决办法。

水合盐相变材料耐久性差的一个重要原因是当发生相变转换为液态时，部分结晶水转化为自由水，在高于相变温度的环境中自由水不可避免地蒸发，使得一部分的盐类无法吸水重新转变为水合盐，从而降低了相变焓。以多孔材料作为载体吸附水合盐，由于多孔材料中具有比例较大的微孔与介孔，通过毛细管力将液体封锁于空中，且由于毛细管中液相的饱和蒸气压大于外界，因此在毛细管中的自由水更不易于失去，从而提高了水合盐相变材料的耐久性并防止液相的渗漏；同理，阻碍液相的渗漏并防止水合盐与建筑基体直接接触，就有效防止了水合盐的腐蚀作用。Maleki 等人以多孔碳泡沫作为有机相变材料（聚乙二醇、石蜡和棕榈酸）的支撑材料，结果发现多孔碳泡沫可以很好地防止相变材料的泄漏，并且碳泡沫的存在增强了相变材料的导热性能。Seunghwan 等人采用真空吸附的方法将石蜡与多孔材料（膨胀蛭石或膨胀珍珠岩）复合，制备得到了定形相变材料，结果表明多孔矿物材料对于相变材料具有较好的束缚作用，能有效防止相变材料的泄漏，并且在一定程度上降低相变材料的过冷。Ning 等人制备了 $K_2HPO_4 \cdot 3H_2O$-$NaH_2PO_4 \cdot 2H_2O$-$Na_2S_2O_3 \cdot 5H_2O$ 三元共晶盐，并使用改性膨胀石墨进行吸附，研究发现该定形相变材料具有优异的热稳定性、高的热导率，以及极低的过冷度。Zou 等人采用 TiO_2 涂层对膨胀石墨进行亲水改性以提高膨胀石墨对水合盐的吸附率，研究发现，亲水改性膨胀石墨对水合盐的吸附率有较大提升，并在一定程度上提高了循环稳定性。此外，谢宝珊等人综述了硅酸盐矿物作为吸附材料制备定形相变材料的研究现状。

B 聚合物基定形相变材料

聚合物基定形相变材料是将高分子材料与相变材料进行共混熔融，高分子材料形成网状结构将相变材料包覆于其中。常见的定形相变材料用高分子材料有高密度聚乙烯、聚丙烯、聚苯乙烯、聚脲、聚酯等。

Chen 等人制备了月桂酸/聚对苯二甲酸乙二醇酯（LA/PET）复合材料（1∶1）的超细纤维，结果表明 PET 对 LA 有着优异的定形作用，复合材料的相变焓为 70.76 J/g，有着优异的热稳定性。Hong 等人以高密度聚乙烯作为支撑材料，石蜡为相变材料制备了定形相变材料，结果表明定形相变材料有着优异的热稳定性。

C 微封装相变材料

微封装相变材料又称微胶囊相变材料，是以相变材料为芯材，有机/无机材料为壳材组成的核/壳结构的材料。常见的制备相变微胶囊的方法有：界面聚合法、溶胶凝胶法、原位聚合法、乳液聚合法、反相 Pickering 乳液模板法等。

a 界面聚合法

原位聚合法是将形成壁材的反应单体在引发剂的作用下，使其在乳化形成的液滴表面不断反应进行聚合物沉积，最终在芯材表面形成壁材，得到具有储放热能力的微胶囊相变材料。Shi 等人采用一步界面聚合法制备了以甲基丙烯酸甲酯为壳，石蜡为核的相变微胶囊，结果表明相变微胶囊的结晶焓为 66.45 J/g，熔化焓为 64.93 J/g，微胶囊具有均匀、光滑、致密的表观形貌。Cai 等人采用无共溶剂的界面聚合法制备了以十二醇十二酸酯为核，聚脲为壳的相变微胶囊，结果表明微胶囊的粒径分布为 10~40 μm，平均相变焓范围为 103.4~140.3 J/g，且具有优异的耐高温性。尚建丽等人利用细乳液界面聚合法制备以正十八烷为芯材、聚苯乙烯为内壳和甲基丙烯酸甲酯与壳聚糖接枝为外壳的双壳微纳米相变胶囊，结果表明微胶囊形貌较好、几乎呈现球形、表面光滑形状规则且结构致密无明显缺陷。Lu 等人通过界面聚合制备含有硬脂酸丁酯的双壳微胶囊，外壳为甲苯 2,4-二异氰酸酯（TDI）与二亚乙基三胺聚合而成的聚脲，内壳为 TDI 与聚丙二醇 2000（PPG2000）聚合而成的聚氨酯（PU），结果表明微胶囊有着 95%的包覆率。

b 溶胶凝胶法

溶胶-凝胶法是用含高化学活性组分的化合物作前驱体，在液相下将这些原料均匀混合，并进行水解、缩合化学反应，在溶液中形成稳定的透明溶胶体系，溶胶经陈化胶粒间缓慢聚合，形成三维网络结构的凝胶，凝胶网络间充满了失去流动性的溶剂，得到相变微胶囊。Sara 等人采用溶胶凝胶法制备了以棕榈酸相变材料为核，SiO_2 为壳的相变微胶囊，结果表明微胶囊的包封率达到 89.55%，微胶囊粒径分布统一且具有优异的热循环稳定性。He 等人以硅酸钠为 SiO_2 的前驱体，以正十八烷为相变材料，采用溶胶凝胶法制备了相变微胶囊，结果表明微胶囊有着优异的热稳定性以及高的包封率。钟丽敏等人以石蜡为相变芯材，以正硅酸乙酯为硅源，在酸性条件下通过溶胶-凝胶法制备出石蜡/二氧化硅复合相变材料，结果表明微胶囊的平均粒径为 2 μm，包覆率为 66.3%，相变焓为 133.8 J/g。

c 原位聚合法

界面聚合法是将反应单体与芯材作为油相体系，乳化剂与去离子水作为水相体系，在一定的转速下持续乳化一段时间，将形成的水包油型乳液在一定条件下进行反应，聚合反应的单体会向乳化液滴的表面移动，与外界加入的单体进行缩聚反应，在芯材表面缓慢交联成为壁材，反应完成后形成微胶囊。程璐璐等人以相变石蜡、正十八烷和十二醇为芯材，氨基树脂为壁材，采用原位聚合法制备了适合建筑材料使用的微胶囊相变材料，结果表明微胶囊的相变温度为 23.09 ℃，相变潜热为 61.30 J/g，表面光滑。杨文禹等人以正十八烷相变材料为核，二甲基丙烯酸乙二醇酯/甲基丙烯酸甲酯复合材料为壳，采用原位聚合法制备了相变微胶囊，结果表明当核壳比为 2∶1 时，微胶囊具有 95.7%的包封率。Sánchez-Silva 等人采用原位聚合法制备了以石蜡为核，聚脲为壳的相变微胶囊，结果表明适宜工艺下可以得到包封率为 90.6%的微胶囊。

d 乳液聚合法

乳液聚合法是单体在水介质中由乳化剂作用分散成乳状液进行聚合，体系主要由单体、水、乳化剂和引发剂 4 种成分组成。在表面活性剂的作用下，通过机械搅拌或剧烈振荡使不溶于溶剂的单体及相变材料乳化，然后在引发剂或微波辐射等的作用下引发聚合反应进而形成微胶囊。陈春明等人采用乳液聚合法制备了正十二醇/聚合物相变纳米胶囊，结果表明制备的纳米胶囊相变潜热及相变材料包封效率分别为 109.3 J/g 和 92.1%。

e 反相 Pickering 乳液模板法

传统的稳定乳液方法是利用液体或可溶性固体表面活性剂作为乳化剂，而 Pickering 乳液是利用两亲性的固体纳米粒子作为乳化剂。由于纳米粒子具有很好的附着能而不可逆地固定在油水界面，使得乳液稳定性很高。更重要的是，乳液聚合后固体粒子直接成为微胶囊壳层的一部分。利用 Pickering 乳液液滴为模板，通过物理或化学的方法使壳体材料沉积在液滴表面，便可以得到微胶囊。Zhang 等人以纤维素纳米晶体为 Pickering 乳液的乳化剂和微胶囊壳体成分，石蜡为相变材料，制备了相变微胶囊，结果表明微胶囊具有优异的包封率和热稳定性。Wang 等人以 SiO_2 和 TiC 为 Pickering 乳化剂和微胶囊壳体材料，正十八烷为相变材料制备了具有无机壳的相变微胶囊，结果表明无机壳与有机壳相比具有高的导热性能和力学性能。

D 宏封装相变材料

宏封装相变材料指将相变材料置于大容器中进行密封，常见的容器有空心金属球、空心塑料球等。Cui 等人以直径为 22 mm 的空心钢球为容器，正十八烷为相变材料制备了宏封装的相变材料并应用于混凝土中，结果表明宏封装的相变材料无泄漏现象并具有一定的机械强度，具有特殊结构的混凝土强度无明显下降且具有一定程度上的控温能力。Singh 等人采用铝管封装水合盐相变材料并将其应用于建筑围护结构中，结果表明使用宏封装相变材料的建筑围护结构的峰值温度降低了 7.19%~9.18%，升温时间延后了 60~120 min。

2 脱硫石膏基复合材料增强增韧机理研究

2.1 工业废渣增强脱硫石膏基复合材料性能优化研究

2.1.1 工业废渣增强脱硫石膏基复合材料实验设计及制备

工业废渣增强石膏基复合材料的实验流程如图 2.1 所示。

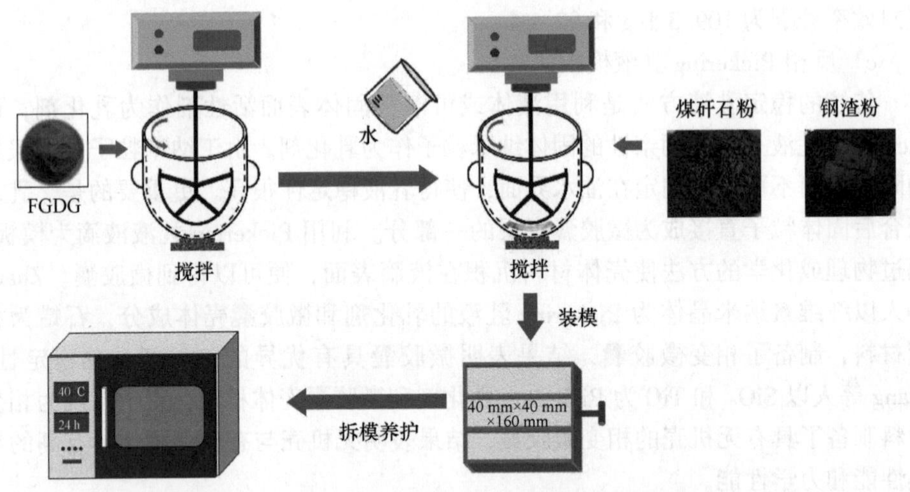

图 2.1 工业废渣增强石膏基复合材料的实验流程

将煤矸石和钢渣进行破碎、粉磨后，在 800 ℃下进行煅烧处理，以备后续使用。根据《建筑石膏 力学性能的测定》（GB/T 17669. 3—1999）的实验流程制备石膏试样，使用单因素实验掺入煤矸石或钢渣，掺量（质量分数）分别为 5%、10%、15%和 20%制备脱硫石膏基复合材料。拆除模具后进行常温养护，一组试样于 2 h 后进行强度测试；第二组试样放入（40±3）℃的干燥箱，待其质量减少量小于 0. 2 g/d 时进行力学性能和微观性能的检测。

正交实验的具体设计如表 2.1 所示。脱硫石膏基复合材料的各种性能取决于工业废渣种类和掺量，由于二者对复合材料的性能的影响是相互的，所以通过正交实验设计研究其最佳的配方和其协同效应。

表 2.1 正交实验设计的因素和水平

水平	煤矸石掺量（*A*）/%	钢渣掺量（*B*）/%
1	5	5
2	10	10
3	15	15
4	20	20

使用煤矸石和钢渣的最佳掺量范围进行复掺，设计正交实验探究两种工业废渣的协同效应。正交实验设计的因素分别为煤矸石和钢渣，其水平为5%、10%、15%、20%。根据实验结果对煤矸石和钢渣的影响进行实验趋势和方差分析，并参考工业废渣复掺时的最佳掺量进行后续实验。

本实验选用的煤矸石是煤炭生产过程中产生的固体废物，以稳定的硅铝相矿物为主要的无机矿物组分，结构稳定，可以通过机械活化和热活化方式，将晶态的高岭石结构转化为无定形偏高岭石结构，提高其矿物活性。另外，钢渣的主要成分为过烧硅酸三钙（C_3S）、硅酸二钙（C_2S）、铁铝酸钙（C_4AF）等。将钢渣经过机械活化，增大其比表面积，可以有效提高其矿物活性。本章对上述两种工业废渣进行单因素实验和复掺实验，对脱硫石膏基复合材料的物理性能、力学性能、防水性能、物相组成和微观形貌进行了分析。探究煤矸石-钢渣-脱硫石膏的协同作用，并以耐水性作为指标确定其最佳配方。采用煤矸石和钢渣作为防水增强材料，解决了脱硫石膏基复合材料软化系数低的问题，提高了煤矸石-钢渣-石膏基复合材料的力学性能和防水性能，使其更好地应用于建筑材料领域。

2.1.2 单掺工业废渣对脱硫石膏基复合材料性能的影响

工业废渣对脱硫石膏基复合材料体积密度和气孔率的影响如图2.2所示。

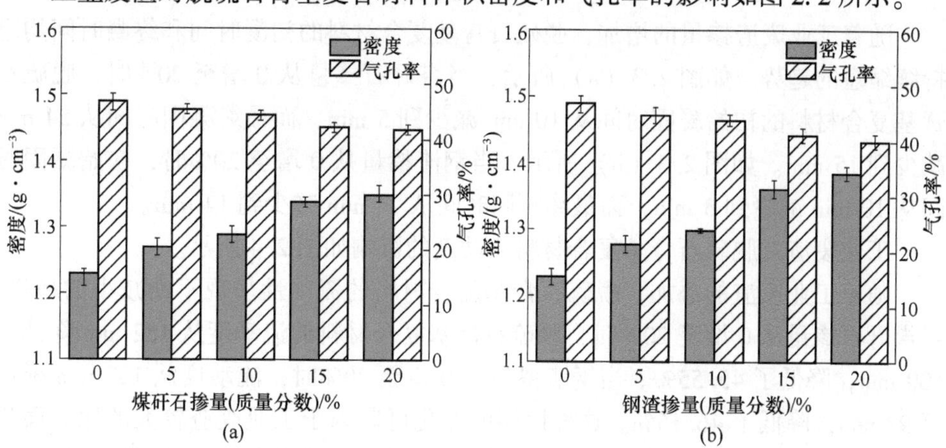

图 2.2 工业废渣对脱硫石膏基复合材料体积密度和气孔率的影响

（a）煤矸石；（b）钢渣

脱硫石膏基复合材料的体积密度随工业废渣掺量的增加呈现逐步增加的趋势；相反，其气孔率随工业废渣掺量的增加呈现逐步减小的趋势。在图 2. 2（a）中，煤矸石在掺量为 20%时，脱硫石膏基复合材料的密度具有最大值 1. 35 g/cm^3，较对照组（即煤矸石掺量为 0）提升了 9. 76%；此时，气孔率具有最小值，其值为 41. 79%，较对照组降低了 10. 74%。如图 2. 2（b）所示，钢渣在掺量为 20%时，复合材料的密度具有最大值，其值为 1. 39 g/cm^3，较对照组提升了 13. 01%；气孔率具有最小值，其值为 40. 14%，较对照组降低了 14. 27%。相较于煤矸石，钢渣中大量的金属离子及形成的化学产物，对复合材料的密度增强效果明显。

工业废渣对脱硫石膏基复合材料凝结时间的影响如图 2. 3 所示。

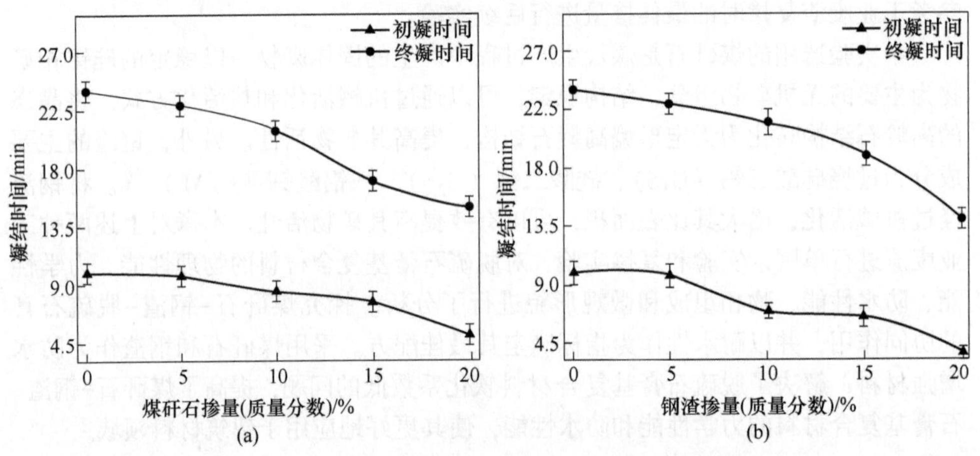

图 2. 3 工业废渣对脱硫石膏基复合材料凝结时间的影响

（a）煤矸石；（b）钢渣

随着工业废渣掺量的增加，脱硫石膏基复合材料的初凝时间和终凝时间均呈持续缩短的趋势。如图 2. 3（a）所示，当煤矸石掺量从 0 增至 20%时，脱硫石膏基复合材料的初始凝固时间从 10 min 减少到 5 min，而最终凝固时间从 24 min 减少到 15 min。如图 2. 3（b）所示，当钢渣掺量从 0 增至 20%时，初始凝固时间从 10 min 减少到 3 min，而最终凝固时间从 24 min 减少到 14 min。

工业废渣对脱硫石膏基复合材料流动度的影响如图 2. 4 所示。

随着工业废渣的添加，脱硫石膏基复合材料的流动性呈现不断减小的趋势。当煤矸石掺量从 0 增至 20%时，脱硫石膏基复合材料的流动度从 182 mm 降低至 100 mm，降低了 45. 55%。当钢渣掺量从 0 增至 20%时，流动度从 182 mm 降低至 98 mm，降低了 46. 15%。这种性能的变化可归因于工业废渣较大的比表面积吸附了浆体中的自由水，而砂浆混合料中含水量与黏度之间成反比关系，即含水量的减少会导致黏度的升高，从而降低浆体的流动性。

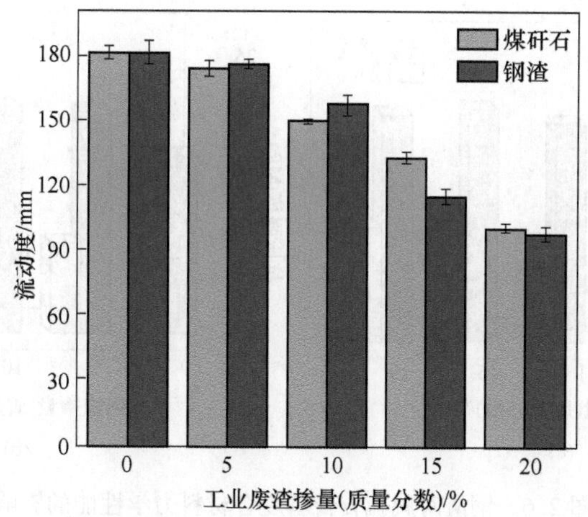

图 2.4 工业废渣对脱硫石膏基复合材料流动度的影响

煤矸石对脱硫石膏基复合材料力学性能的影响如图 2.5 所示。

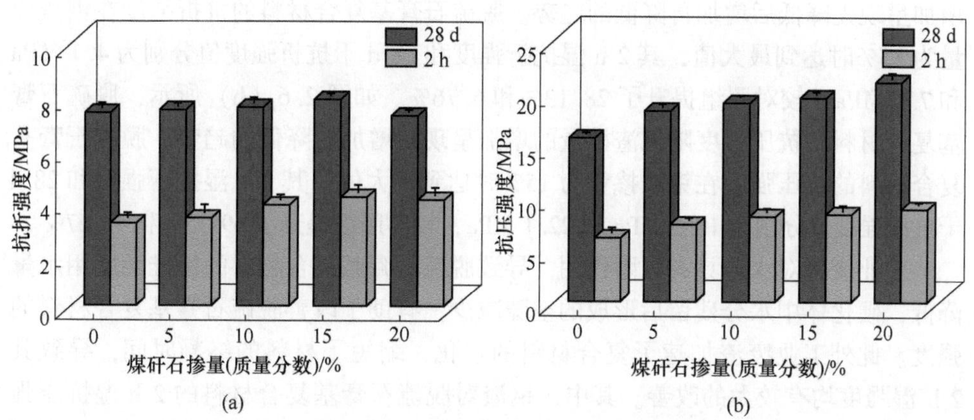

图 2.5 煤矸石对脱硫石膏基复合材料力学性能的影响
(a) 抗折强度;(b) 抗压强度

从图 2.5 (a) 可以看出,脱硫石膏基复合材料的抗折强度随着煤矸石掺量的增加呈现先增加后减小的趋势。其在煤矸石掺量为 15%达到最大,其 2 h 湿抗折强度和 28 d 干抗折强度值分别为 4.2 MPa 和 7.9 MPa,较对照组提升了 31.25%和 6.76%。如图 2.5 (b) 所示,脱硫石膏基复合材料的抗压强度随煤矸石掺量的增加呈现持续升高的趋势。其抗压强度在煤矸石掺量为 20%达到最大值,其 2 h 湿抗压强度和 28 d 干抗压强度值分别为 8.9 MPa 和 21.0 MPa,较对照组提升了 43.55%和 34.62%。

钢渣对脱硫石膏基复合材料力学性能的影响如图 2.6 所示。

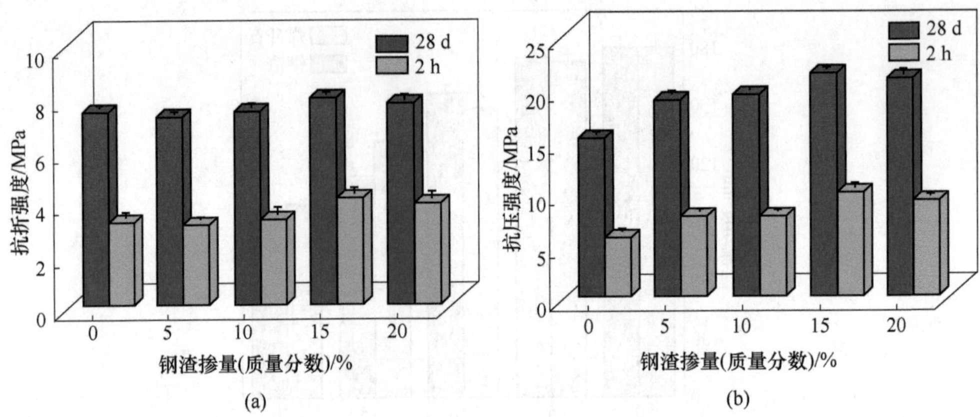

图 2.6 钢渣对脱硫石膏基复合材料力学性能的影响

(a) 抗折强度；(b) 抗压强度

从图 2.6（a）可以看出，脱硫石膏基复合材料的抗折强度随着钢渣掺量的增加呈现先降低后增加再降低的趋势。脱硫石膏基复合材料的抗折强度在钢渣掺量为 15%时达到最大值，其 2 h 湿抗折强度和 28 d 干抗折强度值分别为 4.1 MPa 和 7.9 MPa，较对照组提升了 28.13%和 6.76%。如图 2.6（b）所示，脱硫石膏基复合材料的抗压强度随钢渣掺量的增加呈现先增加后降低的趋势。脱硫石膏基复合材料的抗压强度在钢渣掺量为 15%时达到最大值，其 2 h 湿抗压强度和 28 d 干抗压强度值分别为 10.5 MPa 和 22.1 MPa，较对照组提升了 69.35%和 41.67%。

工业废渣对水分具有吸附作用，导致脱硫石膏基复合材料的标准稠度用水量降低，硬化体中水分残留后形成的空隙减少，有助于改善脱硫石膏基复合材料的强度。此外工业废渣加速了复合材料的水化，缩短了材料的终凝时间，导致其 2 h 湿强度均有较大的改善。其中，钢渣对脱硫石膏基复合材料的 2 h 湿抗压强度的改善优于煤矸石，归因于钢渣具有更小的颗粒尺寸，反应速率较快。煤矸石和钢渣对脱硫石膏基复合材料的 28 d 干抗压强度提升较大，但对其 28 d 干抗折强度提升较小。因为二者经过球磨和高温改性后，外观形貌多为球形颗粒，有利于填充针状或棒状的石膏晶体所形成的空隙，从而提升脱硫石膏基复合材料的抗压强度。但当受到横向的外力作用时，裂纹从煤矸石/钢渣-脱硫石膏的界面开始形成，使得裂纹路径更加曲折，在扩展过程中的能量消耗更高，从而提升了脱硫石膏基复合材料抗折强度。但其颗粒粒径较小，吸收的能量较少，裂纹路径改变较少，从而导致其抗折强度提升较少。煤矸石掺量较大时仍可提升脱硫石膏基复合材料的抗压强度，是因为其结构多为无定形偏高岭石结构，颗粒表面的化学活性点较多，活性物质的表面活性和自由能较大。煤矸石含有的活性 SiO_2 和 Al_2O_3 具有较高的活性，可以生成更多的 C—S—H 等胶凝材料，对脱硫石膏基复合材料的抗压强度有利。而钢渣的矿物结晶度高，活性较低，在使用其增强脱硫石膏基复合材料时，钢渣并不能充分水解为离子相参与化学反应，多在脱硫石膏体内搭建基础骨架，从而改善石膏基复合材料的力学性能。但钢渣掺量过大时，钢渣会破坏石膏基复合材料的内部结构，导致石膏晶体结晶度下降，缺陷增多，造成其力学性能和耐水性下降。

煤矸石对脱硫石膏基复合材料防水性能的影响如图 2.7 所示。

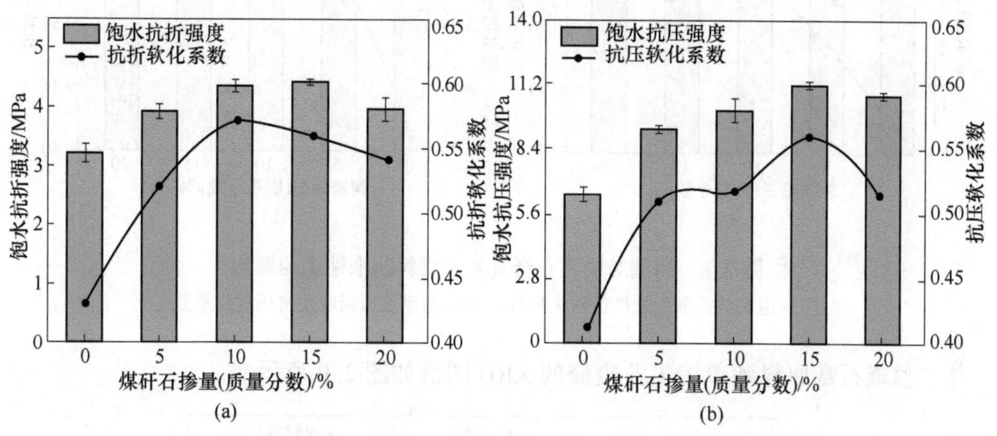

图 2.7 煤矸石对脱硫石膏基复合材料防水性能的影响

(a) 饱水抗折强度及抗折软化系数；(b) 饱水抗压强度及抗压软化系数

从图 2.7（a）可以看出，脱硫石膏基复合材料的饱水抗折强度和抗折软化系数随着煤矸石掺量的增加呈现先增加后减小的趋势。在煤矸石掺量为 15%时，复合材料的饱水抗折强度具有最大值，其值为 4.41 MPa，较对照组提升了 37.38%。当煤矸石掺量为 10%时，复合材料的抗折软化系数具有最大值，其值为 0.57，较对照组提升了 32.56%。如图 2.7（b）所示，脱硫石膏基复合材料的饱水抗压强度和抗压软化系数随着煤矸石掺量的增加呈现先增加后减小的趋势。当煤矸石掺量为 15%时，复合材料的饱水抗压强度和抗压软化系数均具有最大值，其值分别为 11.12 MPa 和 0.56，较对照组分别提升了 73.48%和 36.59%。

钢渣对脱硫石膏基复合材料防水性能的影响如图 2.8 所示。从图 2.8（a）可以看出，脱硫石膏基复合材料的饱水抗折强度和抗折软化系数随着钢渣掺量的增加呈现先增加后减小的趋势。当钢渣掺量为 15%时，复合材料的饱水抗折强度和抗折软化系数均具有最大值，其值分别为 5.23 MPa 和 0.66，较对照组分别提升了 62.93%和 53.49%。如图 2.8（b）所示，脱硫石膏基复合材料的饱水抗压强度和抗压软化系数随着钢渣掺量的增加呈现先增加后减小的趋势。当钢渣掺量为 15%时，复合材料的饱水抗压强度具有最大值，其值为 12.04 MPa，较对照组提升了 87.83%；当钢渣掺量为 10%时，复合材料的抗压软化系数具有最大值，其值为 0.57，较对照组提升了 39.02%。

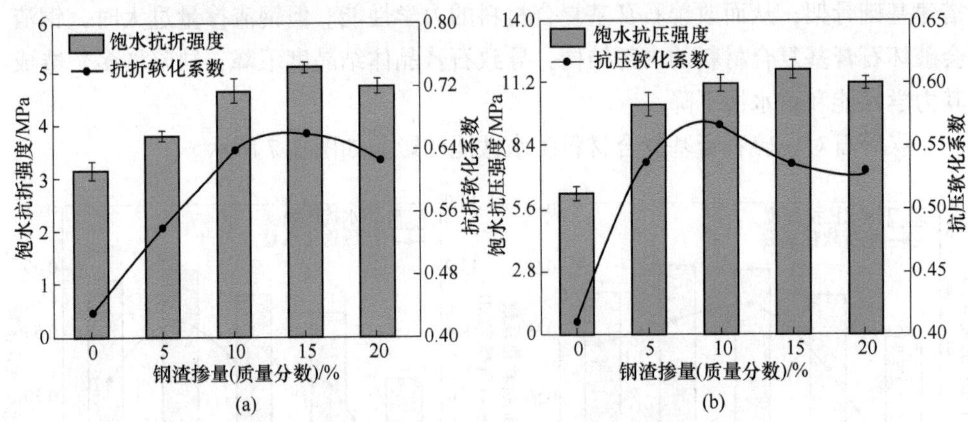

图 2.8 钢渣对脱硫石膏基复合材料防水性能的影响

（a）饱水抗折强度及抗折软化系数；（b）饱水抗压强度及抗压软化系数

脱硫石膏原料和单掺工业废渣的 XRD 图谱如图 2.9 所示。

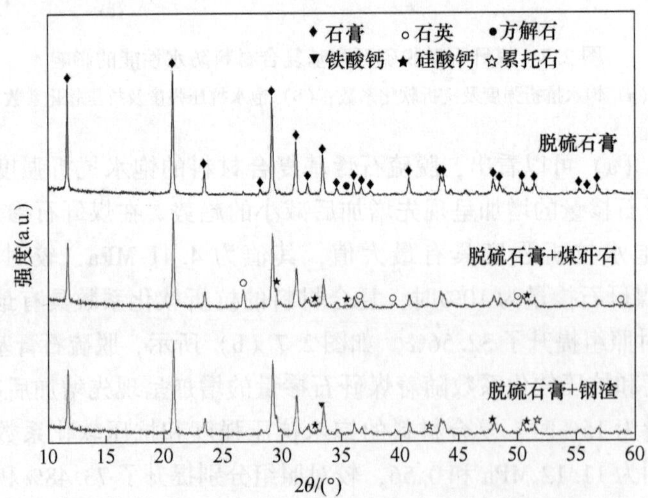

图 2.9 脱硫石膏原料和单掺工业废渣的 XRD 图谱

脱硫石膏原料水化后大多为 $CaSO_4 \cdot 2H_2O$ 晶体，其他杂质如 $CaCO_3$ 含量较少。还可以看出，与脱硫石膏的 XRD 图谱相比，单掺工业废渣的脱硫石膏基复合材料的 $CaSO_4 \cdot 2H_2O$ 特征峰强度明显降低，这意味着各组分之间发生了不同程度的化学反应。其中煤矸石中含有大量的游离 SiO_2，在水化过程中与钙离子结合生成了 C—S—H，在 32.460°、29.267°、33.254°、51.068°等处有特征峰，该

反应消耗了 Ca^{2+}，降低了二水石膏的生成量，导致其特征峰强度降低。钢渣中含有 Fe^{3+}、Si^{2+}和 Al^{3+}等离子，在脱硫石膏的水化过程中生成了其他胶凝产物，消耗了 Ca^{2+}，降低了 $CaSO_4 \cdot 2H_2O$ 的结晶度。此外，煤矸石中含有大量的 SiO_2，其在煤矸石-脱硫石膏基复合材料中有留存，其特征峰如 26.639°、36.543°、39.464°和 50.621°等。SiO_2 作为细骨料填充空隙，降低了复合材料的气孔率，增强了复合材料的抗压强度并降低了吸水率。在钢渣-脱硫石膏基复合材料的 XRD 图谱中，于 33.549° 处产生了钙钛矿（$CaFeO_3$）的特征峰，于 33.245°、48.789°、51.068°处产生了水化硅酸钙的特征峰，于 56.781°、43.137°处生成了铝酸三钙的特征峰。凝胶矿物的生成提高了复合材料内部结构的完整性，对复合材料的力学性能和耐水性进行了改善。

图 2.10 展示了脱硫石膏样品及工业废渣增强脱硫石膏基复合材料的扫描电镜图像和 EDS 图像。

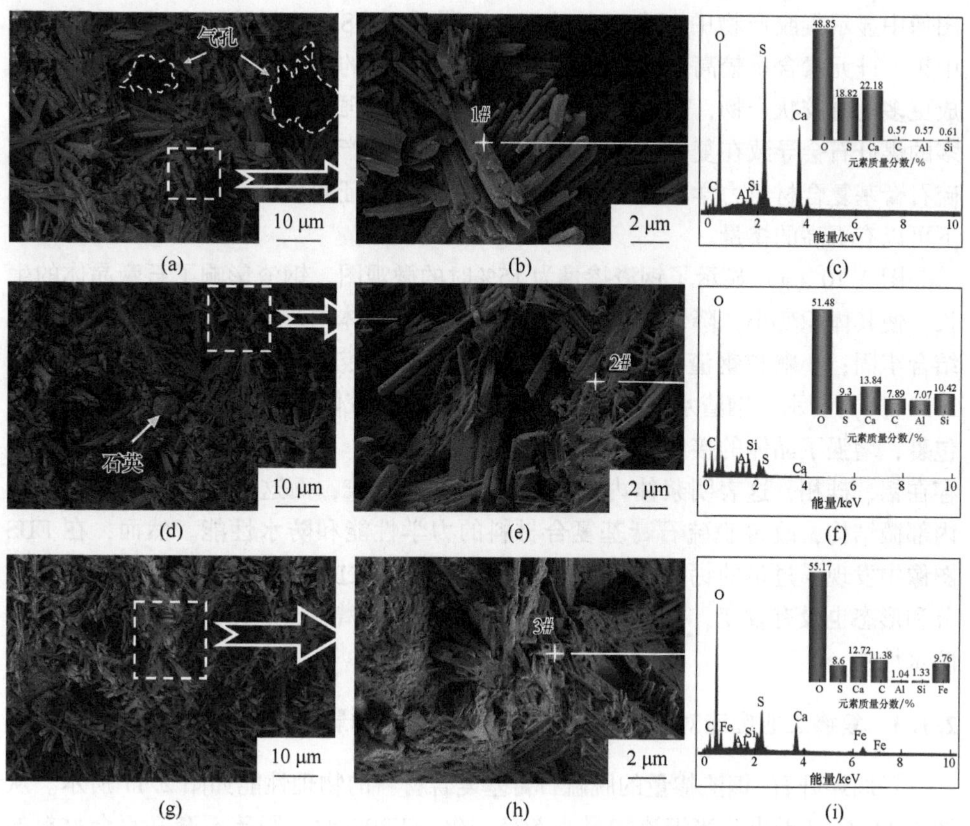

图 2.10 脱硫石膏样品及工业废渣增强脱硫石膏基复合材料的扫描电镜图像和 EDS 图像

（a）（b）脱硫石膏空白样品；（d）（e）煤矸石掺量为 10%；（g）（h）钢渣掺量为 15%；（c）（f）（i）EDS 图像

脱硫石膏样品的微观图像如图 2.10（a）所示，半水石膏的水化反应迅速进行，石膏晶体的搭接较为疏松，结构中存在大量的孔隙。如图 2.10（b）所示，二水化合物晶体多以板状或柱状晶型为主，晶体表面较为光滑。此外，由于对照样品中 $CaSO_4 \cdot 2H_2O$ 晶体之间接触面积较少而导致的低且不稳定的胶结力，使接触点在水中溶解并结晶。EDS 图像中的元素分析和质量占比显示，脱硫石膏样品中绝大多数为氧、硫和钙元素，还具有微量的碳、铝、硅等元素。

在脱硫石膏样品中单掺 10%煤矸石的样品的微观图像如图 2.10（d）所示。煤矸石的水化反应填充了空隙，使得基体内部通孔减少，且石膏晶体的生长受到限制，晶型变得更加纤细，二水硫酸钙的结晶度下降，这与 XRD 图谱中 $CaSO_4 \cdot 2H_2O$ 特征峰下降的趋势相符合。如图 2.10（e）所示，煤矸石和石膏的水化过程产生的水化硅酸钙等胶凝性矿物依附在石膏晶体表面，使得其内部空间致密化，有效防止了水分的侵蚀，同时增强了脱硫石膏基复合材料的力学性能。EDS 图像中显示凝胶产物中存在铝和硅相，证明了 C—S—H 凝胶的生成。此外，图中钙、硅元素含量较高，这意味着复合材料中更多的煤矸石会导致在混合料中形成更多的凝胶状产物，这些凝胶状产物对混合料的强度起着重要作用。系统中更多的煤矸石会导致在复合材料中形成更多的凝胶状产物，而这些凝胶状产物是脱硫石膏基复合材料力学和防水性能改善的原因，也证明煤矸石在水量合适的情况下可以有更高的掺量。

图 2.10（g）显示了钢渣掺量为 15%时的微观图。钢渣影响了石膏晶体的生长，使其体积变小，降低了结晶度。其中，石膏晶体围绕大颗粒钢渣生长，界面结合牢固；小颗粒钢渣填充了石膏基体的孔隙，使其内部结构更加致密。如图 2.10（h）所示，钢渣水化反应后生成的团絮状凝胶体将 $CaSO_4 \cdot 2H_2O$ 晶体进行包裹，增强了晶体的接触面积，防止了水分的侵蚀。EDS 图像中显示凝胶产物中存在铝、硅相，这表明浆体内部存在 C—S—H 凝胶，而这种凝胶负责致密压实内部微结构，改善脱硫石膏基复合材料的力学性能和防水性能。然而，在 EDS 图像中发现了过量的钙、镁相元素在整个水化反应过程中并没有完全溶解，其成分和形态也没有改变，掺量较大时会导致内部缺陷增多，从而损伤材料的力学和防水性能。

2.1.3 复掺工业废渣对脱硫石膏基复合材料性能的影响

不同煤矸石-钢渣掺量的脱硫石膏基复合材料的物理性能如图 2.11 所示。从图 2.11（a）看出，当钢渣掺量为 5%、10%和 20%时，脱硫石膏基复合材料的体积密度随煤矸石掺量的增加而增加。当钢渣掺量为 15%时，脱硫石膏基复合材料的体积密度随煤矸石掺量的增加呈现先降低后升高的趋势。当煤矸石和钢渣掺量同时增加到 20%或煤矸石和钢渣掺量分别增加到 15%和 20%时，脱硫石膏基复合材料的体积密度具有最大值，其值为 1.46 g/cm^3，较对照组升高了 18.70%。如图 2.11（b）所示，当钢渣掺量为 5%、10%和 20%时，脱硫石膏基复合材料的气孔率随煤矸石掺量的增加而降低。当钢渣掺量为 15%时，脱硫石膏基复合材料的气孔率随煤矸石掺量的增加呈现先升高后降低的趋势。当煤矸石和钢渣掺量同时增加到 20%时，脱硫石膏基复合材料的气孔率具有最小值 36.97%，较对照组降低了 21.04%。

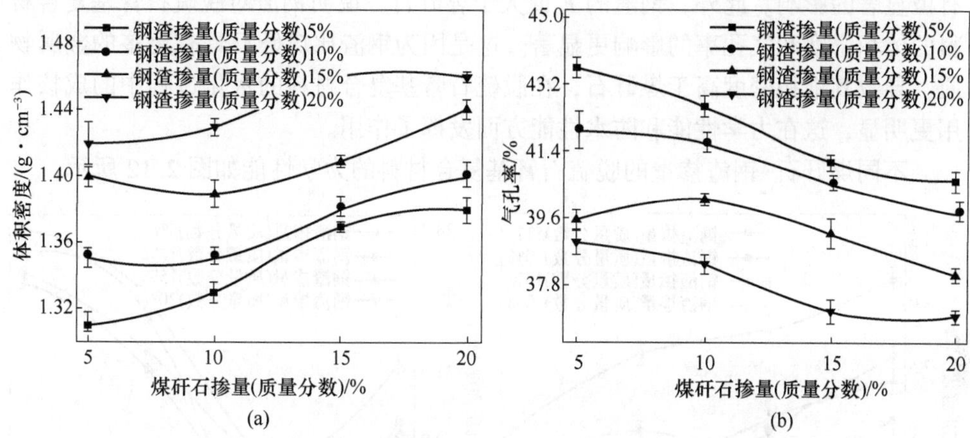

图 2.11 不同煤矸石-钢渣掺量的脱硫石膏基复合材料的物理性能

（a）体积密度；（b）气孔率

工业废渣的微集料效应降低了石膏水化产生的空隙，改善了脱硫石膏基复合材料的内部结构；同时，煤矸石和钢渣中富含的 SiO_2、Al_2O_3、Fe_2O_3 和 MgO 等物质增加了脱硫石膏基复合材料的质量，从而导致脱硫石膏基复合材料的体积密度均优于对照组（体积密度为 1.23 g/cm^3）。

使用方差分析来研究数据波动是由因子水平变化还是由实验误差引起的。对脱硫石膏基复合材料物理性能的方差分析如表 2.2 所示。

表 2.2 脱硫石膏基复合材料物理性能的方差分析

指标	方差	SS	DF	MS	*F*	显著性
体积密度	*A*	0.007	3	0.002	24.353	**
	B	0.021	3	0.007	75.353	**
	误差	0.001	9	0.001		
气孔率	*A*	12.230	3	4.077	25.179	**
	B	40.255	3	13.418	82.874	**
	误差	1.457	9	0.162		

其中，SS 为偏差平方和，反映各因素或误差的变化对实验结果的影响，DF 为自由度，MS 为均方，F 值为效应和误差的均方比。F 值对应于不同显著性水平的临界值 F_α，例如，当 α 为 0.01 或 0.05 时的显著性水平不同，如果 $F \geqslant F_{0.01}$，表示该因子的影响非常显著（用 ** 表示），如果 $F_{0.05}<F \leqslant F_{0.01}$，该因素的影响是显著的（用 * 表示）。其中，$F_{0.05}(3,9)=3.86$，$F_{0.01}(3,9)=6.99$。从表 2.2 可以看出，两种工业废渣对脱硫石膏基复合材料的体积密度和气孔率均有极显著的影响。此外，钢渣的 F 值大于煤矸石，说明钢渣对脱硫石膏基复合材料的体积密度和气孔率的影响更显著。这是因为钢渣比煤矸石具有更多的金属物质，导致其堆积密度高于煤矸石，在脱硫石膏基复合材料的水化过程中的成核作用更明显，这在力学性能和防水性能方面发挥了作用。

不同煤矸石-钢渣掺量的脱硫石膏基复合材料的力学性能如图 2.12 所示。

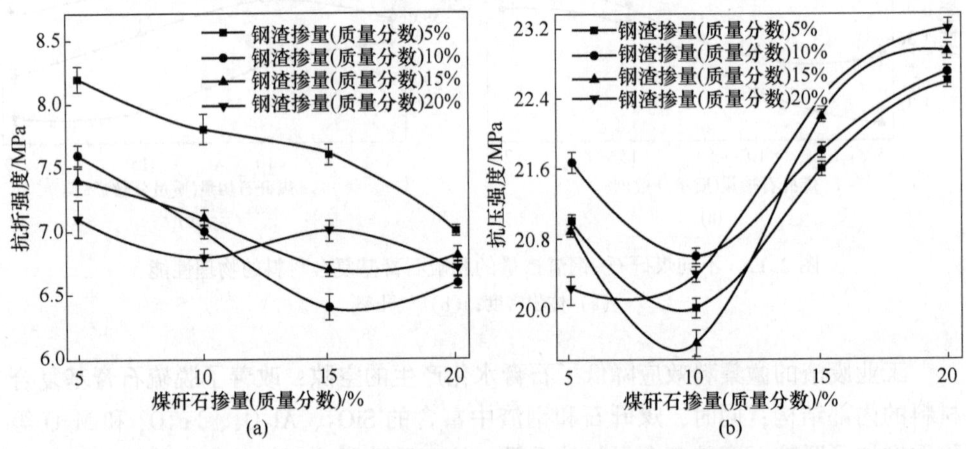

图 2.12 不同煤矸石-钢渣掺量的脱硫石膏基复合材料的力学性能

(a) 抗折强度；(b) 抗压强度

如图 2.12（a）所示，当钢渣掺量为 5%时，脱硫石膏基复合材料的抗折强度随煤矸石掺量的增加而降低。当钢渣掺量为 10%和 15%时，脱硫石膏基复合材料的抗折强度随煤矸石掺量的增加呈现先降低后升高的趋势。当钢渣掺量为 20%时，脱硫石膏基复合材料的抗折强度随煤矸石掺量的增加呈现先降低后升高再降低的趋势。当煤矸石和钢渣掺量同时增加到 5%时，脱硫石膏基复合材料的抗折强度具有最大值，其值为 8.2 MPa，较对照组（7.4 MPa）提升了 10.81%；当煤矸石和钢渣掺量分别增加到 15%和 10%时，脱硫石膏基复合材料的抗折强度具有最小值，其值为 6.4 MPa，较对照组降低了 13.51%。

如图 2.12（b）所示，当钢渣掺量为 5%、10%和 15%时，脱硫石膏基复合材料的抗压强度随煤矸石掺量的增加呈现先降低后升高的趋势；当钢渣掺量为 20%时，脱硫石膏基复合材料的抗压强度随煤矸石掺量的增加呈现持续升高的趋势。当煤矸石和钢渣掺量同时增加到20%时，脱硫石膏基复合材料的抗压强度具有最大值，其值为23.2 MPa，较对照组（15.6MPa）提升了48.72%；当煤矸石和钢渣掺量分别增加到10%和15%时，脱硫石膏基复合材料的抗折强度具有最小值19.6 MPa，较对照组增加了25.64%。脱硫石膏基复合材料的含水量取决于粉料完全润湿所需的水量，而复掺矿物掺和料后导致浆体中的含水量进一步降低，使得超出这一限度的多余水量减少，从而降低了复合材料内部的气孔率，改善了材料的力学性能。

对脱硫石膏基复合材料力学性能的方差分析如表2.3所示。

表2.3 脱硫石膏基复合材料力学性能的方差分析

指标	方差	SS	DF	MS	F	显著性
抗折强度	A	1.407	3	0.469	0.081	
	B	1.228	3	0.409	7.048	**
	误差	0.522	9	0.058		
抗压强度	A	16.865	3	5.622	26.265	**
	B	0.365	3	0.122	0.568	
	误差	1.926	9	0.214		

从表2.3可以看出，钢渣对脱硫石膏基复合材料的抗折强度有极显著的影响，而煤矸石对脱硫石膏基复合材料的抗折强度影响较小。但是，煤矸石对脱硫石膏基复合材料的抗压强度有极显著的影响，而钢渣对脱硫石膏基复合材料的抗压强度影响较小。

不同煤矸石-钢渣掺量的脱硫石膏基复合材料的防水性能如图2.13所示。

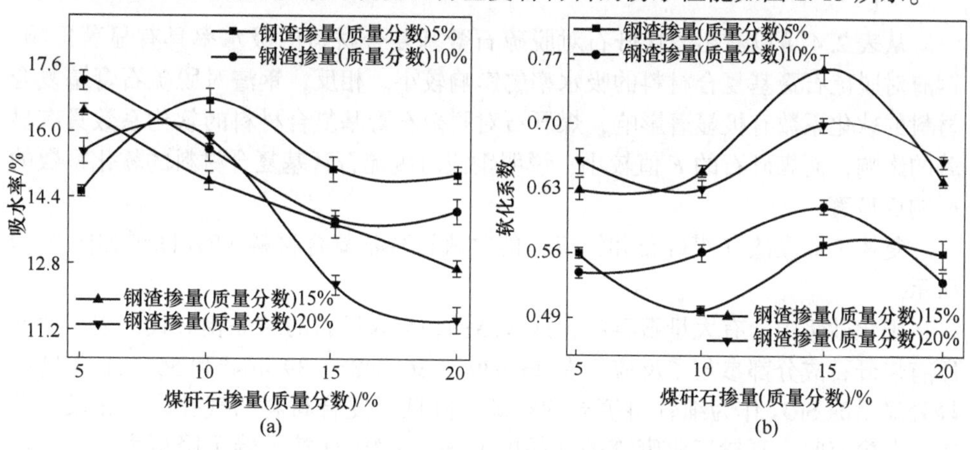

图2.13 不同煤矸石-钢渣掺量的脱硫石膏基复合材料的防水性能

（a）吸水率；（b）软化系数

如图 2.13（a）所示，当钢渣掺量为 5%和 20%时，脱硫石膏基复合材料的吸水率随煤矸石掺量的增加呈现先升高后降低的趋势。当钢渣掺量为 10%和 20%时，脱硫石膏基复合材料的吸水率随煤矸石掺量的增加呈现持续降低的趋势。当煤矸石和钢渣掺量同时增加到 20%时，脱硫石膏基复合材料的吸水率具有最小值，其值为 11.41%，较对照组（19.43%）降低了 41.28%。当煤矸石和钢渣掺量分别增加到 5%和 10%时，脱硫石膏基复合材料的吸水率具有最大值，其值为 17.26%，较对照组降低了 11.17%。如图 2.13（b）所示，当钢渣掺量为 5%和 20%时，复合材料的软化系数随煤矸石掺量的增加呈现先降低后升高再降低的趋势；当钢渣掺量为 10%和 15%时，复合材料的软化系数随煤矸石掺量的增加呈现先降低后升高的趋势。当煤矸石和钢渣掺量同时增加到 15%时，脱硫石膏基复合材料的软化系数具有最大值，其值为 0.76，较对照组（0.43）提升了 76.74%；当煤矸石和钢渣掺量分别增加到 10%和 5%时，脱硫石膏基复合材料的软化系数具有最小值，其值为 0.5，较对照组增加了 16.28%。

对脱硫石膏基复合材料防水性能的方差分析如表 2.4 所示。

表 2.4 脱硫石膏基复合材料防水性能的方差分析

指标	方差	SS	DF	MS	*F*	显著性
吸水率	*A*	22.826	3	7.609	6.107	*
	B	6.285	3	2.095	1.682	
	误差	11.212	9	1.246		
软化系数	*A*	0.014	3	0.005	6.250	*
	B	0.054	3	0.017	23.205	**
	误差	0.007	9	0.001		

从表 2.4 可以看出，煤矸石对脱硫石膏基复合材料的吸水率具有显著影响，钢渣对脱硫石膏基复合材料的吸水率的影响较小。相反，钢渣对脱硫石膏基复合材料的软化系数有极显著影响，煤矸石对脱硫石膏基复合材料的软化系数具有显著的影响，而煤矸石的 *F* 值较小，说明钢渣对脱硫石膏基复合材料的软化系数的影响更显著。

复掺工业废渣（煤矸石和钢渣）的脱硫石膏基复合材料 XRD 图谱如图 2.14 所示。

硬化砂浆中含有大量石英相，这些结晶相与煤矸石的结晶相一致，表明并非所有煤矸石成分都参与了反应。在 26.639°、36.543°、39.464°和 50.621°等特征峰处显示的 SiO_2 作为细骨料填充的空隙，降低了复合材料的气孔率。相较于单掺工业废渣时，复掺工业废渣的样品的 $CaSO_4 \cdot 2H_2O$ 特征峰下降更大。这是由于工业废渣中的 Fe^{3+}、Si^{4+}、Al^{3+} 等离子与 $CaSO_4 \cdot \frac{1}{2}H_2O$ 形成 C—S—H 等物质，

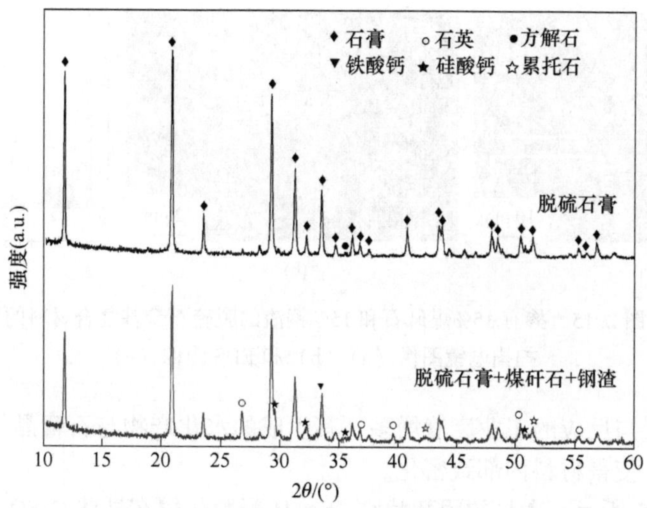

图 2.14 复掺工业废渣（煤矸石和钢渣）的脱硫石膏基复合材料 XRD 图谱

降低了二水石膏的生成量，导致其特征峰强度降低。在 XRD 图谱中发现了新的特征峰，这是在化学聚合过程中形成的。其中，煤矸石中的 SiO_2 在水化过程中与钙离子结合生成了 C—S—H，在 29.267°、33.254°、51.068°等处有特征峰。此外，于 33.549°处产生了 $CaFeO_3$ 的特征峰，于 56.781°、43.137°处生成了铝酸三钙的特征峰。工业废渣和石膏产生了 Ca^{2+}、SO_4^{2-} 和 OH^-，其中 OH^-减弱了 Al_2O_3—SiO_2 网络聚合体的聚合度，释放出活性 SiO_2 和 Al_2O_3，其与 Ca^{2+}和 SO_4^{2-} 发生式（2.1）所示反应，生成钙矾石、C—(A)—S—H 凝胶等水化产物。

$$6Ca^{2+} + 2Al(OH)_4^- + 3SO_4^{2-} + 4OH^- + 26H_2O \longrightarrow Ca_6Al_2(SO_4)_3(OH)_{12} \cdot 26H_2O \tag{2.1}$$

当 2 种工业废渣进行复掺时，煤矸石和钢渣消耗了大量的游离水，水化过程较快进行，从而延缓了 $CaSO_4 \cdot 2H_2O$ 的成核速率。水化硅酸钙和水化铝酸钙等水化产物与石英和钙钛矿等矿物形成了协同效应，从而大大降低了脱硫石膏基复合材料的气孔率，有效地提高了其力学性能和耐水性。煤矸石的碱度较高，带入的 OH^-使得钢渣进一步水化，使其耐水性提高。

图 2.15 展示了煤矸石和钢渣含量均为 15%的脱硫石膏基复合材料的扫描电镜图像和 EDS 图像。

图 2.10 中单掺煤矸石或钢渣的样品微观图像显示，水化过程产生的 C—S—H 等胶凝性矿物较少，不能完全覆盖石膏晶体表面，对于脱硫石膏的性能提升有限。其中单掺钢渣时的样品中形成的水化硅酸钙凝胶包裹性强于单掺煤矸石，印证了方差分析时钢渣对脱硫石膏基复合材料的软化系数影响更大的结论。通过钢渣和煤矸石的复掺，煤矸石的掺入增强了复合材料内部的碱性，使钢渣的活性不

图 2.15　掺有 15%煤矸石和 15%钢渣的脱硫石膏基复合材料的扫描电镜图像（a）（b）和 EDS 图像（c）

断被激发，参与反应的工业废渣增多，其生成的水化产物与石膏晶体之间有较强的结合作用，使得材料内部致密化。

如图 2.15 所示，大量的团絮状 C—S—H 凝胶包覆在柱状 $CaSO_4 \cdot 2H_2O$ 晶体的周围，填充了晶体骨架中的空隙，导致复合材料内部气孔率降低，使得晶体接触面积增大，从而防止了水分的侵蚀，最终表现为改善了脱硫石膏基复合材料的力学性能和耐水性。与单掺工业废渣相比，复掺工业废渣的脱硫石膏基复合材料表现出较好的致密性和未反应颗粒周围生成的更好的凝胶团簇，这与脱硫石膏基复合材料的强度增强有关。EDS 化学分析观测结果表明，反应产物中钙、硅、铝和铁相的含量较高，且元素之间存在粒子间键，这些物质的存在表明存在 C—S—H 凝胶。

2.2　纤维对脱硫石膏基复合材料性能的影响

2.2.1　纤维增强石膏基复合材料的实验设计及制备

目前，依靠一种材质的纤维对复合材料进行增强增韧处理，其增强的性能较为单一。若使用化学试剂或物理方法对纤维进行改性处理，其表面粗糙度、均匀度及改性效果难以保证，并且此方法对设备和工艺精准度要求较高。

本章节使用钢渣和煤矸石掺量均为 15%的脱硫石膏基复合材料作为基础配方，并根据《建筑石膏　力学性能的测定》（GB/T 17669.3—1999）的实验流程制备纤维增强石膏试样。分别使用无机纤维（如玻璃纤维和碳纤维）和有机纤维（如聚丙烯（PP）纤维和聚乙烯醇纤维（PVA）纤维）采用单一变量方法控制纤维掺量制备脱硫石膏基复合材料。拆模后在常温下养护 28 d，到达龄期后使用（40 ± 3）℃的干燥箱进行干燥，待其质量减少量小于 0.2 g/d 后，进行力学性能和微观性能的检测，具体的实验流程如图 2.16 所示。

在混杂纤维的实验设计中，本实验根据单因素的强度结果选用了两种不同化学组成的短切纤维（玻璃纤维和 PVA 纤维），设计了二因素三阶乘响应面实验进

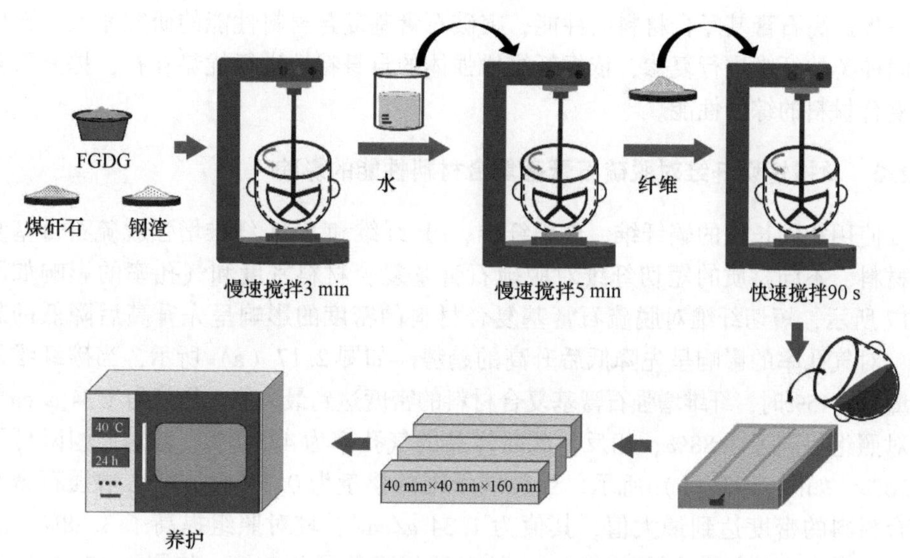

图 2.16 纤维增强石膏基复合材料的实验流程

行了多目标优化分析。设计的二因素三阶乘响应面实验因子和选取的水平如表 2.5 所示。

表 2.5 纤维复掺实验方案

因素		水平		
		-1	0	1
A	玻璃纤维体积分数/%	0.2	0.4	0.6
B	PVA 纤维体积分数/%	0.2	0.4	0.6

RSM 是运用统计学的思想对实验数据所构造的回归方程进行分析，从而解决多变量的函数问题。本实验使用中心组合设计进行实验设计，可以利用最少的样本因素构建响应面数学模型，其可以考虑到因素之间的交叉作用并对数据结果进行评价。该实验设计思想具有两个突出优点：一是可以通过合理的轴点坐标使得中心组合的旋转设计在各方向上得到精度相似的评估结果；二是可以根据合理的中心点的实验次数确定该设计的正交性并确定最优因素的位置。在建立响应面函数之后，需对其函数的响应精度进行评估，其基本思想是将实验数据的真实值与函数在该点的预计值通过评估，判断所建立函数的精度是否满足实验设计要求。然后通过对每个参数的显著程度进行取舍，选择显著程度高的参数，放弃显著程度低的参数，一般的显著性分析通常采用方差分析法。

本章节使用玻璃纤维、碳纤维、PP 纤维、PVA 纤维进行单掺实验，探究不同种类和掺量的纤维对煤矸石-钢渣-脱硫石膏基复合材料物理力学性能的影响。

进一步提高石膏基复合材料的性能，突破石膏基复合材料性能的研究瓶颈，选取不同种类的纤维进行复掺，依靠纤维增强体的自身特性进行优势互补，提升石膏基复合材料的综合性能。

2.2.2 单掺短切纤维对脱硫石膏基复合材料性能的影响

使用相同长度的碳纤维、玻璃纤维、PP 纤维和 PVA 纤维增强脱硫石膏基复合材料，不同材质的短切纤维对脱硫石膏基复合材料密度和气孔率的影响如图 2.17 所示，短切纤维对脱硫石膏基复合材料的密度的影响呈先升高后降低的趋势，对气孔率的影响呈先降低后升高的趋势。如图 2.17（a）所示，当碳纤维的掺量为 0.15%时，纤维增强石膏基复合材料的密度达到最大值，其值为 1.34 g/cm^3，较对照组提高了 3.88%；相反，此时样品的气孔率为 42.40%，较对照组降低了 4.50%。如图 2.17（b）所示，当玻璃纤维的掺量为 0.3%时，纤维增强石膏基复合材料的密度达到最大值，其值为 1.34 g/cm^3，较对照组提高了 3.88%；相反，此时样品的气孔率为 42.31%，较对照组降低了 4.71%。如图 2.17（c）所示，当 PP 纤维的掺量为 0.4%时，纤维增强石膏基复合材料的密度达到最大值，其值为 1.34 g/cm^3，较对照组提高了 3.88%；相反，此时样品的气孔率为 42.46%，较对照组降低了 4.37%。如图 2.17（d）所示，当 PVA 纤维的掺量为 0.6%时，纤维增强石膏基复合材料的密度达到最大值，其值为 1.35 g/cm^3，较对照组提高了 4.65%；相反，此时样品的气孔率为 42.00%，较对照组降低了 5.41%。当使用纤维增强脱硫石膏基复合材料时，其存在一个纤维含量最佳值，当小于最佳值时，纤维的桥接能力较弱，无法为基体提供足够的增强效果；当大于最佳值时，由于纤维的直径较小，其团聚效果明显，浆体无法充分填满纤维孔隙，导致复合材料内部孔隙较多，造成其气孔率增加，进而影响其综合性能。

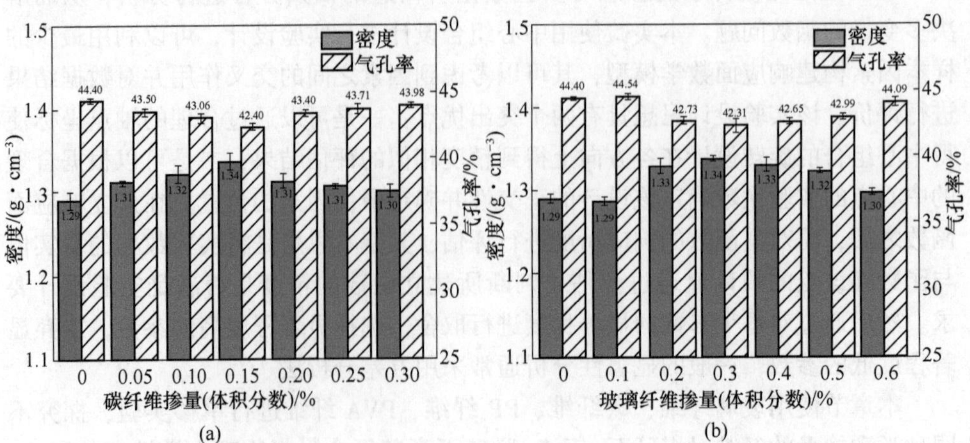

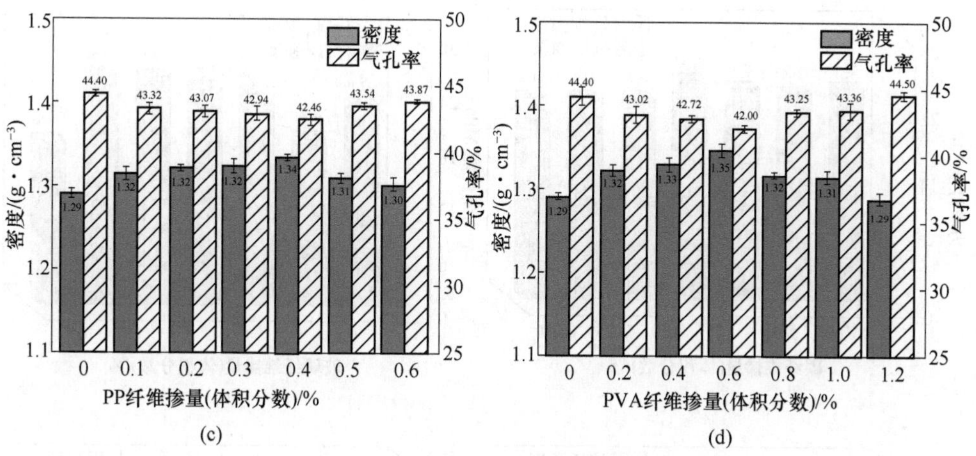

图 2.17 不同材质的短切纤维对脱硫石膏基复合材料密度和气孔率的影响
(a) 碳纤维；(b) 玻璃纤维；(c) PP 纤维；(d) PVA 纤维

不同材质的短切纤维对脱硫石膏基复合材料力学性能的影响如图 2.18 所示。如图 2.18（a）所示，碳纤维对脱硫石膏基复合材料力学性能的影响呈先降低后升高再降低的趋势。其中抗折强度值在碳纤维掺量为 0.25%时具有最大值，其值为 7.50 MPa，较对照组提升了 11.94%；抗压强度值在碳纤维掺量为 0.15%时具有最大值，其值为 23.22 MPa，较对照组提升了 4.64%。如图 2.18（b）所示，玻璃纤维对脱硫石膏基复合材料力学性能的影响呈先降低后升高再降低的趋势。其中抗折强度值在玻璃纤维掺量为 0.3%时具有最大值，其值为 8.31 MPa，较对照组提升了 24.03%；抗压强度值在玻璃纤维掺量为 0.5%时具有最大值，其值为 25.54 MPa，较对照组提升了 15.10%。如图 2.18（c）所示，PP 纤维对脱硫石膏基复合材料抗折强度的影响呈先升高后降低的趋势，在掺量为 0.1%或 0.2%时具有最大值，其值为 7.50 MPa，较对照组提升了 11.94%。抗压强度呈先降低后升高再降低的趋势，在掺量为 0.4%时具有最大值 22.70 MPa，较对照组提升了 2.30%。如图 2.18（d）所示，PVA 纤维对脱硫石膏基复合材料抗折强度的影响呈先升高后降低的趋势，在掺量为 1%时具有最大值 8.17 MPa，较对照组提升了 21.94%；抗压强度呈先降低后升高再降低的趋势，在掺量为 0.4%时具有最大值 25.03 MPa，较对照组提升了 12.80%。

纤维掺量对脱硫石膏基复合材料的影响较大。当纤维含量不足时，其不能完全分散在脱硫石膏基体中，纤维之间的距离较大；由于纤维的排列方式随机性较大，当施加外力作用时，只有部分纤维可以传递连接缺陷，限制裂纹的拓展能力较小，强度提高有限。当纤维含量达到最优值时，其可以均匀分散在脱硫石膏基体中，纤维并向排列，提供更好的桥接效果，在外力的作用下，纤维可以固定由

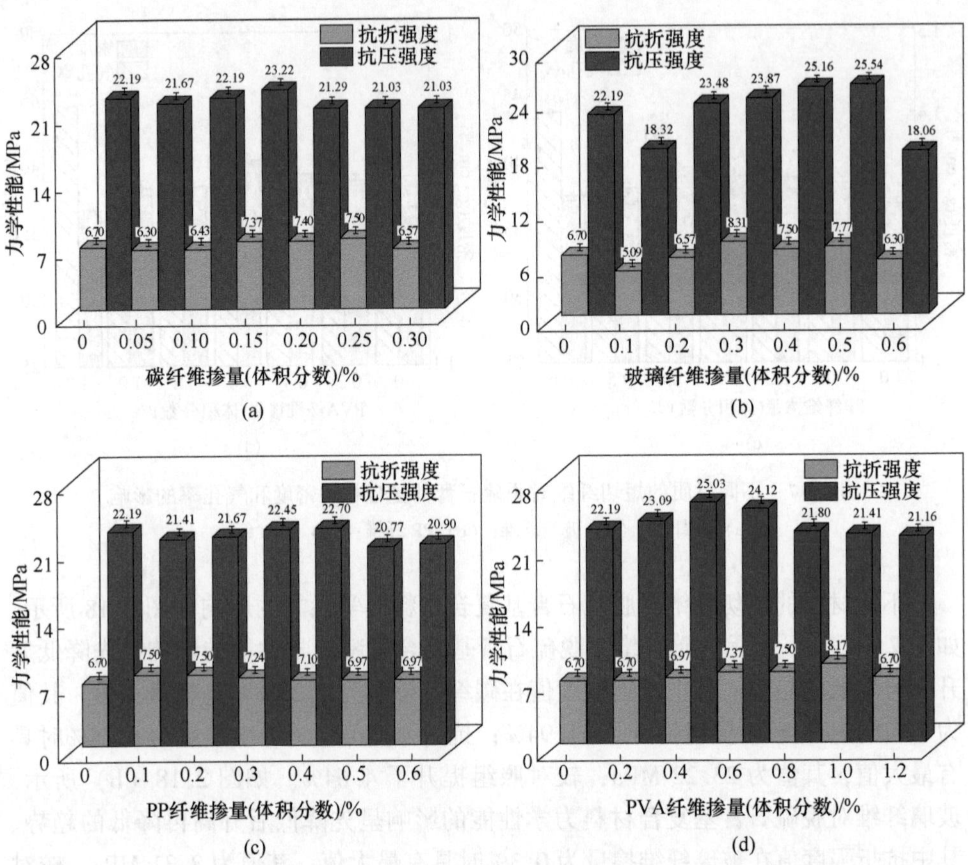

图 2.18 不同材质的短切纤维对脱硫石膏基复合材料力学性能的影响

(a) 碳纤维；(b) 玻璃纤维；(c) PP 纤维；(d) PVA 纤维

石膏基体缺陷引起的裂纹，提高石膏基体的强度和韧性。当纤维含量继续增加时，纤维在混合过程中会团聚并交叉在一起，导致纤维分布不均匀，二者的界面过渡区薄弱，当受到外力作用时，引起应力集中，材料发生破坏。

纤维对于脱硫石膏基复合材料力学性能的改善主要归结于纤维-基体的黏结性和纤维的滑移，它在这两个过程中都能大大延长从裂纹产生到发展直至破坏的中间阶段，吸收能量并有效防止裂纹扩展。纤维和脱硫石膏基复合材料的黏结是其发挥桥接作用的前提和基础，二者的界面过渡区效应影响了黏结性能。图 2.19 为分别掺有 0.15%碳纤维、0.5%玻璃纤维、0.4% PP 纤维和 0.4% PVA 纤维的脱硫石膏基复合材料的 SEM 图像，展示了不同纤维-石膏界面的黏结对脱硫石膏基复合材料的影响。

由图 2.19 可知，纤维表面均被脱硫石膏所包覆，分布着大量的水化产物，二者形成的界面增强了复合材料的力学性能。研究表明，纤维-基体界面过渡区

图 2.19 分别掺有 0.15%碳纤维、0.5%玻璃纤维、0.4% PP 纤维和 0.4% PVA 纤维的脱硫石膏基复合材料的 SEM 图像

(a) 0.15%碳纤维；(b) 0.5%玻璃纤维；(c) 0.4% PP 纤维；(d) 0.4% PVA 纤维

的厚度与纤维的壁效应和亲水性有关。纤维的壁效应破坏了脱硫石膏基复合材料固体颗粒的积累，导致纤维附近广泛存在低密度的水化产物。此外，纤维的亲水性也会影响纤维-基质界面过渡区的微观结构。玻璃纤维和 PVA 纤维具有良好的亲水性，纤维表面离子与水中的羟基发生化学反应，羟基化的纤维表面与脱硫石膏基复合材料中的水发生反应，形成氢键，使一些用于脱硫石膏水化的自由水被吸附在纤维表面。如图 2.19（b）和（d）所示，纤维表面有较多的水化产物存留，其有利于提高纤维与基体之间的黏结性能，从而提升脱硫石膏基复合材料的力学性能。而碳纤维和聚丙烯纤维具有较强的疏水性，脱硫石膏基复合材料的水化产物在其表面留存较少，其黏结性能较弱，对复合材料的力学性能提升有限。

图 2.20 为分别掺有 0.15%碳纤维、0.5%玻璃纤维、0.4% PP 纤维和 0.4% PVA 纤维的脱硫石膏基复合材料中纤维拔出的 SEM 图像，展示了不同纤维-石膏界面的滑移对脱硫石膏基复合材料的影响。脱硫石膏基复合材料的破坏通常是由

于纤维从石膏基体中剥离和拔出，而不是由于纤维断裂。由于碳纤维、玻璃纤维、PP 纤维和 PVA 纤维断裂时的伸长率和滑移现象不同，性能改善的效果存在差异。

图 2.20　分别掺有 0.15%碳纤维、0.5%玻璃纤维、0.4% PP 纤维和 0.4% PVA 纤维的脱硫石膏基复合材料中纤维拔出的 SEM 图像

(a) 0.15%碳纤维；(b) 0.5%玻璃纤维；(c) 0.4% PP 纤维；(d) 0.4% PVA 纤维

如图 2.20（a）和（b）所示，碳纤维和玻璃纤维的界面中滑移现象不明显。这是由于无机纤维的相对扭转刚度较大，在受到压力作用时，纤维在垂直于压力方向的滑移较小，压力释放面较窄，对抗折强度的提升较小。相反，有机纤维的相对扭转刚度较小，纤维在受到压力时垂直于压力方向的滑移较大，其应力释放面较宽。在 PP 纤维和 PVA 纤维增强脱硫石膏基复合材料的微观图像中，纤维-基体的界面过渡区存在明显的滑移现象，这有效地提高了复合材料的抗折强度。

2.2.3 混杂纤维对脱硫石膏基复合材料性能的影响

为比较玻璃纤维（*A*）和 PVA 纤维（*B*）复掺后对脱硫石膏基复合材料的影

响，实现复合材料的多目标优化，设计了二因素三阶乘响应面实验。实验选取气孔率（Y_1）、抗折强度（Y_2）、抗压强度（Y_3）和断裂强度（Y_4）作为响应指标，响应面实验结果如表2.6所示。

表2.6 二因素三阶乘响应面的实验结果

序号	因素		性能指标			
	玻璃纤维 (A)	PVA纤维 (B)	气孔率 (Y_1)	抗折强度 (Y_2)	抗压强度 (Y_3)	断裂强度 (Y_4)
1	−1	−1	41.95%	8.487	23.155	2.37
2	1	−1	43.55%	8.811	24.185	4.56
3	−1	1	42.95%	8.571	24.586	5.51
4	1	1	44.13%	8.856	24.011	6.73
5	−1	0	42.17%	8.434	24.187	3.89
6	1	0	43.65%	8.731	24.161	5.61
7	0	−1	42.68%	8.536	24.582	3.41
8	0	1	43.05%	8.611	25.562	6.32
9	0	0	42.82%	8.331	25.491	4.91
10	0	0	42.81%	8.361	25.516	4.85
11	0	0	42.99%	8.349	25.632	4.93
12	0	0	42.87%	8.274	25.606	4.88
13	0	0	42.85%	8.281	25.238	5.02

二次多项式模型是通过多元回归分析估计参数系数，采用方差分析（ANOVA）来评估二因素三阶乘响应面的实验结果的稳健性，并比较多个因素的协同影响。最终得到$Y_1 \sim Y_4$的回归模型如下：

$$Y_1 = 0.4284 + 0.0071A + 0.0032B - 0.0010AB + 0.0016A^2 + 0.0011B^2$$

$$Y_2 = 8.34 + 0.1510A + 0.0340B - 0.0097AB + 0.1882A^2 + 0.1792B^2$$

$$Y_3 = 25.46 + 0.0715A + 0.3728B - 0.4012AB - 1.21A^2 - 0.3112B^2$$

$$Y_4 = 4.85 + 0.8550A + 1.37B - 0.2425AB$$

表2.7显示了在计算中使用的模型术语，以及对每个响应执行的方差分析的结果和对每个模型的描述性统计。F值表示均方效应与均方误差的比值，类似于组间的平均变异与组内的平均变异的比值，F值越大，P值越小，模型越显著；当F值显著，且对应的P值等于或小于0.05时，可以推断出对响应变量的显著影响。根据表2.7所展示的结果，$Y_1 \sim Y_4$的模型F值分别为44.56、27.09、52.77和501.84，响应模型和个体因素在95%置信水平上均有统计学意义，P值小于0.05。对于模型的失拟项，其P值分别为0.0521、0.1260、0.3711和

0.1121，均大于0.05，说明模型中异常误差与实际拟合的比例较小，模型拟合程度良好。

表 2.7 双因素三阶乘 RSM 的 $Y_1 \sim Y_4$ 的方差分析结果

项目	气孔率（Y_1）			抗折强度（Y_2）			抗压强度（Y_3）			断裂强度（Y_4）		
	F	P		F	P		F	P		F	P	
模型	44.56	<0.0001	显著	27.09	0.0002	显著	52.77	<0.0001	显著	501.84	<0.0001	显著
A	174.34	<0.0001	—	41.60	0.0004	—	1.08	0.3326	—	415.76	<0.0001	—
B	36.53	0.0005	—	2.11	0.1897	—	29.45	0.0010	—	1067.45	<0.0001	—
AB	2.54	0.1549	—	0.12	0.7438	—	22.74	0.0020	—	22.30	0.0011	—
A^2	3.92	0.0882	—	29.75	0.0010	—	142.61	<0.0001	—	—	—	—
B^2	1.99	0.2009	—	26.97	0.0013	—	9.45	0.0180	—	—	—	—
不匹配度	6.42	0.0521	不显著	3.56	0.1260	不显著	1.38	0.3711	不显著	3.75	0.1121	不显著

为了确保每个回归分析在一个可接受的范围内产生良好的结果，评估了所建模型的拟合质量和预测精度，确定了相关系数（R^2）、调整后的决定系数（R^2 Adjusted，简称 R^2_{Adj}）和预测系数（R^2 Predicted，简称 R^2_{Pre}），见表2.8。其中，模型的 R^2 值分别为0.9695、0.9509、0.9742和0.9941，R^2_{Adj} 值分别为0.9478、0.9157、0.9557和0.9921，虽调整后的相关系数有差别，但都接近1，说明模型可以解释响应的大部分变化；此外，R^2_{Pre} 值分别为0.7685、0.7364、0.8645和0.9832，与 R^2_{Adj} 值的差值分别为0.1793、0.179、0.1092和0.002，差值均小于0.2，说明模型的适应度和可靠性均在可接受的范围内。模型的信噪比分别为23.1327、13.9294、21.2349和78.1052，均大于4，也可以表明模型良好的精度。

表 2.8 双因素三阶乘 RSM 的 $Y_1 \sim Y_4$ 的拟合统计

模型	R^2	R^2_{Adj}	R^2_{Pre}	C. V. /%	精度
Y_1：气孔率	0.9695	0.9478	0.7685	0.3066	23.1327
Y_2：抗折强度	0.9509	0.9157	0.7364	0.6738	13.9294
Y_3：抗压强度	0.9742	0.9557	0.8645	0.6796	21.2349
Y_4：断裂强度	0.9941	0.9921	0.9832	2.1200	78.1052

脱硫石膏基复合材料气孔率的三维响应面和等高线图如图2.21所示。

从图2.21可以观察到，随着纤维的掺入，脱硫石膏基复合材料的气孔率呈不断增大的趋势。其中，玻璃纤维对于脱硫石膏基复合材料气孔率的影响明显大于

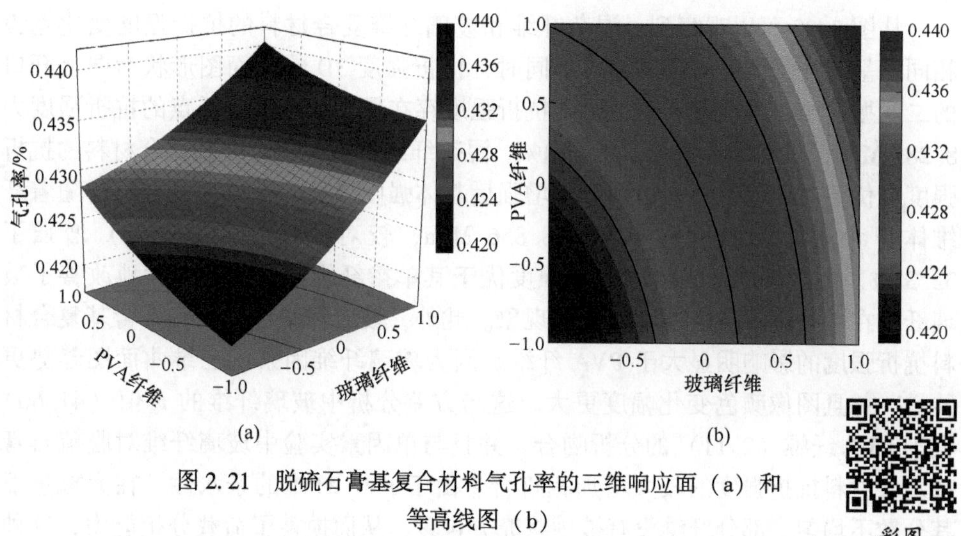

图 2.21 脱硫石膏基复合材料气孔率的三维响应面（a）和等高线图（b）

PVA 纤维。玻璃纤维因素的三维曲面图趋势更陡峭，且等高线更密集，这与方差分析中玻璃纤维的 F 值（174.34）大于 PVA 纤维（36.53）的分析吻合。玻璃纤维的扭转刚度较大，不易变形，在样品制备的各项流程中保持自身形状的能力较强，但其强烈的静电作用导致其彼此粘接，这导致其在脱硫石膏基复合材料中的分散性较差。而 PVA 纤维质地较软，质量较轻，易在制备流程中依附于石膏浆体中，并随着搅拌过程进行分散，在脱硫石膏基复合材料中的分布状态较好。

脱硫石膏基复合材料抗折强度的三维响应面和等高线图如图 2.22 所示。

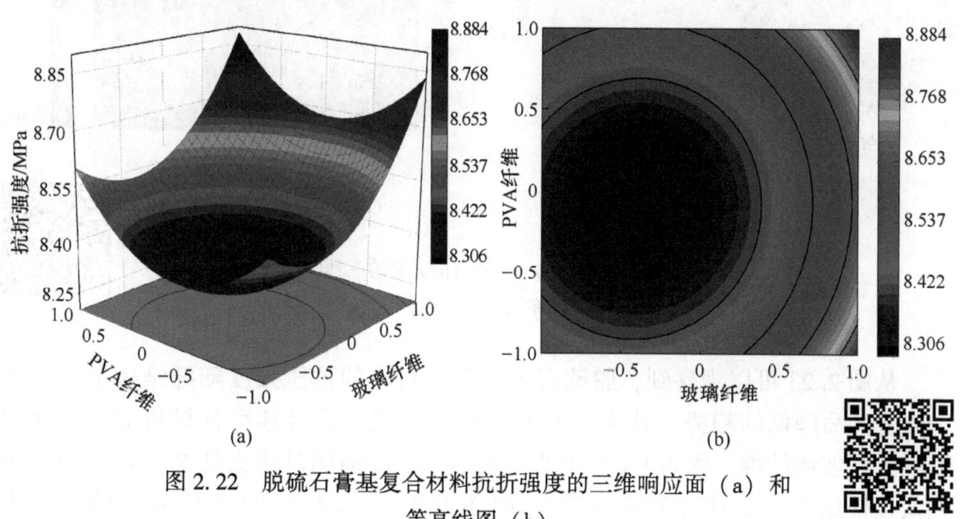

图 2.22 脱硫石膏基复合材料抗折强度的三维响应面（a）和等高线图（b）

从图 2. 22 可以观察到，混杂纤维和玻璃纤维复合材料的抗折强度变化趋势相同，呈现先降低后升高的趋势。同时，抗折强度 3D 响应面图形状为向上开口的二次抛物面，说明在实验范围内抗折强度存在最小值，但最低点的抗折强度为 8. 281 MPa，较对照组增强了 23. 60%。混杂纤维增强脱硫石膏基复合材料的抗折强度均优于对照组，并未出现纤维增强后基体强度降低的现象。复合材料随着纤维体积含量的增加达到最大值 8. 856 MPa，较对照组（6. 70 MPa）增强了 32. 31%。混杂纤维最优组的抗折强度优于其单掺纤维实验组，极大地改善了玻璃纤维在低掺量下抗折强度降低的现象。此外，玻璃纤维对于脱硫石膏基复合材料抗折强度的影响明显大于 PVA 纤维。因为玻璃纤维因素的三维曲面图趋势更陡峭，并且图像颜色变化幅度更大。这与方差分析中玻璃纤维的 F 值（41. 60）大于 PVA 纤维（2. 11）的分析吻合，并且与单因素实验中玻璃纤维对脱硫石膏基复合材料抗折强度的较大增加相符合。由于 PVA 纤维的亲水性，在大掺量下其分散不均匀，部分纤维没有被砂浆充分包裹，从而损害了荷载分担能力，这种纤维结合方式会引入结构缺陷，进而降低抗折强度。此外，玻璃纤维与 PVA 纤维的相互作用对抗折强度影响不大，而这与表 2. 7 的方差分析结果基本一致。

脱硫石膏基复合材料抗压强度的三维响应面和等高线图如图 2. 23 所示。

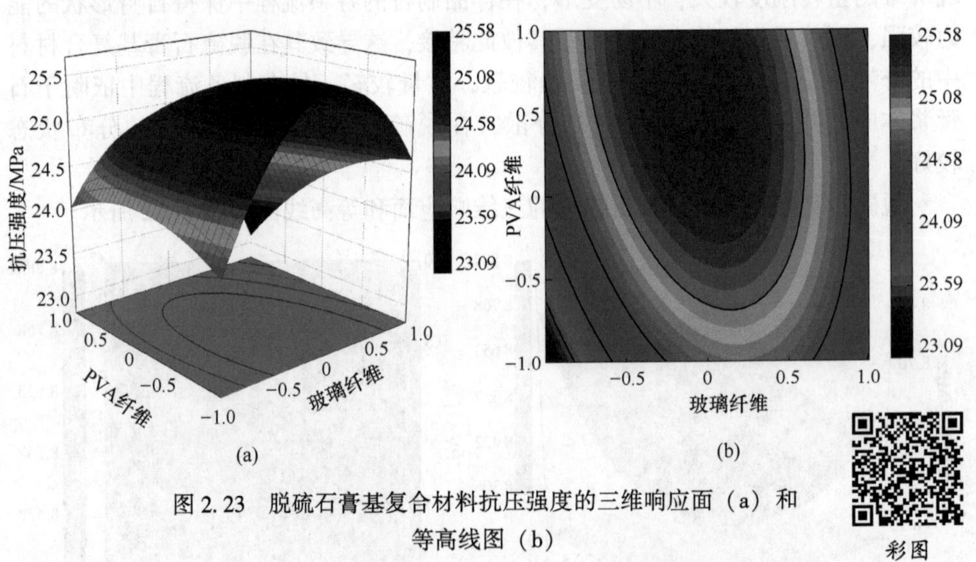

图 2. 23 脱硫石膏基复合材料抗压强度的三维响应面（a）和等高线图（b）

从图 2. 23 可以观察到，脱硫石膏基复合材料的抗压强度随纤维掺量的增加呈先升高后降低的趋势。其中，PVA 纤维对于脱硫石膏基复合材料抗压强度的影响大于玻璃纤维。因为 PVA 纤维因素的三维曲面图趋势更陡峭，并且图像颜色变化幅度更大。这与方差分析中 PVA 纤维（29. 45）的 F 值大于玻璃纤维（1. 08）的分析吻合。混杂纤维增强脱硫石膏基复合材料的抗压强度趋势与单一纤维复合材料的抗压强度变化趋势相同，其 3D 响应面图形状为向下开口的二次抛物面，说明在实验范围内抗压强度存在最大值。其抗压强度最大值为 25.632 MPa，较对照组（22.19 MPa）增强了 15.51%，后因纤维掺量过大，产生团聚效应，破坏了内部结构，导致抗压强度降低。此外，玻璃纤维与 PVA 纤维的相互作用对抗压强度影响较大，因其形状接近椭圆，且相互作用方差分析结果值为 22.74，说明二者具有较强的协同效应。

协同效应主要是指玻璃纤维和 PVA 纤维两种高弹性模量的纤维在石膏基体的不同断裂阶段发挥各自的作用，表现为混合效应。二者较高的弹性模量和抗拉强度可以在受到压应力导致裂缝时作为桥接机构，有利于延迟裂缝的进展。混合纤维的协同效应会随剂量的变化而变化，混合纤维对脱硫石膏基复合材料的抗压强度有积极的协同作用，超出纤维的用量会削弱此协同效应。此外，PVA 纤维和脱硫石膏基复合材料之间优异的界面效应可以有效缓解低掺量下玻璃纤维对其材料结构的损伤，其混杂纤维最优组的抗压强度优于其单掺纤维实验组，并且二者的协同效应极大地改善了玻璃纤维在低掺量下抗压强度降低的现象。

在断裂强度测试的过程中，脱硫石膏材料常出现脆性破坏，声音清脆响亮，在初始裂缝出现后，裂缝迅速扩展，最后断裂成两部分，并且试样的断裂面相对平坦；使用纤维增强后，试样的断裂声则沉闷而微弱，并没有断裂成两部分，而是保持原有的形状，在继续受压之后才逐渐发生断裂，并且试样在开裂后出现韧性损伤，但仍具有较高的承载能力。当试样裂缝表面的脱硫石膏基体不能继续承受荷载时，纤维开始承受主要荷载，并通过拉力和与脱硫石膏黏结保持试样的承载能力。

脱硫石膏基复合材料断裂强度的三维响应面和等高线图如图 2.24 所示。

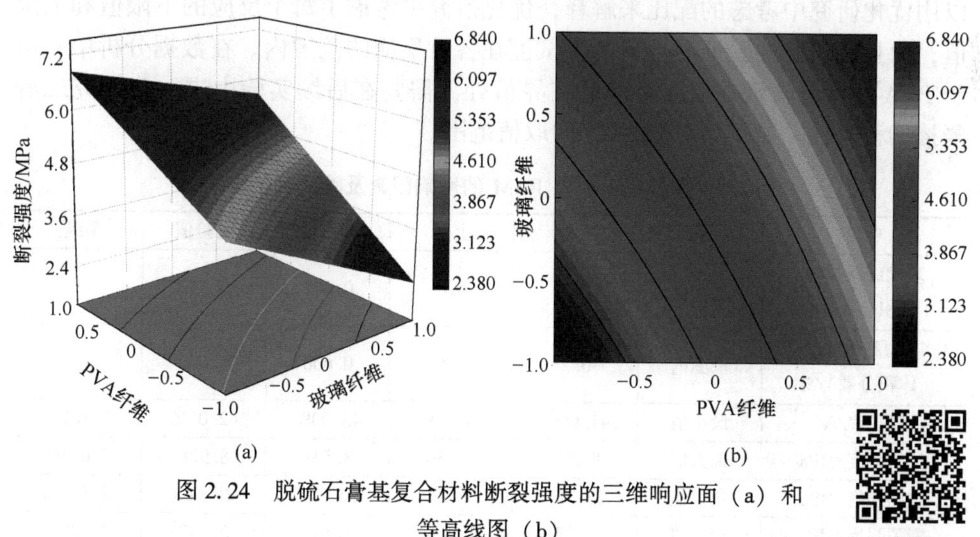

图 2.24　脱硫石膏基复合材料断裂强度的三维响应面（a）和等高线图（b）

彩图

从图 2.24 可以观察到，随着纤维的掺入，脱硫石膏基复合材料的断裂强度呈不断增大的趋势。其中，PVA 纤维对于脱硫石膏基复合材料断裂强度的影响大于玻璃纤维。因为 PVA 纤维因素的三维曲面图趋势更陡峭，且等高线更密集，这与方差分析中 PVA 纤维的 F 值（1067.45）大于 PVA 纤维（415.76）的分析吻合。混合纤维增强脱硫石膏基复合材料的断裂过程是一个复杂的多尺度过程，根据复合材料理论，混合纤维加固复合材料的断裂性能受纤维用量和取向以及纤维与脱硫石膏基体之间黏结能力的显著影响；另外，纤维间距理论认为，纤维增强基体材料的破坏归因于裂缝和孔洞等缺陷的扩展行为。纤维有助于限制裂缝扩展，起到预防裂缝的作用，且试样开裂前相同的挠度下，纤维增强脱硫石膏基复合材料具有明显高于普通脱硫石膏的承载能力。随着 PVA 纤维剂量的增加和 PVA 纤维的加入，脱硫石膏的断裂强度显著提高。

采用计算多目标优化技术、响应面拟合模型和可取性函数确定了抗折强度和抗压强度的最优值。其目标是以最小气孔率使得材料具有较为致密的孔隙结构，以最大抗折抗压强度以期具有最佳的力学性能，同时对所有响应赋予同等的重要性。优化研究的目的是确定独立因素的首选值，以达到最佳的性能标准。

为了验证该模型，我们使用个体响应模型来计算响应预测值和与测试值的绝对偏差，表 2.9 展示了针对 RSM 模型的影响因素设计及响应优化结果。其中，根据最终的优化方案，确定玻璃纤维最佳掺量为 0.342%，PVA 纤维的最佳掺量为 0.600%。为确定数据准确性，消除偶然数据，对其最佳配方进行三次平行实验。最终气孔率、抗折强度、抗压强度和断裂强度的均值分别为 42.01%、8.928 MPa、26.005 MPa 和 5.698 MPa，数据结果均在 95%预测区间内。模型验证结果显示，其对四种响应数据的优化具有可靠性。不过，最佳配比的测试值可以用优化研究中考虑的配比来解释，优化研究中考虑了每个反应的下限值和上限值，而且还观察到验证混合料的测试值在各自反应的范围内。在数据分析中，由于 PVA 纤维的含量在反应范围的临界值处，需要在后续实验中进一步探究二者复掺的科学性，如扩大 PVA 纤维的取值范围。

表 2.9 两因素三阶乘 RSM 的影响因素及响应优化结果

项目	目标	下限	上限	预测值	实验值	误差
玻璃纤维掺量（体积分数）/%	范围内	0.2	0.6	0.342	0.342	—
PVA 纤维掺量（体积分数）/%	范围内	0.2	0.6	0.600	0.600	—
气孔率/%	最小值	41.95%	44.13%	43.00%	42.01%	2.302%
抗折强度/MPa	最大值	8.274	0.856	8.531	8.928	4.654%
抗压强度/MPa	最大值	23.155	25.632	25.369	26.005	2.507%
断裂强度/MPa	最大值	2.37	6.73	5.894	5.698	3.325%

图 2.25 为掺有混杂纤维的脱硫石膏基复合材料的 SEM 图像。由图可知，大量的细颗粒依附在 $CaSO_4 \cdot 2H_2O$ 的表面上，其中混合了大量的白色 C—S—H 复合晶体，且脱硫石膏基复合材料表面有随机的微裂缝和明显的坍塌孔，部分 SiO_2 颗粒也没有水化。两种纤维与脱硫石膏基复合材料的结合相对紧密，钙钛矿和钙矾石等晶体化合物和致密的 C—S—H 化合物紧密地包裹着纤维，使得纤维和脱硫石膏基体可以形成一个相对稳定的复合体。由于纤维的直径较小，当纤维用量较大或混合不均匀时，纤维容易发生团聚现象，此时当脱硫石膏基复合材料出现裂缝时，纤维的抗裂性和加固效果难以增强。玻璃纤维的尺寸大，弹性模量大，当复合材料出现裂缝时，可以发挥更好的桥接效果，防止裂缝进一步膨胀，具有更好的抗裂性和增强性。此外，玻璃纤维和 PVA 纤维具有良好的亲水性，大量的水化产物如 C—S—H 晶体生长于纤维附近，水化产物改善了纤维的附着力和与基体的相容性，粗糙的纤维表面使纤维-基体的界面相互作用增强。此外，PVA 纤维的滑移现象有效改善了玻璃纤维对脱硫石膏基复合材料抗折强度的损伤。

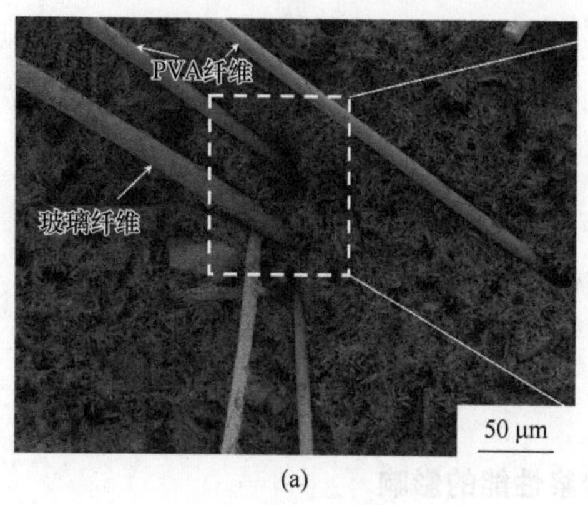

(a)

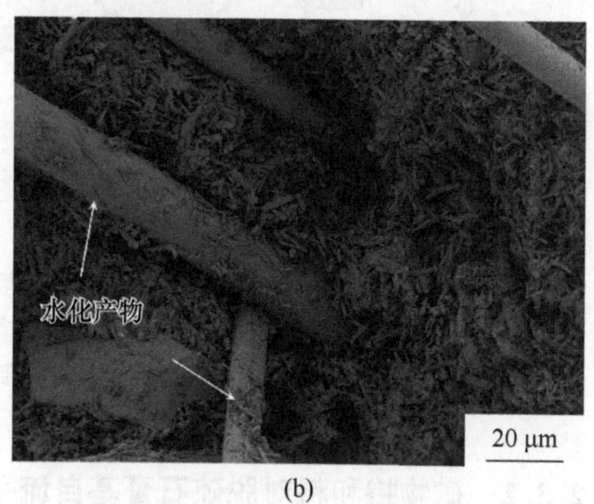

(b)

图 2.25 掺有混杂纤维的脱硫石膏基复合材料的 SEM 图像
（a）200×；（b）500×

2.3 矿物掺和料对脱硫石膏基自流平性能的影响

2.3.1 脱硫石膏基自流平砂浆的实验设计及制备

常见的矿物掺和料（如硅酸盐熟料、粉煤灰、硅灰、矿粉等）具有潜在的胶凝活性，其微观结构分析表明，所研究体系的主要水化产物通常包括石膏、钙矾石、C—S—H 凝胶和（或）铝酸钙凝胶。这些研究都表明，矿物掺和料可以改善脱硫石膏基复合材料的性能，然而，矿物掺和料在自流平系统中的应用研究有限，缺乏机理探索。

本章研究在脱硫石膏基自流平砂浆的基础配比上，分别单掺钢渣、硅灰和粉煤灰，掺量分别为脱硫石膏质量的 0~32%。系统研究了钢渣（SS）、硅灰（SF）

和粉煤灰（FA）作为矿物掺和料对脱硫石膏基自流平砂浆物理、力学和微观性能的影响，从而确定了最佳矿物掺和比。

脱硫石膏基自流平砂浆的制备流程如下：首先，将所需的粉末按比例称重搅拌均匀，称量相应的水；然后将混合好的粉末和水倒入混合锅中，按照脱硫石膏基自流平的国家标准《石膏基自流平砂浆》（JC/T 1023—2021）搅拌均匀，倒入模具中成型或进行流动性测试。拆除模具后进行常温养护，一组试样于 2 h 后进行强度测试，第二组试样于 28 d 后放入（40 ± 3）℃的干燥箱，待其质量减轻小于 0.2 g 时进行力学性能和微观性能的检测。具体的实验流程如图 2.26 所示。

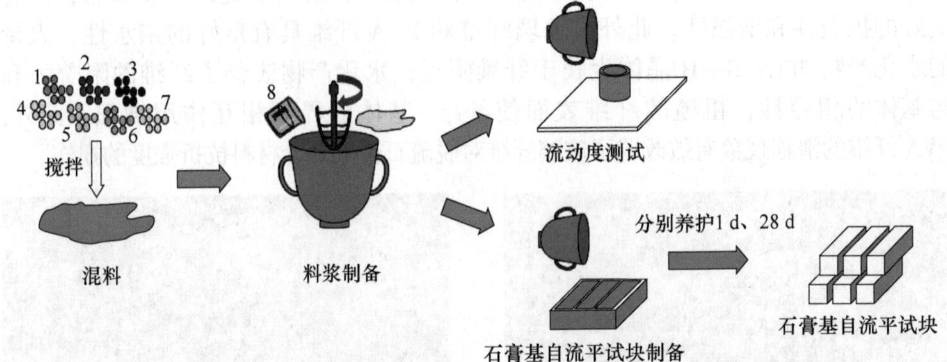

图 2.26 脱硫石膏基自流平砂浆的制备流程

1—脱硫建筑石膏；2—水泥；3—矿物掺和料；4—聚羧酸减水剂；5—石膏缓凝剂；6—羟丙基甲基纤维素；7—消泡剂；8—水

2.3.2 矿物掺和料对脱硫石膏基自流平砂浆性能的影响

不同含量的钢渣、硅灰和粉煤灰对脱硫石膏基自流平浆流动度的影响如图 2.27 所示。

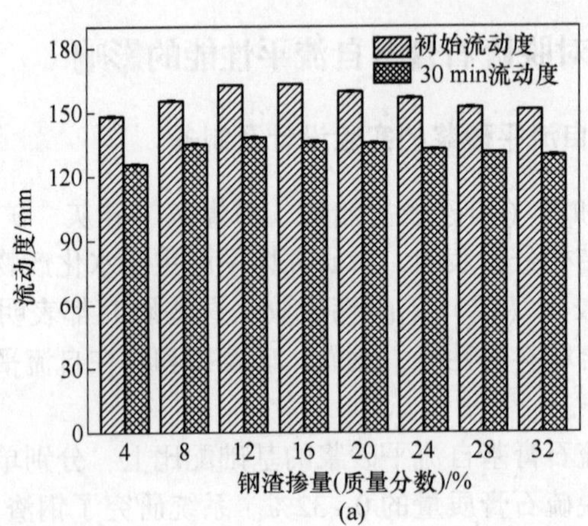

(a)

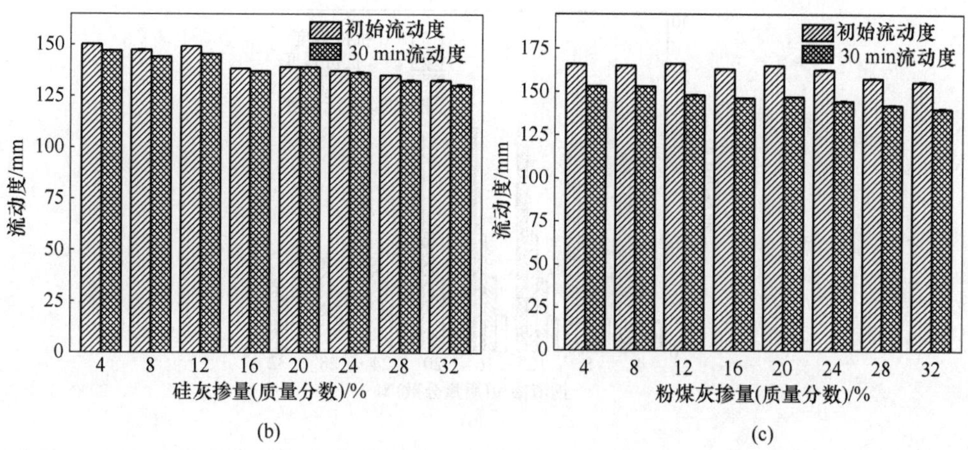

图 2.27 不同钢渣、硅灰和粉煤灰含量的脱硫石膏基自流平砂浆的初始流动度和 30 min 流动度

（a）钢渣；（b）硅灰；（c）粉煤灰

砂浆的流动度先增加后减少，当钢渣含量增加时，30 min 的流动度小于 140 mm，如图 2.27（a）所示，结果表明，随着钢渣掺量从 0 逐渐增加至 20%，砂浆的流动度随着钢渣的增加呈现先增加后减小的趋势。适量的钢渣可以改善石膏的粒径分布，并且填充自流平材料中的空隙，使其结构更紧密，从而提高流动度。但是当钢渣掺量过高时，由于其微粒间的摩擦力增加，导致流动度降低。对于图 2.27（b）（c），研究表明，浆料的流动度随着硅灰和粉煤灰的增加而降低。当硅灰和粉煤灰含量超过 16%时，添加硅灰的脱硫石膏基自流平砂浆的 30 min 流动度基本保持在 139 mm，而添加粉煤灰的脱硫石膏基自流平砂浆在 30 min 流动度超过 140 mm。由于钢渣和粉煤灰的粒径为 9～12 μm，硅灰的粒径为 1.34 μm，可以看出钢渣和粉灰的加入有效地改善了石膏的粒径分布，使其结构更加紧凑，从而提高了其初始流动度。但是，如果硅灰的颗粒尺寸太小，具有较高的比表面积，使得它与水的接触面积增加，这导致它们对水分有很高的吸附能力，从而降低了浆体的流动度。因此，在相同的用水量下，硅灰会吸收更多的水分，也会导致自流平材料的流动度下降。硅灰掺入后，提升浆体的稠度，生成较紧密的浆体结构。随着硅灰掺量的增加，浆体的稠度将进一步上升，从而降低自流平材料的流动度。同时，由于硅灰和粉煤灰是无定形圆球状颗粒，且表面较为光滑，因此微小的球状体可以起到润滑的作用，使整个石膏浆体的流动度损失减小，加入这两种矿物掺和料后 30 min 的流动度变化不大。然而，钢渣是一种不规则的颗粒，随着添加量的增加，颗粒之间的摩擦力增加，导致浆料的流动度降低。

图 2.28 显示了添加三种不同含量的矿物掺和料（钢渣、硅灰和粉煤灰）对脱硫石膏基自流平砂浆力学性能的影响。

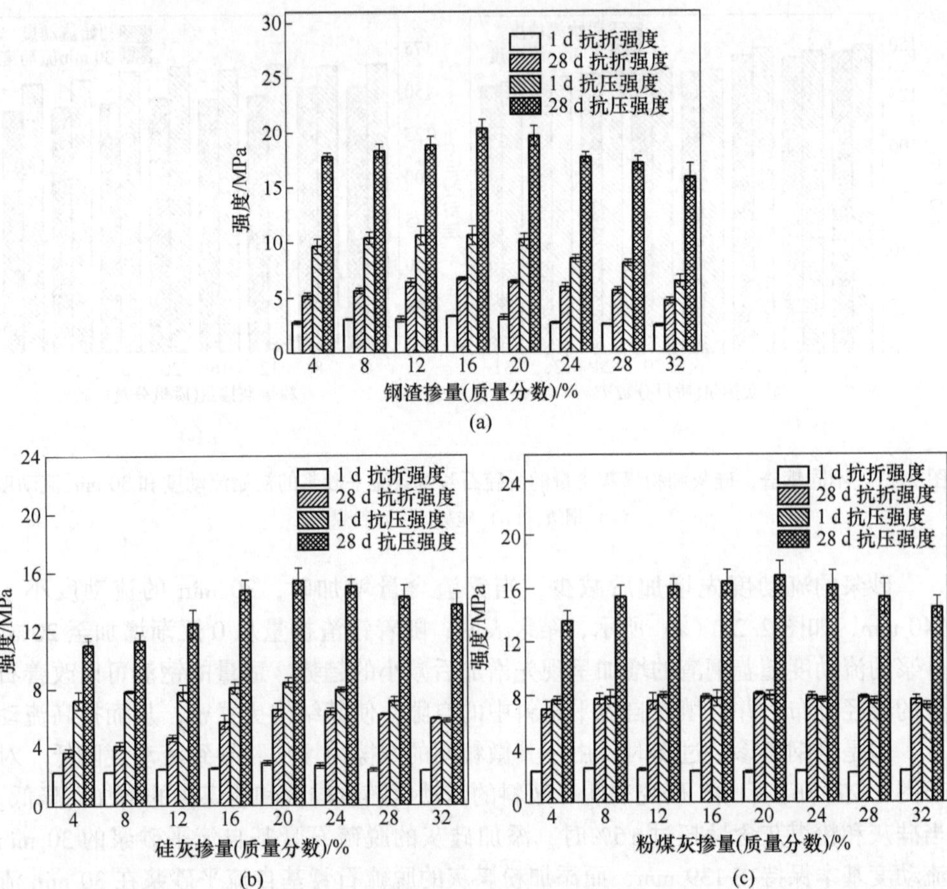

图 2.28 不同钢渣、硅灰和粉煤灰含量的脱硫石膏基自流平砂浆的抗折强度和抗压强度

(a) 钢渣；(b) 硅灰；(c) 粉煤灰

根据实验结果，随着钢渣、硅灰和粉煤灰的增加，试块的抗折强度和抗压强度呈现先增加后降低的趋势。图 2.28（a）显示了添加不同钢渣掺量对自流平材料力学性能的影响。随着钢渣含量的增加，自流平材料的力学性能发生变化。当钢渣添加量从 4%增加到 16%时，自流平材料的 28 d 抗折抗压强度随着钢渣含量的增加而逐渐增加，峰值抗折强度为 6.6 MPa，峰值抗压强度为 20.4 MPa，表明钢渣作为填料时，改善了自流平材料的孔隙结构，增加了密实度。当钢渣掺量超过 16%时，自流平材料的抗折抗压强度呈下降趋势，也说明钢渣的过量添加可能会破坏水化产物之间的结构，从而影响强度。理论上钢渣中具有活性氧化物，如 SiO_2、Al_2O_3 和 CaO 等，这些活性物质可以在水泥和脱硫石膏基材料的水化环境下发生水化反应，生成 C—S—H 凝胶等胶结物。这些胶结物有助于形成稳定且连续的微观结构，提高自流平材料的力学强度。但本实验中，钢渣对强度的帮助

有限，这是因为胶凝材料配比时，为了大量利用脱硫石膏，节约成本，水泥用量很少，因此浆体的碱性没有完全激发钢渣的胶凝性，而钢渣只有少量胶凝作用，大部分还是作为填料，起填充作用，改善自流平材料的孔隙结构，提高密实度。过高的钢渣掺入量可能会破坏水泥和脱硫石膏基材料之间的平衡反应，使得部分活性物质无法充分发挥作用。在高含量钢渣情况下，钢渣与水泥、脱硫石膏之间的相互作用可能会减弱，导致胶结物生成速度降低，从而影响 1 d 和 28 d 强度的提升。为保持自流平材料的性能，在制备过程中要适当调整钢渣掺入量，以实现水泥、脱硫石膏和钢渣之间的协同作用。

图 2.28（b）显示了不同掺量的硅灰对脱硫石膏基自流平材料力学性能的影响。当硅灰掺量从 4%提升至 20%时，砂浆的抗压和抗折强度逐渐提高。这主要是因为掺和料受表面张力影响，硅灰颗粒填充砂浆内部孔隙，提高了砂浆的密实度，强度在 28 d 内持续增长。然而，当硅灰掺量继续增加至 20%以上时，自流平材料的力学性能下降。这是因为在高掺量情况下，硅灰颗粒之间的接触增多，使得润滑作用减弱，导致自流平材料内部孔隙缩小速率减缓。此外，过高的硅灰掺量也可能影响水泥水化及二次火山灰反应的进行，限制脱硫石膏基自流平材料力学性能的进一步提升。

由图 2.28（c）可知，随粉煤灰掺入量从 4%增加到 32%，自流平材料的 1 d 抗折、抗压强度变化不明显，抗折强度在 2.3 MPa 附近波动，抗压强度在 7.8 MPa 左右。而 28 d 抗折、抗压强度随粉煤灰掺量的增加而增加，28 d 抗折、抗压强度增长较为明显，当粉煤灰掺加量超过 20%时，自流平材料抗折、抗压强度逐渐降低。通过前期的文献分析，粉煤灰对自流平材料前期力学强度的提升作用比较微弱，但对 28 d 力学强度的提升作用比较明显，这是因为粉煤灰由于磨细过程中颗粒表面活性较低，因此在浆体硬化早期阶段对于脱硫石膏基材料的强度贡献较小。普通硅酸盐水泥、脱硫石膏和粉煤灰的水化反应机理和速度有所不同，早期强度主要受到水泥水化产物的生成及脱硫石膏与水泥之间产生的胶结作用影响。在砂浆系统中，水泥和石膏首先进行水化作用。随着养护时间的推移，当水泥和石膏的水化过程基本完成后，掺和料中的 SiO_2 和 Al_2O_3 逐渐被激活。这些激活物质促使新生成的钙矾石填补晶体孔隙，进而增强砂浆的力学性能。但是，随着粉煤灰替代比例的提高，硫酸盐环境可能会受到限制，导致砂浆内结晶结构减少。然而本次实验加入粉煤灰后 28 d 的试块强度增强不大，表明粉煤灰大部分用作填料，其潜在胶凝性没有得到激发。

造成这种趋势的原因是三种矿物掺和料颗粒填充了砂浆的内部孔隙，提高了砂浆的密实度，因此，试块的强度在 28 d 内继续增加。当钢渣含量超过 16%，硅灰和粉煤灰含量超过 20%时，脱硫石膏基自流平砂浆的抗折和抗压强度呈下降趋势，这也表明过量添加矿物掺和料可能会破坏水化产物之间的结构，从而影响强度。从三个实验结果的分析可以看出，与钢渣相比，硅灰和粉煤灰对材料力学性能的改善效果较差，钢渣所需的最佳用量较少。

图 2.29 显示了参考样品和具有不同矿物掺和料的脱硫石膏基自流平砂浆的水化放热曲线。

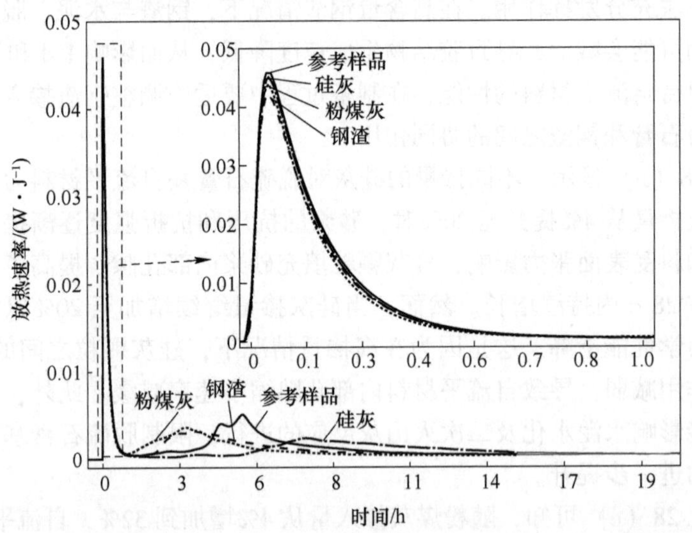

图 2.29 参考样品和脱硫石膏基自流平砂浆分别与钢渣、硅灰和粉煤灰的水化热曲线

由图 2.29 可知，这些样品的水合过程都分为两个阶段。在第一阶段，水化放热峰出现在 0~1.0 h，与半水石膏的水化过程相对应。由于矿物掺和料的添加会延迟石膏与水的接触，因此放热峰的强度略有降低。然而，硅灰的粒径小于钢渣和粉煤灰的粒径，为石膏水化产物的生成提供了更多的生长位点。因此，添加硅灰的脱硫石膏基自流平砂浆的峰值放热率高于添加钢渣和粉煤灰的脱硫石膏基自流平砂浆。此外，粉煤灰和钢渣的粒度差异不大，但粉煤灰的添加量略高于钢渣。因此，具有硅灰的脱硫石膏基自流平砂浆为石膏水化产物提供的生长位点比具有钢渣的脱硫石膏基自流平砂浆多，因此前者的峰值放热率略高于后者。在第二个水化过程阶段，水化放热峰值出现在 1.5~16 h，对应于普通硅酸盐水泥（42.5R 级）或矿物掺和料的水化过程。第二次水化放热峰值出现时间的差异表明，与对照样品相比，钢渣和粉煤灰的加入使水化时间提前，水化放热略有下降；然而，硅灰延迟了水化时间，并显著减少了水化过程中的热量释放。

图 2.30 为参考样品和不同钢渣、硅灰和粉煤灰含量的脱硫石膏基自流平砂浆的 XRD 图谱。图 2.30（a）显示了 1 d 和 28 d 脱硫石膏基自流平砂浆的 XRD 衍射结果。1 d 和 28 d 的 GSLM 主要相为 $CaSO_4 \cdot 2H_2O$、C—S—H 凝胶和钙矾石。$CaSO_4 \cdot 2H_2O$ 是 $0.5CaSO_4 \cdot 3H_2O$ 与水反应的产物，而 C—S—H 凝胶和钙

矾石是水泥与水反应产物。从峰高来看，三种水合产物的 1 d 和 28 d 含量变化不大。图 2.30（b）为添加钢渣的 XRD 结果，可以看出，主要相为 $CaSO_4 \cdot 2H_2O$、C—S—H 凝胶、钙矾石、RO 相和 Ca_3SiO_5。其中，$CaSO_4 \cdot 2H_2O$ 是石膏水化的产物，钙矾石是水泥与少量钢渣水化的结果，RO 相和 Ca_3SiO_5 是钢渣原料中所含的相。随着钢渣含量的增加，RO 相和 Ca_3SiO_5 的衍射强度逐渐增加；钙矾石的衍射强度逐渐增加，在 16%时达到峰值，超过 16%后基本保持不变。就宏观性能而言，它表现为钢渣在 16%时达到其最大强度。因此，分析表明，钢渣中只有一小部分参与水化，其余部分则作为填料。

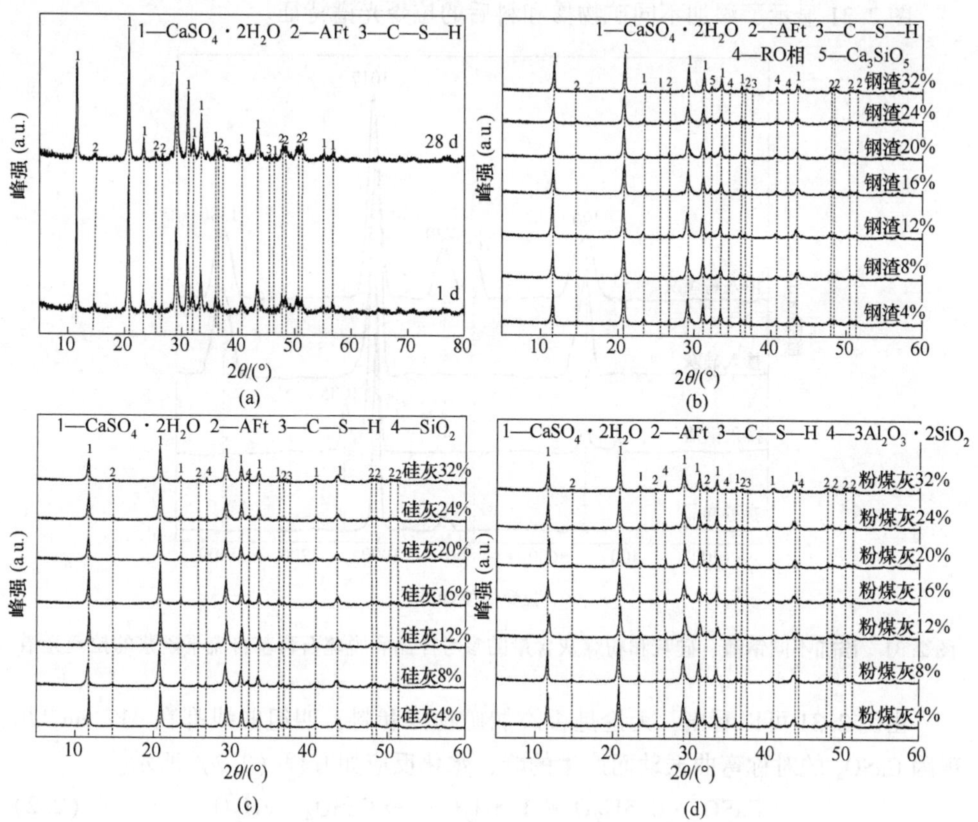

图 2.30 参考样品和不同钢渣、硅灰和粉煤灰含量的脱硫石膏基自流平砂浆的 XRD 图谱

（a）参考样品；（b）不同钢渣含量的脱硫石膏基自流平砂浆；（c）不同硅灰含量的脱硫石膏基自流平砂浆；（d）不同粉煤灰含量的脱硫石膏基自流平砂浆

图 2.30（c）显示了添加硅灰后的 XRD 结果。可以看出，主要相为 $CaSO_4 \cdot 2H_2O$、C—S—H、钙矾石和 SiO_2。其中，钙矾石是水泥与少量硅灰水化的结果，SiO_2 是硅灰原料中所含的相。随着硅灰含量的增加，SiO_2 的衍射强度逐渐增大；钙矾石的衍射强度略有增加，在 20%时达到峰值。因此，分析表明，大部分硅灰

用作填料，不会发挥太多的胶结性能。

图 2.30（d）显示了添加粉煤灰的 XRD 结果。可以看出，主要相为 $CaSO_4 \cdot 2H_2O$、C—S—H、钙矾石和 SiO_2。其中，钙矾石是水泥和少量粉煤灰水化的结果，SiO_2 是粉煤灰原料中所含的相。随着粉煤灰含量的增加，SiO_2 的衍射强度逐渐增大；钙矾石的衍射强度略有增加，在 20%时达到峰值。其中，钢渣钙矾石的衍射强度随含量的变化相对较大。因此，制备的试块的强度高于添加硅灰和粉煤灰的试块。这也表明，三种矿物掺和料大多用作填料，其胶凝性能没有得到很好的激发。

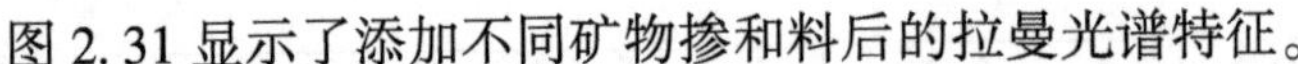
图 2.31 显示了添加不同矿物掺和料后的拉曼光谱特征。

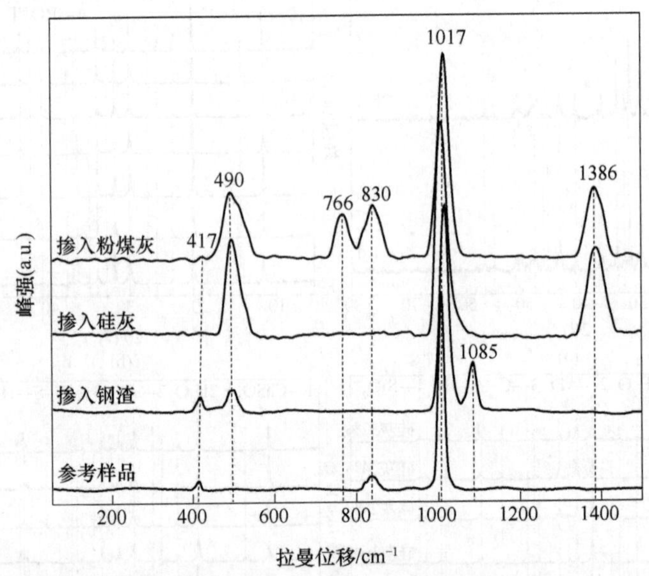

图 2.31 添加不同钢渣、硅灰和粉煤灰含量的参考样品和脱硫石膏基自流平砂浆的拉曼光谱

由图 2.31 可以看出，无论是否添加矿物掺和料，四组曲线都在 417 cm^{-1} 出现因 $CaSO_4$ 的对称弯曲振动而产生的峰，水化反应如方程（2.2）所示。

$$CaSO_4 \cdot 0.5H_2O + 1.5H_2O \longrightarrow CaSO_4 \cdot 2H_2O \tag{2.2}$$

在 1017 cm^{-1} 处出现因 $CaSO_4$ 和钙矾石中的［SO_4^{2-}］的对称伸缩振动而产生的峰，由于位置近而重叠，此处峰值强于其他峰。这两点说明了水化产物中存在 $CaSO_4 \cdot 2H_2O$ 和水泥生成的钙矾石。水化反应方程如下所示。

$$C_3A + H_2O \longrightarrow C—A—H + CH \tag{2.3}$$

$$C—A—H + SO_4^{2-} \longrightarrow AFt \tag{2.4}$$

$$C_3S + H_2O \longrightarrow C—S—H + CH \tag{2.5}$$

$$C_2S + H_2O \longrightarrow C—S—H + CH \tag{2.6}$$

而钢渣曲线在 490 cm^{-1}处出现由 Si—O—Si 振动而引起的峰，在 1085 cm^{-1}处出现由钙矾石中［SO_4^{2-}］的对称弯曲振动而产生的峰，结果表明，有少部分钢渣进行了水化，其他的钢渣都作为填料，与 XRD 结果一致。而硅灰和粉煤灰曲线都在 490 cm^{-1}处出现因无定形 SiO_4 四面体振动产生的峰；在 1386cm^{-1}处出现因无定形碳振动产生的峰。此外，粉煤灰曲线还在 766 cm^{-1}和 830 cm^{-1}处出现因 SiO_4 四面体振动产生的峰，这些表明硅灰与粉煤灰并未参与水化，仅作为填料使用，与 XRD 结果一致。

图 2.32 分别显示了具有不同钢渣、硅灰和粉煤灰含量的脱硫石膏基自流平砂浆和参考样品的微观结构。

(g) (h)

图 2.32 参考样品和不同钢渣、硅灰和粉煤灰含量的脱硫石膏基自流平砂浆的 SEM 图像
（a）（b）参考样品；（c）（d）掺有 16%钢渣的脱硫石膏基自流平砂浆；（e）（f）掺有 20%硅灰的脱硫石膏基自流平砂浆；（g）（h）掺有 20%粉煤灰的脱硫石膏基自流平砂浆

对于图 2.32（a）~（h），试块截面的孔结构类似，表明加入矿物掺和料后对试块孔结构影响不大，对于本实验，孔结构不是影响强度的主要因素。图 2.32（b）表示未添加矿物掺和料的试块 SEM 图，可以看到片状和针状二水硫酸钙晶体交织在一起，分布不规则。水泥水化产生的 C—S—H 凝胶和少量针状钙矾石填充在二水硫酸钙晶体的孔隙中，使结构更加紧凑，提高了 28 d 强度。图 2.32（d）可以看到，添加钢渣后的试样中钙矾石晶体多于添加硅灰于粉煤灰的样品，表明钢渣有少部分参与了水化；而与空白样相比，添加钢渣后生成的钙矾石晶体略微粗短，因此对于水化产物之间的连接有轻微的破坏，因此添加钢渣后的试块 28 d 强度略低于空白样的 28 d 强度。图 2.32（f）和（h）分别为加入硅灰和粉煤灰后的 SEM 图。可以看到大量的圆形光滑的硅灰、粉煤灰颗粒，它们填充在水化产物的孔隙中，没有参与水化反应，仅作为填料存在。而由于颗粒表面光滑，因此导致与水化产物之间的界面薄弱，受力时裂纹容易从界面处扩展，因此添加硅灰和粉煤灰的试块强度低，与强度实验结果一致。同时，根据 SEM 可以看出，硅灰和粉煤灰是具有玻璃珠效应的规则圆形，而钢渣颗粒的形状不规则，这会增加浆料的摩擦力。因此，从宏观性能来看，加入硅灰和粉煤灰后的浆料在 30 min 后流动性损失较小，这与之前的流动性测试结果一致。

3 轻质脱硫石膏基复合材料性能研究

3.1 铝粉对轻质脱硫石膏基复合材料性能的影响

3.1.1 轻质脱硫石膏基复合材料的实验设计及制备

本实验根据相关文献确定减水剂聚羧酸的掺量（质量分数）范围为 0～0.40%，缓凝剂柠檬酸的掺量范围为 0～0.04%，造孔剂铝粉的掺量范围为 0.05%～0.25%（由于实验要制加气脱硫石膏砌块，所以选择铝粉掺量不从零开始），防水剂甲基硅酸钠的掺量范围为 0.40%～2.00%，防水剂有机硅 1 的掺量范围为 0～0.40%，防水剂有机硅 2 的掺量范围为 0～0.40%，然后用不同种类的添加剂及掺量来进行正交实验，本次实验选用的正交表为 $L_{25}(5^6)$（注：有机硅 1 和有机硅 2 区别在于含氢量不同）。此外，由于需要测定软化系数，故实验需重复两次，共做 50 组。根据确定的添加剂及其掺量列正交实验表，如表 3.1 所示，其中第 26 组实验为不掺添加剂的空白对照组。

表 3.1 正交实验表

序号	因素					
	A 聚羧酸/%	*B* 柠檬酸/%	*C* 铝粉/%	*D* 甲基硅酸钠/%	*E* 有机硅 1/%	*F* 有机硅 2/%
1	0	0	0.05	0.40	0	0
2	0	0.01	0.10	0.80	0.10	0.10
3	0	0.02	0.15	1.20	0.20	0.20
4	0	0.03	0.20	1.60	0.30	0.30
5	0	0.04	0.25	2.00	0.40	0.40
6	0.10	0	0.10	1.20	0.30	0.40
7	0.10	0.01	0.15	1.60	0.40	0
8	0.10	0.02	0.20	2.00	0	0.10
9	0.10	0.03	0.25	0.40	0.10	0.20
10	0.10	0.04	0.05	0.80	0.20	0.30
11	0.20	0	0.15	2.00	0.10	0.30
12	0.20	0.01	0.20	0.40	0.20	0.40
13	0.20	0.02	0.25	0.80	0.30	0

续表 3.1

序号	因素					
	A 聚羧酸/%	*B* 柠檬酸/%	*C* 铝粉/%	*D* 甲基硅酸钠/%	*E* 有机硅 1/%	*F* 有机硅 2/%
14	0.20	0.03	0.05	1.20	0.40	0.10
15	0.20	0.04	0.10	1.60	0	0.20
16	0.30	0	0.20	0.80	0.40	0.20
17	0.30	0.01	0.25	1.20	0	0.30
18	0.30	0.02	0.05	1.60	0.10	0.40
19	0.30	0.03	0.10	2.00	0.20	0
20	0.30	0.04	0.20	0.40	0.30	0.10
21	0.40	0	0.25	1.60	0.20	0.10
22	0.40	0.01	0.05	2.00	0.30	0.20
23	0.40	0.02	0.10	0.40	0.40	0.30
24	0.40	0.03	0.15	0	0	0.40
25	0.40	0.04	0.20	0.10	0.10	0
26	0	0	0	0	0	0

根据正交实验表 3.1 中各添加剂的掺量，并依据实验中模具的大小确定建筑脱硫石膏的量为 1 kg，通过实验测定需水量为 0.73 kg，故水膏比为 0.73，加入 0.15 kg 的粉煤灰，每次实验前将称好的原材料放入搅拌锅内，预先搅拌 5 s，是为了使拌和物混合均匀，再加入水，整个搅拌过程为 45 s，倒入模具内成型，待试样可以脱模时，从模具上取下试样，然后放入烘干箱内在 40 ℃的温度下烘干 7 d，至质量不再变化为止。

3.1.2 轻质脱硫石膏基复合材料的性能分析

3.1.2.1 气孔率

用游标卡尺测量试样的长度、宽度和高度，电子天平称量每个试样的质量，计算得到每个试样的密度。为避免测量误差，试样的长度、宽度和高度值测量 3 次，将其平均值作为最终的实验数据。加气脱硫石膏砌块的气孔率如表 3.2 所示。

表 3.2 基于气孔率的正交实验结果分析

序号	因素						密度 /(g·cm^{-3})	气孔率 /%
	A 聚羧酸	*B* 柠檬酸	*C* 铝粉	*D* 甲基硅酸钠	*E* 有机硅 1	*F* 有机硅 2		
1	1	1	1	1	1	1	1.119	47
2	1	2	2	2	2	2	1.064	50

续表 3.2

序号	因素						密度 /(g·cm^{-3})	气孔率 /%
	A 聚羧酸	*B* 柠檬酸	*C* 铝粉	*D* 甲基硅酸钠	*E* 有机硅 1	*F* 有机硅 2		
3	1	3	3	3	3	3	0.830	61
4	1	4	4	4	4	4	0.730	66
5	1	5	5	5	5	5	0.807	62
6	2	1	2	3	4	5	1.003	53
7	2	2	3	4	5	1	0.896	58
8	2	3	4	5	1	2	0.902	58
9	2	4	5	1	2	3	0.757	64
10	2	5	1	2	3	4	0.966	55
11	3	1	3	5	2	4	1.069	50
12	3	2	4	1	3	5	0.985	54
13	3	3	5	2	4	1	0.867	59
14	3	4	1	3	5	2	1.084	49
15	3	5	2	4	1	3	1.087	49
16	4	1	4	2	5	3	0.969	55
17	4	2	5	3	1	4	0.790	63
18	4	3	1	4	2	5	1.158	46
19	4	4	2	5	3	1	1.208	43
20	4	5	3	1	4	2	0.741	65
21	5	1	5	4	3	2	0.954	55
22	5	2	1	5	4	3	1.134	47
23	5	3	2	1	5	4	0.957	55
24	5	4	3	2	1	5	0.840	61
25	5	5	4	3	2	1	0.734	66
26	0	0	0	0	0	0	1.248	41

A　以加气脱硫石膏砌块气孔率为实验指标的极差分析

图 3.1 为不同组别加气脱硫石膏砌块的密度和气孔率柱状图。

由图 3.1 及表 3.2 可以看出气孔率和密度大小变化呈相反的趋势，即密度越大，气孔率越小。由图也可以看出，将气孔率以 5 个组别为一组进行比较，发现其气孔率的变化有明显的趋势，即气孔率逐渐增大。同时也证明密度越小，质量越小，孔隙越多，这与实验前预期的结果相一致。与空白对照组对比，加入添加剂组别的气孔率都明显比空白对照组的气孔率要大，说明添加剂的加入使试块的

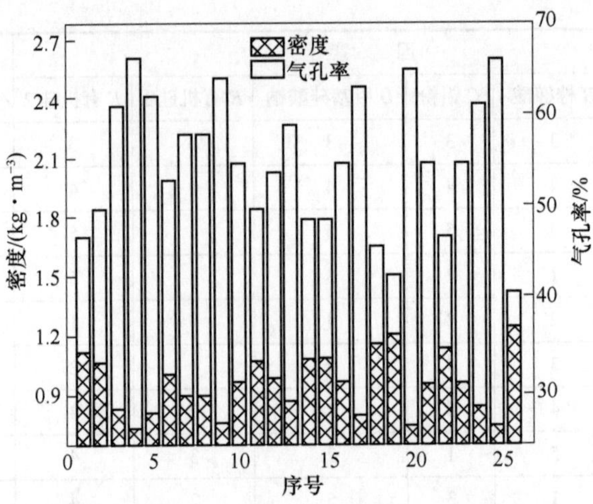

图 3.1 加气脱硫石膏砌块的密度和气孔率

气孔率增加。比较不同添加剂对气孔率的影响，基本上是铝粉影响最大，其次是甲基硅酸钠，其他添加剂对石膏砌块的气孔率也有不同程度的影响。

从表 3.3 和图 3.2 中的极差分析可以看出不同添加剂对加气脱硫石膏砌块的气孔率影响效果由大到小依次是铝粉 > 柠檬酸 > 甲基硅酸钠 > 聚羧酸 > 有机硅 2 > 有机硅 1，所以对于气孔率来说，影响其主要因素是造孔剂铝粉，其次是缓凝剂柠檬酸和防水剂甲基硅酸钠，而影响较小的是防水剂有机硅 2 和防水剂有机硅 1。

表 3.3 基于气孔率的正交实验极差分析

结果	因素					
	A 聚羧酸	*B* 柠檬酸	*C* 铝粉	*D* 甲基硅酸钠	*E* 有机硅 1	*F* 有机硅 2
K_1	2.86	2.6	2.52	2.85	2.78	2.73
K_2	2.88	2.72	2.50	2.80	2.76	2.77
K_3	2.61	2.79	2.89	2.92	2.77	2.76
K_4	2.72	2.83	2.93	2.74	2.90	2.89
K_5	2.84	2.97	3.03	2.60	2.79	2.76
k_1	0.572	0.520	0.504	0.570	0.556	0.546
k_2	0.576	0.544	0.500	0.560	0.552	0.554
k_3	0.522	0.558	0.578	0.584	0.554	0.552
k_4	0.544	0.566	0.586	0.548	0.580	0.578
k_5	0.568	0.594	0.606	0.520	0.558	0.552
极差 *R*	0.054	0.074	0.106	0.064	0.028	0.032

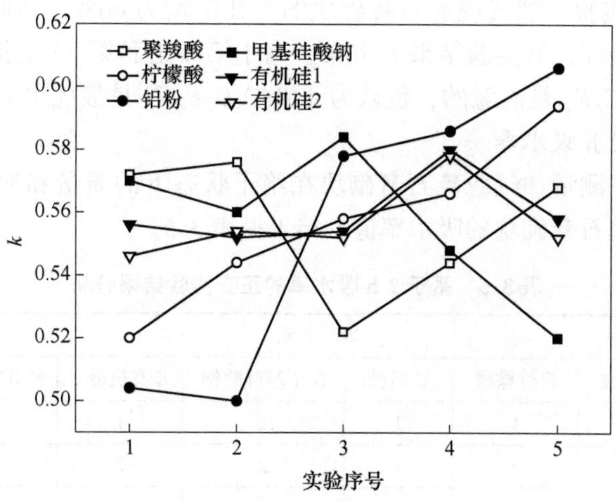

图 3.2 加气脱硫石膏砌块的气孔率极差分析

B 以加气脱硫石膏砌块气孔率为实验指标的方差分析

加气脱硫石膏砌块气孔率的方差分析结果如表 3.4 所示。

表 3.4 基于加气脱硫石膏砌块气孔率的方差分析

方差来源	离差平方和	自由度	方差比	F 临界值	显著性
聚羧酸	0.030	4	1.02	2.145	—
柠檬酸	0.031	4	10.25	5.644	—
铝粉	0.036	4	23.00	15.701	*
甲基硅酸钠	0.030	4	1.35	2.741	—
有机硅 1	0.021	4	0.95	0.652	—
有机硅 2	0.020	4	0.74	0.523	—
误差	0.000	4	—	—	—

由表 3.3 和表 3.4 可知，不同添加剂在加气脱硫石膏砌块气孔率最优时的最佳掺量是：减水剂聚羧酸为 0.1%，缓凝剂柠檬酸为 0.04%，造孔剂铝粉为 2.5%，防水剂甲基硅酸钠为 1.2%，防水剂有机硅 1 为 0.3%，防水剂有机硅 2 为 0.3%。所以对于加气脱硫石膏砌块的气孔率来说最佳掺量组合为 $A_2B_5C_5D_2E_4F_4$。从最佳掺量也可以看出当造孔剂铝粉掺量在最大的情况下，脱硫石膏砌块的气孔率表现最佳，这与前面分析结果相一致。

C 确定最优实验参数

通过正交实验分析确定的最优组合为 $A_2B_5C_5D_2E_4F_4$，但因其组合不在之前所做的 25 组实验之中，故在 25 组实验中进行选择，从实验结果来看最优的是第

4 组和第 25 组实验，加气脱硫石膏砌块的气孔率均为 66%，因此对选择的最优组合进行实验验证，其实验结果为 70%，高于第 4 组和第 25 组指标值 66%，则认为 $A_2B_5C_5D_2E_4F_4$ 是满意的，也认为 $A_2B_5C_5D_2E_4F_4$ 是最优水平组合。

3.1.2.2 2 h 吸水率

用电子天平测量加气脱硫石膏砌块在绝干状态下的质量和泡水 2 h 的质量，并计算加气脱硫石膏砌块的吸水率值，结果见表 3.5。

表 3.5 基于 2 h 吸水率的正交实验结果分析

序号	因素						吸水率/%
	A 聚羧酸	B 柠檬酸	C 铝粉	D 甲基硅酸钠	E 有机硅 1	F 有机硅 2	
1	1	1	1	1	1	1	20
2	1	2	2	2	2	2	16
3	1	3	3	3	3	3	3
4	1	4	4	4	4	4	3
5	1	5	5	5	5	5	4
6	2	1	2	3	4	5	2
7	2	2	3	4	5	1	5
8	2	3	4	5	1	2	2
9	2	4	5	1	2	3	4
10	2	5	1	2	3	4	10
11	3	1	3	5	2	4	3
12	3	2	4	1	3	5	3
13	3	3	5	2	4	1	44
14	3	4	1	3	5	2	10
15	3	5	2	4	1	3	3
16	4	1	4	2	5	3	5
17	4	2	5	3	1	4	10
18	4	3	1	4	2	5	6
19	4	4	2	5	3	1	3
20	4	5	3	1	4	2	31
21	5	1	5	4	3	2	15
22	5	2	1	5	4	3	3
23	5	3	2	1	5	4	15
24	5	4	3	2	1	5	3
25	5	5	4	3	2	1	35
26	0	0	0	0	0	0	19

A 以加气脱硫石膏砌块 2 h 吸水率为实验指标的极差分析

图 3.3 为不同组别加气脱硫石膏砌块的吸水率。

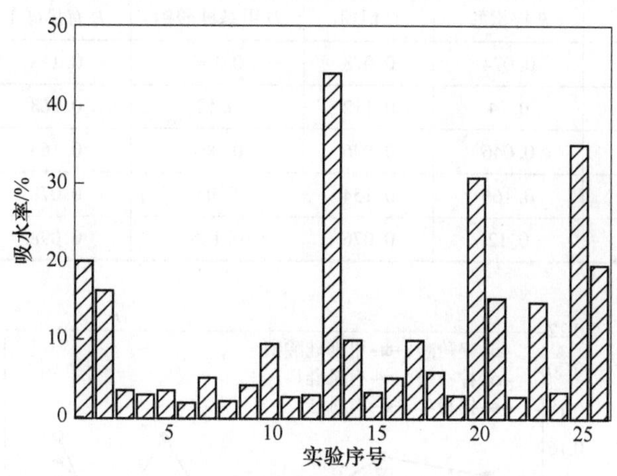

图 3.3 加气脱硫石膏砌块的吸水率

由图 3.3 可以看出，每 5 组实验吸水率呈大体一致的趋势，即均从大到小。从吸水率分布规律大致可以看出，通过添加剂的加入，绝大部分加气脱硫石膏砌块吸水率都比较小，说明添加剂的加入使加气脱硫石膏砌块的防水性能提高。与空白对照组（第 26 组）比较，只有四组砌块的吸水率比空白对照组的大，分别为第 1 组、第 13 组、第 20 组和第 25 组。

从表 3.6 和图 3.4 极差分析结果可以看出，添加剂对脱硫石膏砌块 2 h 吸水率的影响效果由大到小依次是甲基硅酸钠 > 柠檬酸 > 有机硅 2 > 有机硅 1 > 聚羧酸 > 铝粉，所以对于 2 h 吸水率来说，影响它的主要因素是防水剂甲基硅酸钠，其次是缓凝剂柠檬酸和防水剂有机硅 2 和有机硅 1，而影响最小的是造孔剂铝粉。也可以看出，防水剂是影响吸水率的最重要因素。

表 3.6 基于 2 h 吸水率的正交实验极差分析

结果	因素					
	A 聚羧酸	*B* 柠檬酸	*C* 铝粉	*D* 甲基硅酸钠	*E* 有机硅 1	*F* 有机硅 2
K_1	0.46	0.45	0.49	0.73	0.38	0.30
K_2	0.23	0.37	0.39	0.78	0.64	0.74
K_3	0.70	0.7	0.56	0.6	0.34	0.18
K_4	0.55	0.23	0.48	0.32	0.83	0.41
K_5	0.71	0.83	0.77	0.15	0.39	0.18
k_1	0.092	0.09	0.098	0.146	0.076	0.06

续表 3.6

结果	因素					
	A 聚羧酸	*B* 柠檬酸	*C* 铝粉	*D* 甲基硅酸钠	*E* 有机硅 1	*F* 有机硅 2
k_2	0.046	0.074	0.078	0.156	0.128	0.148
k_3	0.14	0.14	0.112	0.12	0.068	0.036
k_4	0.11	0.046	0.096	0.064	0.166	0.082
k_5	0.142	0.166	0.154	0.03	0.078	0.036
极差 *R*	0.096	0.12	0.076	0.126	0.098	0.112

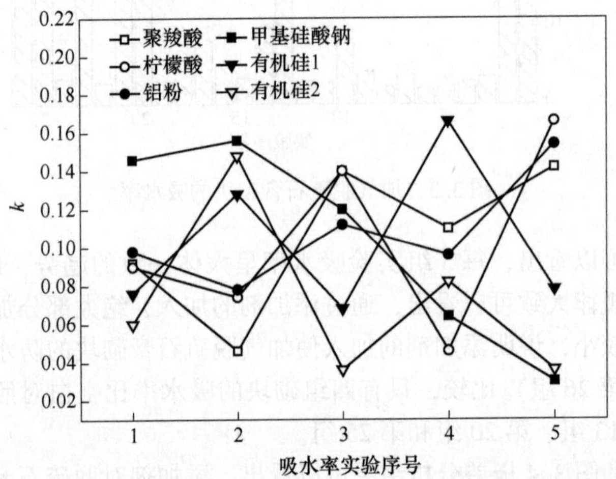

图 3.4 加气脱硫石膏砌块的 2 h 吸水率极差分析

B 以加气脱硫石膏砌块 2 h 吸水率为实验指标的方差分析

根据加气脱硫石膏砌块 2 h 吸水率实验结果，方差分析如表 3.7 所示。

表 3.7 基于加气脱硫石膏砌块 2 h 吸水率的方差分析

方差来源	离差平方和	自由度	方差比	*F* 临界值	显著性
聚羧酸	0.050	4	2.99	1.235	—
柠檬酸	0.042	4	15.39	2.056	—
铝粉	0.023	4	2.04	0.258	—
甲基硅酸钠	0.089	4	36.45	3.458	*
有机硅 1	0.036	4	3.87	1.624	—
有机硅 2	0.031	4	3.46	1.714	—
误差	0.000	4	—	—	—

加气脱硫石膏砌块 2 h 吸水率最优时，各添加剂最佳掺量是：聚羧酸减水剂为 0.1%，缓凝剂柠檬酸为 0.03%，造孔剂铝粉为 1.0%，甲基硅酸钠为 2.0%，有机硅为 0.2%，有机硅 2 为 0.2%。所以对于加气脱硫石膏砌块来说 2 h 吸水率最佳掺量组合为 $A_2B_4C_2D_5E_3F_3$。从各添加剂的最佳掺量可以看出几种防水剂的掺量对加气脱硫石膏砌块的吸水率都有很大的影响，尤其是甲基硅酸钠。

C　确定最优实验参数

通过正交实验分析确定的最优组合为 $A_2B_4C_2D_5E_3F_3$，其不在之前所做的 25 组实验当中，而在所做的 25 组实验中，实验结果最好的是第 6 组和第 8 组实验，加气脱硫石膏砌块的吸水率为 0.02。因此，对选择的最优组合进行实验验证，其实验结果为 0.015，优于第 6 组和第 8 组指标值 0.02，则认为 $A_2B_4C_2D_5E_3F_3$ 是最优水平组合。

3.1.2.3　7 d 抗折强度和抗压强度

将制得的试样放入烘干箱，在 (40 ± 2)℃条件下干燥 7 d 至其质量不再变化，在抗折抗压实验机上按相应的标准测定其抗折强度和抗压强度，通过实验及计算得到的数据见表 3.8。

表 3.8　基于抗折抗压强度的正交实验结果分析

序号	因素						抗折强度/MPa	抗压强度/MPa
	A 聚羧酸	*B* 柠檬酸	*C* 铝粉	*D* 甲基硅酸钠	*E* 有机硅 1	*F* 有机硅 2		
1	1	1	1	1	1	1	3.33	8.23
2	1	2	2	2	2	2	2.30	4.69
3	1	3	3	3	3	3	1.45	3.44
4	1	4	4	4	4	4	0.78	1.77
5	1	5	5	5	5	5	0.81	1.98
6	2	1	2	3	4	5	2.18	3.44
7	2	2	3	4	5	1	1.79	3.65
8	2	3	4	5	1	2	1.69	3.54
9	2	4	5	1	2	3	1.05	2.60
10	2	5	1	2	3	4	1.66	3.23
11	3	1	3	5	2	4	2.06	3.02
12	3	2	4	1	3	5	1.34	2.92
13	3	3	5	2	4	1	0.98	3.75
14	3	4	1	3	5	2	2.17	3.96
15	3	5	2	4	1	3	2.06	5.42
16	4	1	4	2	5	3	1.64	3.13

续表 3.8

序号	因素						抗折强度/MPa	抗压强度/MPa
	A 聚羧酸	*B* 柠檬酸	*C* 铝粉	*D* 甲基硅酸钠	*E* 有机硅 1	*F* 有机硅 2		
17	4	2	5	3	1	4	1.70	1.77
18	4	3	1	4	2	5	2.32	5.32
19	4	4	2	5	3	1	2.92	7.19
20	4	5	3	1	4	2	1.25	2.61
21	5	1	5	4	3	2	1.49	3.44
22	5	2	1	5	4	3	2.51	4.69
23	5	3	2	1	5	4	1.53	2.40
24	5	4	3	2	1	5	1.47	2.92
25	5	5	4	3	2	1	0.73	2.04
26	0	0	0	0	0	0	2.53	5.40

A 以加气脱硫石膏砌块力学性能为实验指标的极差分析

图 3.5 为加气脱硫石膏砌块的抗折强度和抗压强度柱状图。由图 3.5 可以看出，掺加添加剂之后，与空白对照组（第 26 组）进行比较，该加气脱硫石膏砌块的抗折强度和抗压强度值绝大多数都是偏低的，这是因为有造孔剂和其他添加剂的加入，砌块内部形成了许多宏孔孔隙。随着砌块的气孔率提高，其密度降低，力学性能也会降低，这与根据材料强度和气孔率关系公式推算预期结果相一致。

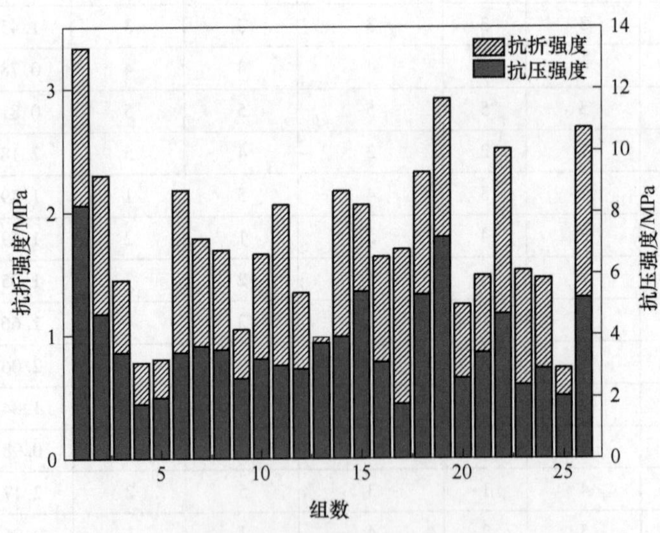

图 3.5 加气脱硫石膏砌块的抗折强度和抗压强度

表3.9和图3.6为加气脱硫石膏砌块抗折强度的正交实验极差分析。

表3.9 基于抗折强度正交实验极差分析

结果	因素					
	A 聚羧酸	*B* 柠檬酸	*C* 铝粉	*D* 甲基硅酸钠	*E* 有机硅1	*F* 有机硅2
K_1	8.67	10.70	12.00	8.50	10.25	9.76
K_2	8.36	9.64	10.99	7.39	8.46	8.90
K_3	8.62	7.97	8.01	6.53	8.86	8.71
K_4	9.83	8.38	6.19	8.43	7.70	7.73
K_5	7.73	5.88	6.02	9.99	6.29	8.11
k_1	1.73	2.14	2.40	1.70	2.05	1.95
k_2	1.67	1.93	2.20	1.48	1.69	1.78
k_3	1.72	1.59	1.60	1.31	1.77	1.74
k_4	1.97	1.68	1.24	1.69	1.54	1.55
k_5	1.55	1.18	1.20	2.00	1.26	1.62
极差 *R*	0.42	0.96	1.20	0.69	0.79	0.40

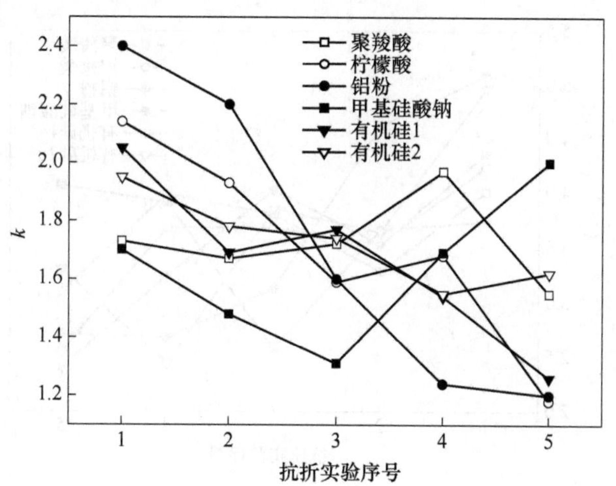

图3.6 加气脱硫石膏砌块的抗折强度极差分析

从极差分析可以看出，添加剂对加气脱硫石膏砌块的抗折强度影响因素由大到小依次是铝粉>柠檬酸>有机硅1>甲基硅酸钠>聚羧酸>有机硅2。对于抗折强度来说，影响它的主要因素是造孔剂铝粉，其次是缓凝剂柠檬酸，再下来是防水剂有机硅1，而影响最小的是防水剂有机硅2。造孔剂铝粉影响最大的原因在于铝粉的加入使试块内部产生很多气孔，导致砌块密度、强度下降。

表3.10和图3.7为加气脱硫石膏砌块抗压强度的正交实验极差分析。

表3.10 基于抗压强度的正交实验结果极差分析

结果	因素					
	A 聚羧酸	*B* 柠檬酸	*C* 铝粉	*D* 甲基硅酸钠	*E* 有机硅1	*F* 有机硅2
K_1	20.11	21.26	25.43	18.76	21.88	24.85
K_2	16.46	17.71	23.14	18.34	17.67	18.23
K_3	19.07	18.44	15.64	12.88	20.22	19.28
K_4	20.01	18.45	13.39	19.60	16.26	12.20
K_5	15.49	12.76	13.54	20.42	11.98	16.57
k_1	4.02	4.25	5.09	3.75	4.38	4.97
k_2	3.29	3.54	4.63	3.67	3.53	3.65
k_3	3.81	3.69	3.13	2.58	4.04	3.86
k_4	4.00	3.69	2.68	3.92	3.25	2.44
k_5	3.10	2.55	2.71	4.08	2.40	3.31
极差 *R*	0.92	1.7	2.41	1.5	1.98	2.53

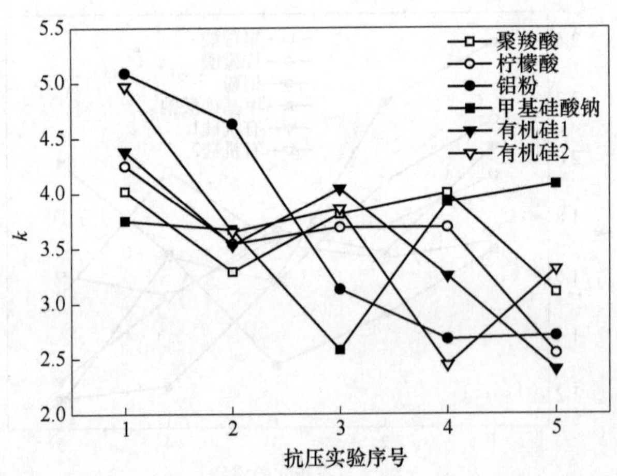

图3.7 加气脱硫石膏砌块的抗压强度极差分析

从表3.10中极差分析可以看出，不同的添加剂对脱硫石膏砌块抗压强度的影响因素由大到小依次是有机硅2 > 铝粉 > 有机硅1 > 柠檬酸 > 甲基硅酸钠 > 聚羧酸，所以对于抗压强度来说，影响它的主要因素是防水剂有机硅2，其次是造孔剂铝粉，再下来是缓凝剂柠檬酸，而影响最小的是减水剂聚羧酸。

B 以加气脱硫石膏砌块力学性能为实验指标的方差分析

根据加气脱硫石膏砌块的抗折强度实验结果进行显著性检验，列出方差分析结果，见表3.11。可以看出，不同添加剂对脱硫石膏砌块抗折强度的最佳掺量是：减水剂聚羧酸为0.3%，缓凝剂柠檬酸为0，造孔剂铝粉为0.5%，防水剂甲基硅酸钠为2.0%，防水剂有机硅1和有机硅2都为0。所以对于脱硫石膏抗折强度来说最佳掺量组合为$A_1B_1C_1D_5E_1F_1$。从最佳掺量可以看出外加剂的加入对抗折强度影响很大，柠檬酸、有机硅1、有机硅2的最佳的掺量都为零的情况下砌块的抗折强度最优。

表3.11 基于加气脱硫石膏抗折强度的方差分析

方差来源	离差平方和	自由度	方差比	F临界值	显著性
聚羧酸	0.152	4	14.438	4.041	—
柠檬酸	0.134	4	20.145	1.555	—
铝粉	0.098	4	67.259	8.653	**
甲基硅酸钠	0.164	4	38.678	1.564	—
有机硅1	0.172	4	32.842	1.889	—
有机硅2	0.145	4	14.257	1.124	—
误差	0.000	4	—	—	—

由抗压强度方差分析结果（见表3.12）可以看出，不同添加剂对脱硫石膏抗压强度的最佳掺量是：减水剂聚羧酸和缓凝剂柠檬酸都为0，造孔剂铝粉为0.5%，防水剂甲基硅酸钠为2.0%，防水剂有机硅1和有机硅2都为0，所以对于添加剂对脱硫石膏抗压强度来说最佳掺量组合为$A_1B_1C_1D_5E_1F_1$。从最佳掺量来看，除了甲基硅酸钠以外，其他添加剂都是掺得越少越好，充分说明添加剂对抗压强度影响很大。

表3.12 基于加气脱硫石膏砌块抗压强度的方差分析

方差来源	离差平方和	自由度	方差比	F临界值	显著性
聚羧酸	0.524	4	16.457	1.046	—
柠檬酸	0.421	4	22.463	1.248	—
铝粉	0.468	4	56.782	6.548	*
甲基硅酸钠	0.312	4	19.421	1.124	—
有机硅1	0.578	4	53.145	5.645	—
有机硅2	0.419	4	61.710	7.563	*
误差	0.000	4	—	—	—

C 确定最优实验参数

通过正交实验分析确定的最优组合为$A_1B_1C_1D_5E_1F_1$，其不在之前所做的25组实验当中，而25组实验中，实验结果最好的是第1组实验，加气脱硫石膏砌块的抗折强度为3.33 MPa，抗压强度为8.23 MPa。因此，对选择的最优组合进行实验验证，其实验结果为：抗折强度 3.56 MPa，抗压强度 8.64 MPa，优于第 1 组实验指标值，则认为 $A_1B_1C_1D_5E_1F_1$ 是满意的，也可以认为 $A_1B_1C_1D_5E_1F_1$ 是最优水平组合。

3.1.2.4 抗折和抗压软化系数

表 3.13 为加气脱硫石膏砌块抗折和抗压软化系数实验结果。

表 3.13 正交实验抗折和抗压软化系数结果分析

序号	因素						抗折软化系数	抗压软化系数
	A 聚羧酸	*B* 柠檬酸	*C* 铝粉	*D* 甲基硅酸钠	*E* 有机硅 1	*F* 有机硅 2		
1	1	1	1	1	1	1	0.85	0.61
2	1	2	2	2	2	2	0.94	0.76
3	1	3	3	3	3	3	0.71	0.55
4	1	4	4	4	4	4	1.71	1.13
5	1	5	5	5	5	5	1.40	0.60
6	2	1	2	3	4	5	0.91	0.76
7	2	2	3	4	5	1	0.96	0.75
8	2	3	4	5	1	2	1.06	0.99
9	2	4	5	1	2	3	1.51	0.80
10	2	5	1	2	3	4	1.08	1.12
11	3	1	3	5	2	4	0.80	0.64
12	3	2	4	1	3	5	1.03	0.57
13	3	3	5	2	4	1	1.05	0.39
14	3	4	1	3	5	2	1.14	1.38
15	3	5	2	4	1	3	1.10	0.57
16	4	1	4	2	5	3	1.00	0.69
17	4	2	5	3	1	4	0.73	0.76
18	4	3	1	4	2	5	0.87	0.53
19	4	4	2	5	3	1	0.96	0.82
20	4	5	3	1	4	2	1.43	0.91
21	5	1	5	4	3	2	1.03	0.53
22	5	2	1	5	4	3	0.76	0.58
23	5	3	2	1	5	4	1.64	1.50
24	5	4	3	2	1	5	1.40	1.15
25	5	5	4	3	2	1	1.27	0.74
26	0	0	0	0	0	0	0.91	0.98

由表 3.13 可以看出，掺加添加剂的抗折软化系数绝大多数都比空白对照组

的大，说明添加剂的掺入使抗折强度提高，而抗压软化系数绝大多数都比空白对照组要小，说明添加剂的掺入反而降低了抗压强度。

A 以加气脱硫石膏砌块软化系数为实验指标的极差分析

表 3.14 和图 3.8 为加气脱硫石膏砌块抗折软化系数的极差分析。

表 3.14 基于抗折软化系数的正交实验结果极差分析

结果	因素					
	A 聚羧酸	*B* 柠檬酸	*C* 铝粉	*D* 甲基硅酸钠	*E* 有机硅 1	*F* 有机硅 2
K_1	5.62	4.58	4.71	6.46	5.13	5.09
K_2	5.53	4.42	5.56	5.53	5.4	5.61
K_3	5.13	5.34	5.30	4.04	4.82	5.09
K_4	4.98	6.73	6.07	5.67	5.86	5.97
K_5	6.11	5.54	5.73	5.00	5.16	5.61
k_1	1.12	0.92	0.94	1.29	1.03	1.02
k_2	1.11	0.88	1.11	1.11	1.08	1.12
k_3	1.03	1.07	1.06	0.81	0.96	1.02
k_4	1.00	1.35	1.21	1.13	1.17	1.19
k_5	1.22	1.11	1.15	1.00	1.03	1.12
极差 *R*	0.12	0.47	0.15	0.48	0.12	0.17

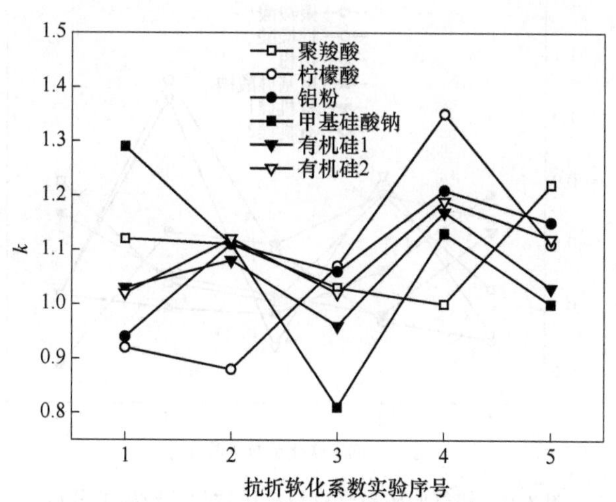

图 3.8 加气脱硫石膏砌块的抗折软化系数极差分析

从图 3.8 和表 3.14 可以看出，添加剂对脱硫石膏砌块抗折软化系数的影响效果由大到小依次是甲基硅酸钠 > 柠檬酸 > 有机硅 2 > 铝粉 > 聚羧酸（有机硅

1)，所以对于抗折软化系数来说，影响它的主要因素是防水剂甲基硅酸钠，其次是缓凝剂柠檬酸和防水剂有机硅 2，而影响最小的是减水剂聚羧酸（防水剂有机硅 1）。

表 3.15 和图 3.9 为加气脱硫石膏砌块抗压软化系数的极差分析。

表 3.15 基于抗压软化系数的正交实验结果极差分析

结果	因素					
	A 聚羧酸	*B* 柠檬酸	*C* 铝粉	*D* 甲基硅酸钠	*E* 有机硅 1	*F* 有机硅 2
K_1	3.65	3.23	4.22	4.40	4.08	3.30
K_2	4.41	3.41	4.40	3.81	3.46	4.57
K_3	3.55	3.95	4.01	3.43	3.59	3.19
K_4	3.71	5.28	4.12	3.51	3.77	5.15
K_5	4.50	3.61	3.07	3.62	4.24	3.61
k_1	0.73	0.65	0.84	0.88	0.82	0.66
k_2	0.88	0.68	0.88	0.76	0.69	0.91
k_3	0.71	0.79	0.80	0.69	0.72	0.64
k_4	0.74	1.06	0.82	0.70	0.75	1.03
k_5	0.90	0.72	0.61	0.72	0.85	0.72
极差 *R*	0.19	0.41	0.27	0.19	0.16	0.39

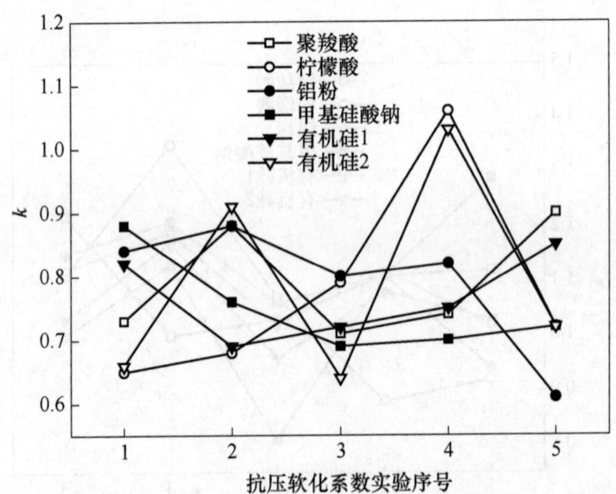

图 3.9 加气脱硫石膏砌块抗压软化系数极差分析

从表中极差分析结果可以看出外加剂对脱硫石膏砌块抗压软化系数的影响因素由大到小依次是柠檬酸 > 有机硅 2 > 铝粉 > 聚羧酸（甲基硅酸钠）> 有机硅 1，所以对于抗压软化系数来说，影响它的最主要的因素是缓凝剂柠檬酸，其次是防水剂有机硅 2 和造孔剂铝粉，而影响最小的是防水剂有机硅 1。

B 以加气脱硫石膏砌块软化系数为实验指标的方差分析

根据加气脱硫石膏砌块抗折软化系数实验结果进行显著性检验，如表 3.16 所示。

表 3.16 基于加气脱硫石膏砌块抗折软化系数的方差分析

方差来源	离差平方和	自由度	方差比	F 临界值	显著性
聚羧酸	0.195	4	5.102	1.945	—
柠檬酸	0.236	4	8.447	7.522	*
铝粉	0.208	4	5.211	1.870	—
甲基硅酸钠	0.182	4	5.047	8.459	*
有机硅 1	0.097	4	4.842	1.056	—
有机硅 2	0.119	4	5.466	7.436	*
误差	0.000	4	—	—	—

由分析结果可以看出，不同添加剂对脱硫石膏砌块抗折软化系数的最佳掺量是：减水剂聚羧酸为 0.4%，缓凝剂柠檬酸为 0.03%，造孔剂铝粉为 2.0%，防水剂甲基硅酸钠为 0.4%，防水剂有机硅 1 和有机硅 2 均为 0.3%。所以对于脱硫石膏抗折软化系数来说最佳掺量组合为 $A_5B_4C_4D_1E_4F_4$。

加气脱硫石膏砌块抗压软化系数实验结果如表 3.17 所示。

表 3.17 基于加气脱硫石膏砌块抗压软化系数的方差分析

方差来源	离差平方和	自由度	方差比	F 临界值	显著性
聚羧酸	0.048	4	35.127	2.065	—
柠檬酸	0.082	4	63.148	3.629	*
铝粉	0.071	4	52.519	2.994	*
甲基硅酸钠	0.053	4	34.889	1.936	—
有机硅 1	0.029	4	9.462	0.951	—
有机硅 2	0.080	4	55.436	3.267	*
误差	0.000	4	—	—	—

不同添加剂对脱硫石膏砌块抗压软化系数的最佳掺量是：减水剂聚羧酸为 0.4%，造孔剂铝粉为 1.0%，防水剂甲基硅酸钠为 0.4%，防水剂有机硅 1 为 0.4%，缓凝剂柠檬酸和防水剂有机硅 2 均为 0.3%。所以对于脱硫石膏砌块抗压软化系数来说最佳掺量组合为 $A_5B_4C_2D_1E_5F_4$。

C 确定最优实验参数

根据石膏砌块的标准，要求的软化系数为抗折软化系数，但通过正交实验分析确定的抗折软化系数最优组合为 $A_5B_4C_4D_1E_4F_4$，而抗压软化系数最佳组合为 $A_5B_4C_2D_1E_5F_4$。从理论上来说，铝粉的掺量对加气脱硫石膏砌块的力学性能影响较显著。对比 $A_5B_4C_4D_1E_4F_4$ 和 $A_5B_4C_2D_1E_5F_4$ 可知，抗折软化系数的最佳组合中铝粉掺量为 0.20%，而抗压软化系数的最佳组合中铝粉掺量为 0.05%。这两个最优组合不在之前所做的 25 组实验当中，而 25 组实验中，实验结果最好的分别是第 4 组和第 23 组实验，加气脱硫石膏砌块的抗折软化系数最高为 1.71，抗压软化系数最高为 1.50。因此对选择的最优组合进行实验验证，其实验结果分别为 1.72 和 1.56，优于第 4 组和第 23 次组实验指标值，则认为 $A_5B_4C_4D_1E_4F_4$ 和 $A_5B_4C_2D_1E_5F_4$ 是最优水平组合。

3.1.2.5 浆体的凝结时间

从加气脱硫石膏砌块的气孔率、2 h 吸水率、力学性能和软化系数正交实验分析结果可知，各添加剂的最优组合不尽相同，但从整体上看，造孔剂铝粉对于加气脱硫石膏砌块的气孔率和力学性能影响较大，而防水剂对脱硫石膏砌块的软化系数影响较大。然而，该结果忽略了在加气脱硫石膏砌块制备过程中各添加剂的协同作用，例如造孔剂铝粉含量高，加气脱硫石膏砌块的气孔率也应该较高，但是砌块制备过程中石膏浆体凝结时间受到缓凝剂和减水剂的双重影响，导致实际的砌块气孔率反而有所降低。原因在于当建筑脱硫石膏的凝结时间较长，铝粉发气后气体逸出，导致砌块的气孔率偏小；当建筑脱硫石膏的凝结时间较短，会导致一部分铝粉不能及时发气，这时获得的加气脱硫石膏砌块的气孔率也偏小。砌块的密度不满足标准中轻质石膏砌块（密度小于 900 kg/m^3）的要求。因此，需要研究脱硫建筑石膏浆体的凝结时间随添加剂的变化规律，实验数据如表 3.18 所示。

表 3.18 基于凝结时间的正交实验结果分析

序号	因素						初凝时间/s	终凝时间/s
	A 聚羧酸	B 柠檬酸	C 铝粉	D 甲基硅酸钠	E 有机硅 1	F 有机硅 2		
1	1	1	1	1	1	1	330	661
2	1	2	2	2	2	2	1158	1335
3	1	3	3	3	3	3	1971	2325
4	1	4	4	4	4	4	2548	3117
5	1	5	5	5	5	5	1596	2059
6	2	1	2	3	4	5	508	940
7	2	2	3	4	5	1	1295	1550
8	2	3	4	5	1	2	1628	2318
9	2	4	5	1	2	3	4670	5180

续表 3.18

序号	因素						初凝时间/s	终凝时间/s
	A 聚羧酸	*B* 柠檬酸	*C* 铝粉	*D* 甲基硅酸钠	*E* 有机硅 1	*F* 有机硅 2		
10	2	5	1	2	3	4	1510	1578
11	3	1	3	5	2	4	549	789
12	3	2	4	1	3	5	2801	3428
13	3	3	5	2	4	1	1223	1805
14	3	4	1	3	5	2	823	1900
15	3	5	2	4	1	3	2538	3047
16	4	1	4	2	5	3	808	1787
17	4	2	5	3	1	4	1471	1892
18	4	3	1	4	2	5	2237	2747
19	4	4	2	5	3	1	1242	1803
20	4	5	3	1	4	2	2549	3150
21	5	1	5	4	3	2	795	1604
22	5	2	1	5	4	3	1210	1875
23	5	3	2	1	5	4	1626	2062
24	5	4	3	2	1	5	1626	5095
25	5	5	4	3	2	1	2106	2765
26	0	0	0	0	0	0	186	545

由表 3.18 可知，每 5 个组别的初凝时间和终凝时间都有相同的变化趋势，即逐渐增加。从表中 *B* 柠檬酸列的掺量变化可知，柠檬酸的掺量也是不断增加，这说明脱硫建筑石膏浆体的凝结时间受缓凝剂的影响较大。图 3.10 为石膏浆体的凝结时间柱状图。同理，从图 3.10 中也可以清晰地看出，掺加添加剂的脱硫建筑石膏浆体的初凝时间和终凝时间都比不掺加添加剂的浆体初终凝时间要长，因此添加剂的加入很好地解决脱硫建筑石膏凝结时间过快的问题。从图中也可以看出每组数据中从 1 到 5、6 到 10、11 到 15、16 到 20、21 到 25，初终凝时间都在变长，这是因为缓凝剂掺量逐渐增加。而每组中都有一个凝结时间最长的，是因为浆体凝结时间不仅受缓凝剂的影响，还与造孔剂的掺加有关，造孔剂导致气孔变多，凝结时间也会变长。而图中凝结时间最长的两组分别是第 9 组别和第 24 组别，第 9 组别的初终凝时间相差不大，而第 24 组的初终凝时间相差很大，这是因为两组的减水剂掺量差别很大，减水剂是这两组实验中最主要影响因素，而其他添加剂对浆体凝结时间也有一定的影响。此外，根据铝粉的充分发气时间大约为 2000 s，则第 3 组、第 4 组、第 5 组、第 9 组、第 17 组、第 20 组、第 23 组、第 24 组和第 25 组为最优组。

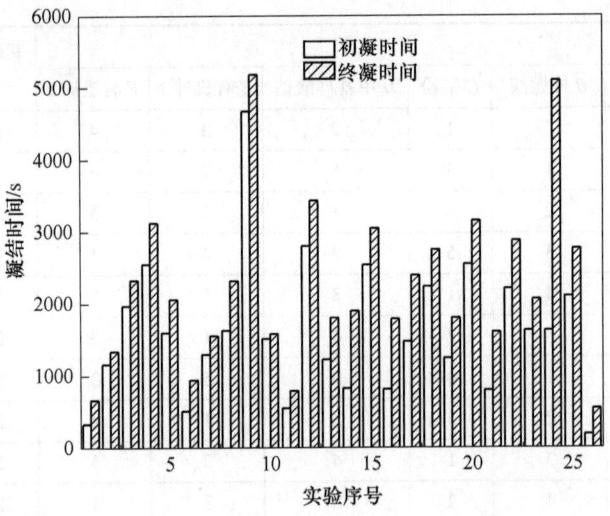

图 3.10 加气脱硫石膏浆体的凝结时间

3.1.2.6 微观结构

根据前一节得到的满足铝粉充分发气的 9 个最优组，同时参考表 3.2 可知，这 9 组加气脱硫石膏砌块的气孔率都在 55%以上，满足要求，这也说明了建筑脱硫石膏浆体的发气较好，而且凝结时间和发气时间相匹配。根据加气脱硫石膏砌块力学性能结果（见表 3.8），有些组的抗折强度和抗压强度较高，比如第 3 组试样的抗折强度和抗压强度分别为 1.45 MPa 以及 3.44 MPa；有些组的加气脱硫石膏砌块的力学性能却非常低，比如第 4 组试样的抗折强度和抗压强度分别只有 0.78 MPa 和 1.77 MPa。第 3 组的试样力学性能比第 4 组的高 2 倍左右。但第 3 组和第 4 组试样的气孔率值相近，这说明这两组试样孔结构有所不同。对加气脱硫石膏砌块和空白对照组进行不同倍数下扫描电子显微镜分析，结果见图 3.11 和图 3.12。

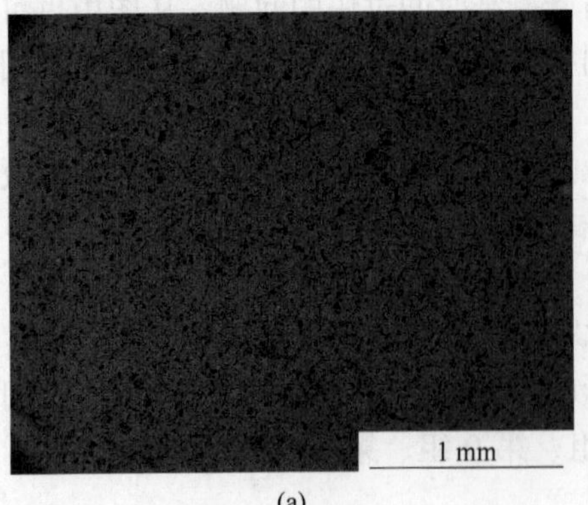

(a)

(b)

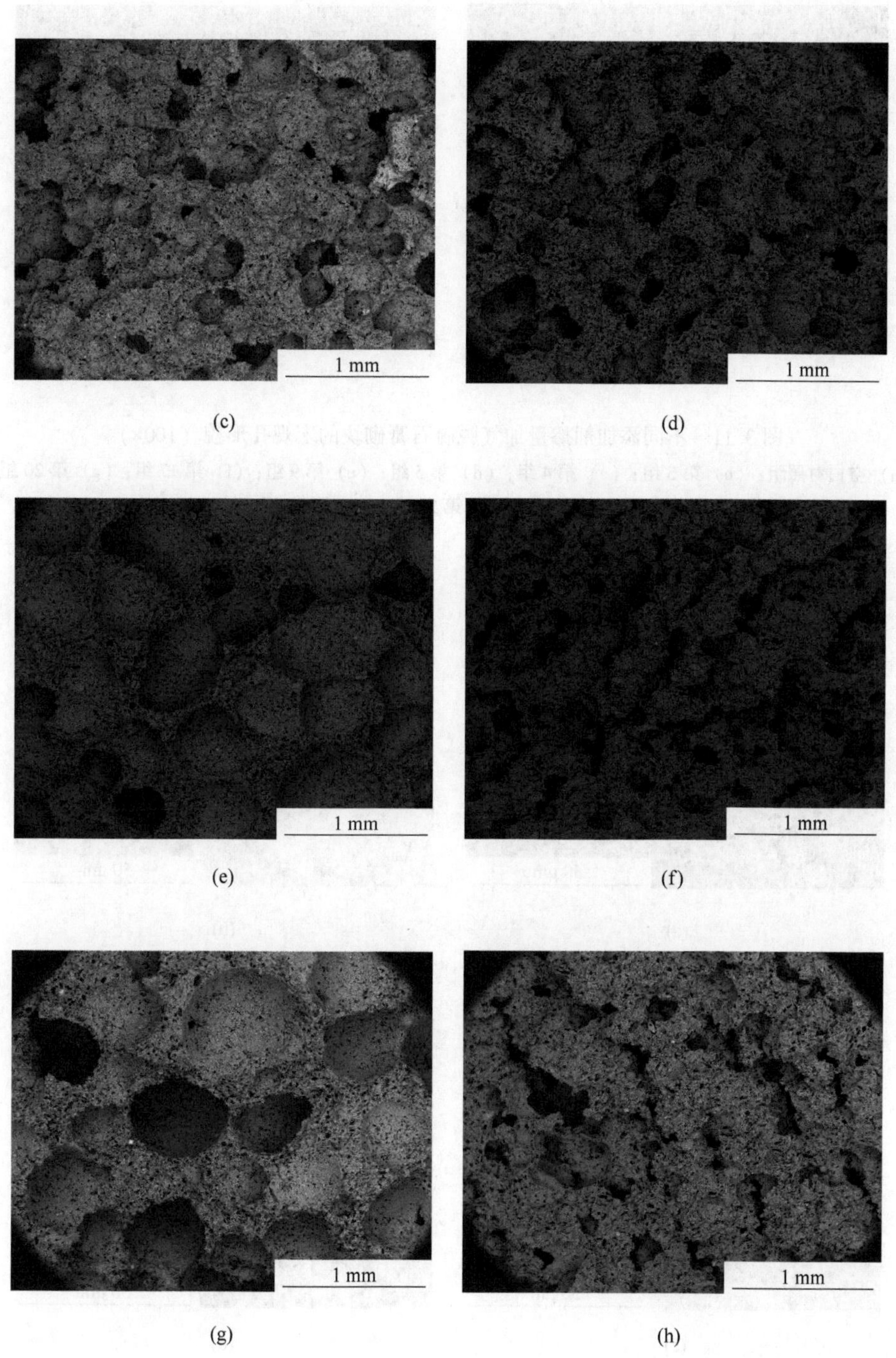

(c) (d) (e) (f) (g) (h)

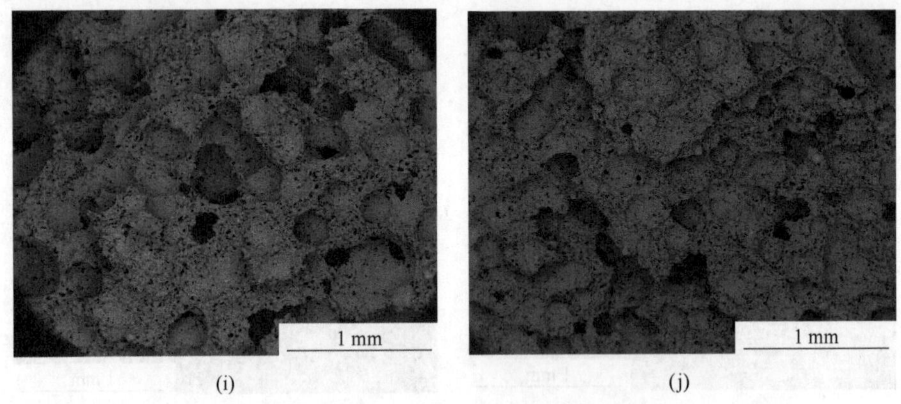

图 3.11 不同添加剂掺量加气脱硫石膏砌块的宏观孔形貌（100×）
（a）空白对照组；（b）第 3 组；（c）第 4 组；（d）第 5 组；（e）第 9 组；（f）第 17 组；（g）第 20 组；（h）第 23 组；（i）第 24 组；（j）第 25 组

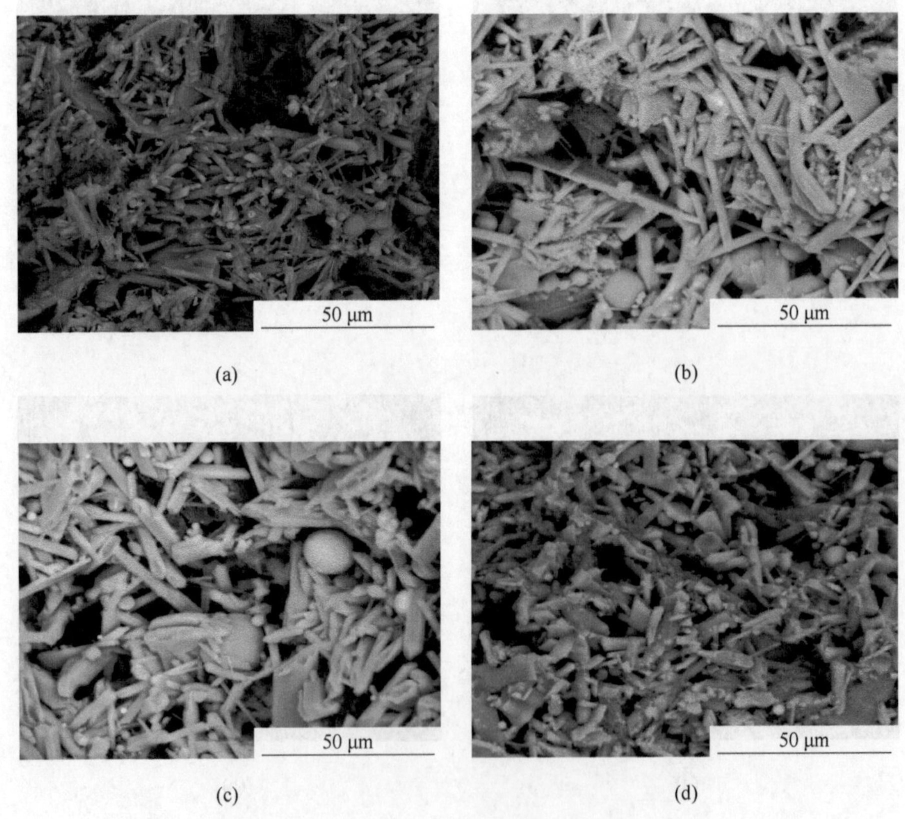

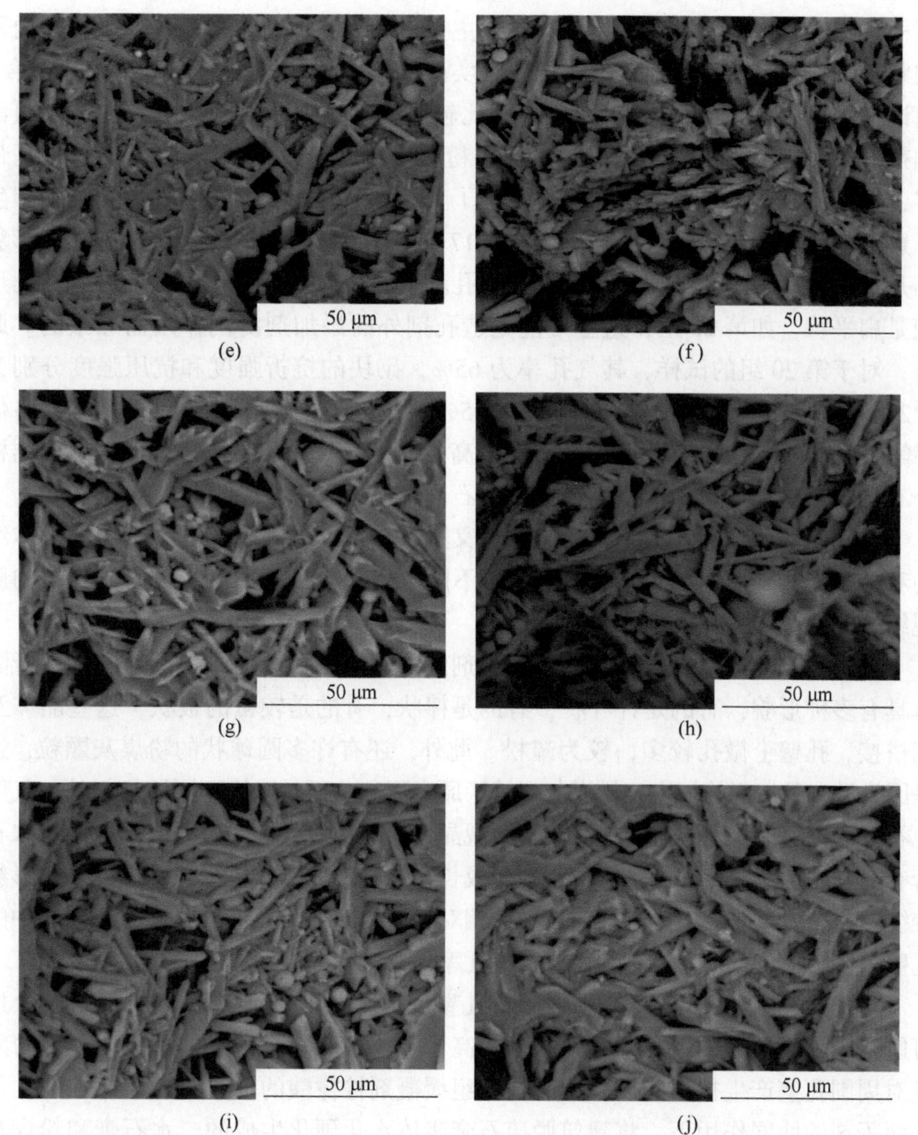

图 3.12 不同添加剂掺量加气脱硫石膏砌块的晶体与微观孔（2500×）

（a）空白对照组；（b）第 3 组；（c）第 4 组；（d）第 5 组；（e）第 9 组；（f）第 17 组；（g）第 20 组；（h）第 23 组；（i）第 24 组；（j）第 25 组

图 3.11 为放大 100 倍的最优组加气脱硫石膏砌块的宏观孔形貌。由空白对照组可以看出不掺添加剂的脱硫石膏砌块，内部有很多尺寸较小的气孔，但没有尺寸明显较大的气孔，这是选择的水膏比较大导致的结果，也就是说在制备砌块过程中过量的水分蒸发，留下了许多小孔，还可以从图中看出这些小孔之间没有连通。而掺加添加剂的加气脱硫石膏砌块孔结构则完全不同。整体而言，这几个

试样内部都有许多连通的密集大孔，这主要是因为添加剂的加入改变了石膏内部的状态，特别是造孔剂铝粉，使原本密实的结构变得疏松多孔。此外，对于第 9 组试样和第 20 组试样，内部的孔结构比较明显，均为球状的孔洞，从这两组添加剂的掺量可以看出都是因为造孔剂铝粉掺量较多，第 20 组的铝粉虽然不是最多，但其发气效果是最好的，这也说明了其他添加剂的加入对砌块的孔结构产生了影响。第 3 组、第 4 组、第 5 组、第 17 组、第 24 组和第 25 组试样中的孔形貌不是球形，有的是孔径大小不一，且小孔和大孔相连，如第 4 组试样；有的孔形貌是扁平状，如第 23 组，这些可能是造孔剂外的添加剂协同作用而导致的。此外，对于第 20 组的试样，其气孔率为 65%，砌块的抗折强度和抗压强度分别为 1. 25 MPa 及 2. 61 MPa，与气孔率为 55% 的第 23 组试样相比，抗折强度略低（第 23 组为 1. 53 MPa），但抗压强度要高（第 23 组为 2. 4 MPa）。这表明孔结构分布均匀且呈球状有利于提高加气脱硫石膏砌块力学性能。

除了研究添加剂对孔结构的影响，又进一步研究加气脱硫石膏砌块的晶体结构和孔壁结构。图 3. 12 为放大 2500 倍不同添加剂掺量的加气脱硫石膏砌块的微观结构图。

由空白对照组可以看出不掺加添加剂的加气脱硫石膏砌块内部的二水石膏晶体具有多种形貌，有的是针叶状，有的是棒状，有的是较粗的板状，这些晶体互相搭接，孔壁上微孔较多，较为疏松。此外，还有许多圆球状的粉煤灰颗粒，这是因为没有添加剂的加入，粉煤灰保持了原有形貌。而对于掺不同添加剂的加气脱硫石膏砌块，水化硬化后的二水石膏微观晶体形貌都有一定的改变，内部的二水石膏有的变成了短棒状的圆柱体，有的变成长径比较大的棒状体，但整体的晶体形貌较统一，晶体尺寸大小比较均匀。因此相对于空白对照组，加气脱硫石膏砌块中的孔壁晶体结构较致密，这有利于在大气孔率试样中，其强度不至于大幅度下降。

对于第 9 组和第 20 组的试样，其孔壁晶体结构较其他组试样更加密实，这可能是因为该两组的造孔剂铝粉掺量较高，在建筑脱硫石膏浆体水化时，铝粉发气对周围孔壁产生挤压作用；同时这两组缓凝剂柠檬酸的掺量也较高，在造孔剂和缓凝剂的协同作用下，将建筑脱硫石膏浆体水化硬化生成的二水石膏和粉煤灰压实。因此在多种条件相互作用下，这两组试样的孔径较大，且分布均匀，孔壁也较致密，故加气脱硫石膏砌块的力学性能较优。

对于第 3 组、第 4 组、第 5 组的试样，在没有掺加减水剂的情况下，随着造孔剂和缓凝剂掺量的提高，第 3 组和第 4 组的晶体结构较一致，均生成棒状的二水石膏，而第 5 组因缓凝剂掺量过大导致二水石膏晶体尺寸较小，并且分布不均，不同尺寸晶粒的相互搭接会引起孔壁疏松。对于第 23 组、第 24 组、第 25 组的试样，在减水剂掺量足够的情况下，随着造孔剂和缓凝剂掺量的提高，其孔壁的微观结构与第 3 组、第 4 组、第 5 组试样的结果刚好相反，第 23 组的孔壁结构不致密，而第25组的孔壁与第9组和第20组类似，其结构较为致密。由于第25组的造孔剂铝粉掺量最高，对应的加气脱硫石膏砌块的力学性能不是最优的，但在同一等级气孔率的试样中还是比较好的。

综上所述，利用铝粉作为造孔剂，其发气时间长，需要掺入足够量的缓凝剂以配合铝粉充分发气。另外，通过微观孔结构可以看出，建筑脱硫石膏的水化硬化会导致铝粉发气的圆孔变形，甚至被挤压成扁状。这些配套的添加剂较难复配制备出合适的加气脱硫石膏砌块。因此，需要研究能快速发气的造孔剂及配套的添加剂对加气脱硫石膏砌块性能的影响。

3.2 过氧化氢对轻质脱硫石膏基复合材料性能的影响

3.2.1 轻质脱硫石膏基复合材料配合比设计

基于前一节的研究结果，在利用建筑脱硫石膏作为胶凝材料制备加气脱硫石膏砌块时，由于铝粉作为造孔剂的发气时间较长，而建筑脱硫石膏遇水生成二水石膏的速度较快，即凝结时间短，导致加气脱硫石膏砌块的孔不都是理想的球形孔。此外，石膏制品本身作为无机材料，在外力作用下表现出脆性。加气脱硫石膏砌块本身气孔率比较高，其抗折强度和抗压强度会大大降低，因此为了提高加气脱硫石膏砌块的强度和韧性，本实验添加了一定量的水泥和聚丙烯纤维。水泥主要起到胶凝作用，改善石膏本身强度不高的缺点；聚丙烯纤维主要是提高加气脱硫石膏砌块的韧性，减少砌块在生产、运输和施工过程中缺棱掉角，甚至破损而无法使用的情况出现。

根据文献资料和前期实验，在0.75 kg建筑脱硫石膏和0.15 kg粉煤灰基础上添加0.1 kg水泥，1 g减水剂（聚羧酸减水剂），研究造孔剂（过氧化氢）、水膏比、缓凝剂（马来酸酐）、聚丙烯纤维的掺量对加气脱硫石膏砌块的物理性能、力学性能和微观性能的影响。测定不同加气脱硫石膏砌块的密度和气孔率，获得加气石膏砌块的最佳配合比。

本实验以造孔剂、水膏比、缓凝剂、聚丙烯纤维作为四个主要影响因素，每个因素取五个不同的水平（见表3.19）。因此选用六因素五水平$L_{25}(5^6)$进行正交实验（见表3.20）。按照设计的配比制备加气脱硫石膏砌块，然后对满足要求的砌块进行力学性能测试，同时测定其密度和气孔率。所有实验砌块是由脱硫建筑石膏、Ⅱ级粉煤灰、水泥、缓凝剂、造孔剂、聚羧酸减水剂、聚丙烯纤维等材料按照一定配合比加水搅拌至标准稠度后在模具中成型，自然条件下养护7 d后得到。

表3.19 正交实验设计表

水平	因素			
	水膏比	缓凝剂/%	造孔剂/%	聚丙烯纤维/%
1	0.40	0.02	0.30	0.02

续表 3.19

水平	因素			
	水膏比	缓凝剂/%	造孔剂/%	聚丙烯纤维/%
2	0.50	0.06	0.40	0.03
3	0.60	0.10	0.50	0.04
4	0.70	0.14	0.60	0.05
5	0.80	0.18	0.70	0.06

表 3.20　实验方案

实验号	水膏比	缓凝剂	造孔剂	聚丙烯纤维
1	1（0.40）	1（0.02%）	1（0.30%）	1（0.02%）
2	1	2（0.06%）	2（0.40%）	2（0.03%）
3	1	3（0.10%）	3（0.50%）	3（0.04%）
4	1	4（0.14%）	4（0.60%）	4（0.05%）
5	1	5（0.18%）	5（0.70%）	5（0.06%）
6	2（0.50）	1	2	3
7	2	2	3	4
8	2	3	4	5
9	2	4	5	1
10	2	5	1	2
11	3（0.60）	1	3	5
12	3	2	4	1
13	3	3	5	2
14	3	4	1	3
15	3	5	2	4
16	4（0.70）	1	4	2
17	4	2	5	3
18	4	3	1	4
19	4	4	2	5
20	4	5	3	1
21	5（0.80）	1	5	4
22	5	2	1	5
23	5	3	2	1
24	5	4	3	2
25	5	5	4	3

按照前面所述，对25组试样分别进行抗压强度、抗折强度、密度和气孔率测定，可得实验结果如表3.21所示。

表3.21 加气脱硫石膏砌块的抗压强度、抗折强度、密度和气孔率

序号	抗折强度/MPa	抗压强度/MPa	密度/($kg \cdot m^{-3}$)	气孔率/%
1	—	—	—	—
2	—	—	—	—
3	—	—	—	—
4	—	—	—	—
5	—	—	—	—
6	—	—	—	—
7	—	—	—	—
8	—	—	—	—
9	—	—	—	—
10	2.10	3.80	1093	55
11	2.28	3.60	885	64
12	2.18	3.80	890	64
13	2.15	3.43	875	64
14	2.10	3.44	902	63
15	2.28	3.02	890	64
16	1.93	2.97	849	65
17	1.68	2.71	848	65
18	2.05	3.18	880	64
19	2.00	2.66	868	64
20	2.03	2.86	855	65
21	1.73	2.19	739	70
22	2.05	2.88	840	66
23	1.60	1.07	830	66
24	1.50	1.04	805	67
25	1.40	0.94	798	67

根据标准，密度小于950 kg/m^3 为轻质脱硫石膏砌块。发现编号为10的砌块不符合要求，其他组均符合要求。

3.2.2 轻质脱硫石膏基复合材料的力学性能

由于设计初始水膏比较小，其值为0.40，在实验过程中建筑脱硫石膏浆体来不及浇筑成型，因此不能得到加气脱硫石膏砌块的抗折强度值。从表3.21中抗折强度的变化趋势可以看出，加气脱硫石膏砌块的抗折强度值在2.00 MPa左右，整体强度值高于利用铝粉作为造孔剂所制备得到的砌块的抗折强度值。而且利用过氧化氢作为造孔剂制备的砌块的气孔率相对都比较高，进一步证明了加入水泥和聚丙烯纤维对该材料韧性有较大提高。

3.2.2.1 *以加气脱硫石膏砌块抗折强度和抗压强度为实验指标的极差分析*

加气脱硫石膏砌块抗折强度的正交实验极差分析，参考表3.22和图3.13。从极差分析可以看出，各因素对加气脱硫石膏砌块的抗折强度影响由大到小依次是水膏比 > 造孔剂 > 聚丙烯纤维 > 缓凝剂。对于抗折强度来说，影响它的主要因素是水膏比，其次是造孔剂，再下来是聚丙烯纤维，而影响最小的是缓凝剂马来酸酐。但一般情况下，实验中会确定固定的水膏比，因此本实验主要影响因素仍然是造孔剂。

表3.22 基于抗折强度的正交实验极差分析

结果	实验因素			
	水膏比	缓凝剂	造孔剂	聚丙烯纤维
K_1	—	5.94	8.30	5.81
K_2	2.10	5.91	5.88	7.68
K_3	10.99	5.80	5.81	5.18
K_4	9.69	5.60	5.51	6.06
K_5	8.28	7.81	5.56	6.33
极差 R	52.22	27.36	38.53	32.15

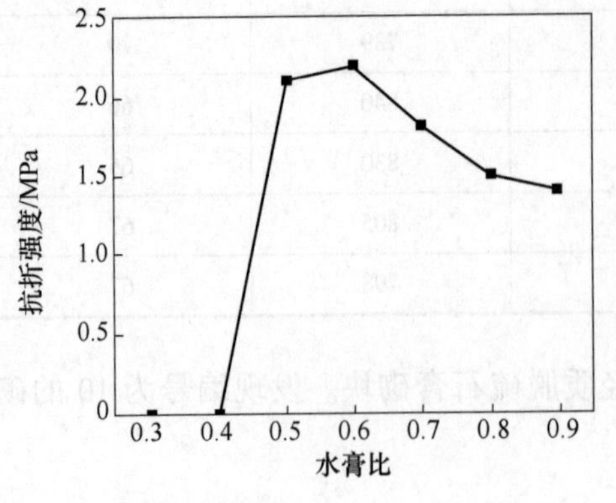

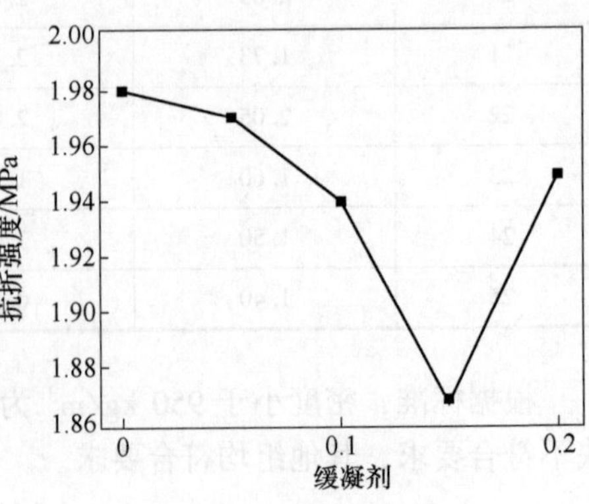

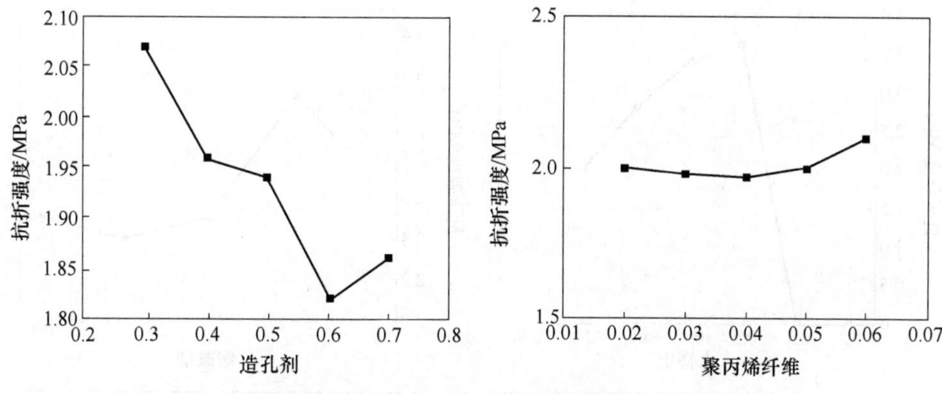

图 3.13 加气脱硫石膏砌块的抗折强度极差分析

基于抗压强度的正交实验极差分析如表 3.23 所示。

由表 3.23 和图 3.14 可知，利用过氧化氢作为造孔剂的加气脱硫石膏砌块的抗压强度随着水膏比增加而逐渐降低。当水膏比为 0.6 时，加气脱硫石膏砌块的抗压强度在 3.6 MPa 左右，这个值比利用铝粉作为造孔剂的加气脱硫石膏砌块抗压强度平均值要高很多，而且利用过氧化氢作为造孔剂的砌块气孔率要高，因此从力学性能和物理性能角度来说，利用过氧化氢作为造孔剂的加气脱硫石膏砌块要优于用铝粉作为造孔剂的石膏砌块。

表 3.23 基于抗压强度的正交实验极差分析

结果	实验因素			
	水膏比	缓凝剂	造孔剂	聚丙烯纤维
K_1	—	8.76	13.30	7.73
K_2	3.80	9.39	6.75	11.24
K_3	17.29	7.68	7.50	7.09
K_4	14.38	7.14	7.71	8.39
K_5	8.12	10.62	8.33	9.14
极差 R	284.50	53.80	131.33	66.59

从极差分析可以看出，各因素对加气脱硫石膏砌块的抗压强度影响与抗折强度分析结果一致，由大到小依次也是水膏比 > 造孔剂 > 聚丙烯纤维 > 缓凝剂。

3.2.2.2 以加气脱硫石膏砌块抗折强度和抗压强度为实验指标的方差分析

根据抗折强度实验结果进行显著性检验，列出方差分析，如表 3.24 所示。

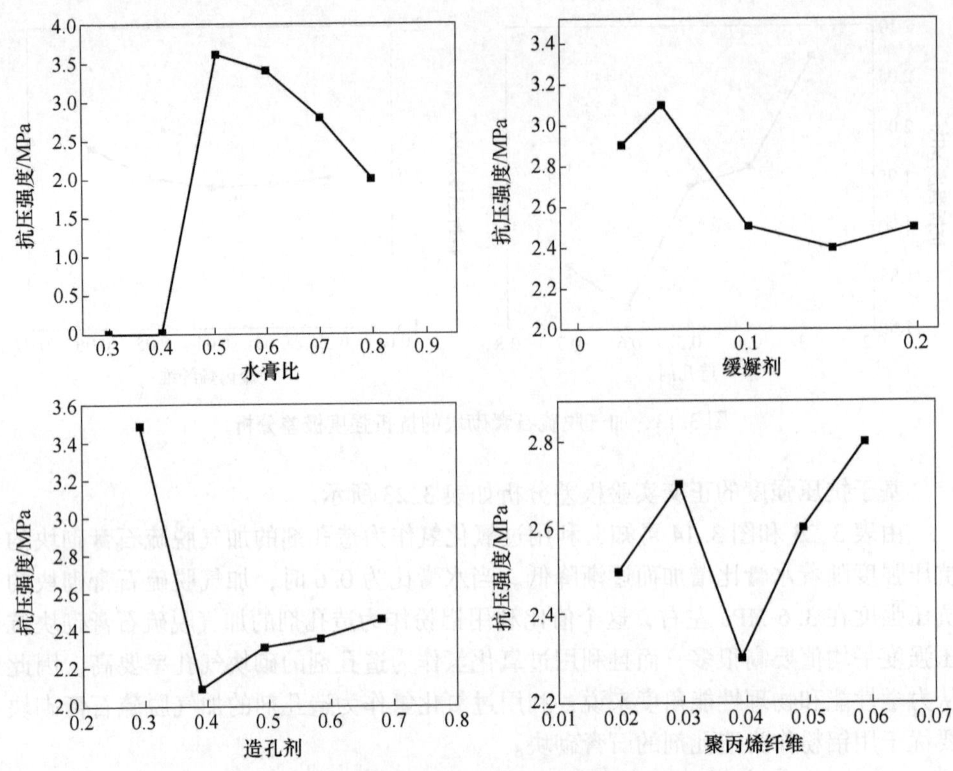

图 3.14 加气脱硫石膏砌块的抗压强度极差分析

表 3.24 基于抗折强度的方差分析

方差来源	离差平方和	自由度	方差	F	显著性
水膏比	18.94	3	4.73	2.894	*
缓凝剂	0.65	3	0.16	1.135	—
造孔剂	1.11	3	0.28	2.741	*
聚丙烯纤维	0.68	3	0.17	1.658	—
误差 e_1	0.87	3	0.22	—	—
误差 e_2	0.58	3	0.14	—	—
误差 e_Δ	3.90	20	0.19	—	—
总和	26.74	44	—	—	—

由方差分析结果可以看出，水膏比和造孔剂对抗折强度的影响高度显著，缓凝剂、聚丙烯纤维对抗折强度的影响不显著，通过分析水膏比优选为 0.60。

根据抗压强度实验结果，进行显著性检验，列出方差分析，见表 3.25。

表 3.25 基于抗压强度的方差分析

方差来源	离差平方和	自由度	方差比	F	显著性
水膏比	41.22	3	10.30	4.369	*
缓凝剂	1.53	3	0.38	1.542	—
造孔剂	5.50	3	1.38	4.155	*
聚丙烯纤维	2.05	3	0.51	2.046	—
误差 e_1	4.09	3	1.02	—	—
误差 e_2	1.89	3	0.47	—	—
误差 e_Δ	9.57	16	0.60	—	—
总和	65.86	40	—	—	—

基于抗压强度的方差分析结果同样可以看出，各因素对抗压强度影响的主次顺序为水膏比 > 造孔剂 > 聚丙烯纤维 > 缓凝剂。

3.2.2.3 *确定最优实验参数*

以实验过程中建筑脱硫石膏浆体的工作性作为评判依据，水膏比选择 0.60，对于不显著因素可进一步通过极差分析而定，如表 3.26 所示。

表 3.26 极差分析

编号	抗折强度极差分析			抗压强度极差分析		
	缓凝剂	造孔剂	聚丙烯纤维	缓凝剂	造孔剂	聚丙烯纤维
K_1	1.98	2.08	1.94	2.92	3.33	2.58
K_2	1.97	1.96	1.86	3.13	2.25	2.81
K_3	1.93	1.94	1.73	2.56	2.50	2.36
K_4	1.87	1.84	2.02	2.38	2.57	2.80
K_5	1.95	1.85	2.11	2.66	2.78	3.05
极差 R	0.11	0.24	0.38	0.75	1.08	0.68

由表 3.26 可知，缓凝剂、造孔剂、聚丙烯纤维 3 个因素对加气脱硫石膏砌块的抗压强度、抗折强度的影响如下：

抗折强度，聚丙烯纤维 > 造孔剂 > 缓凝剂；

抗压强度，造孔剂 > 缓凝剂 > 聚丙烯纤维。

结合图 3.13 和图 3.14 可以看出，随着单因素的掺量变化，加气脱硫石膏砌块的力学性能都呈不同变化趋势。随着水膏比值的不断增加，砌块的抗折强度和抗压强度值先增加后减小。水膏比在 0.6 或者 0.7 时，砌块的力学性能最优。随着缓凝剂掺量的增加，砌块的抗折强度和抗压强度表现出不同的变化趋势，抗折强度先减小后大幅增加，而抗压强度先小幅增加，然后逐渐降低。造孔剂对于多孔材料的力学性能影响较大，随着造孔剂掺量的增加，砌块的力学性能先大幅降低，而后处于平稳状态，这可能是由于造孔剂掺量过大，会导致小气泡结合变成大气泡，然后逸出砌块，导致砌块的实际气孔率不高。随着聚丙烯纤维掺量的提高，砌块的抗折强度和抗压强度表现出不一样的变化趋势。抗折强度保持着稳定状态，其值在 2.05 MPa 左右，而抗压强度表现为先小幅增加，然后大幅降低，最后又稳步增加，直至抗压强度达到 2.82 MPa，这说明在不降低砌块强度的前提下，掺加聚丙烯纤维对砌块韧性起着较好的作用。因此，以缓凝剂、造孔剂、水膏比、聚丙烯纤维作为影响因素，加气脱硫石膏砌块的抗压强度最优配合比为水膏比 0.6、缓凝剂 0.06%、聚丙烯纤维 0.06%、造孔剂 0.3%。抗折强度最优配合比为水膏比 0.6、缓凝剂 0.02%、聚丙烯纤维 0.06%、造孔剂 0.3%。

3.2.3 轻质脱硫石膏基复合材料的微观结构

根据上节结果分析确定在设计组中选取力学性能较好的试样进行微观分析。第 11 组、第 12 组、第 13 组、第 15 组和第 18 组的抗折强度均高于 2 MPa，抗压强度均高于 3 MPa。根据方差分析结果选用水膏比为 0.6 和 0.7 的试样进行扫描电镜分析。优选的加气脱硫石膏砌块的宏观孔结构、晶体形貌和微观形貌如图 3.15 所示。

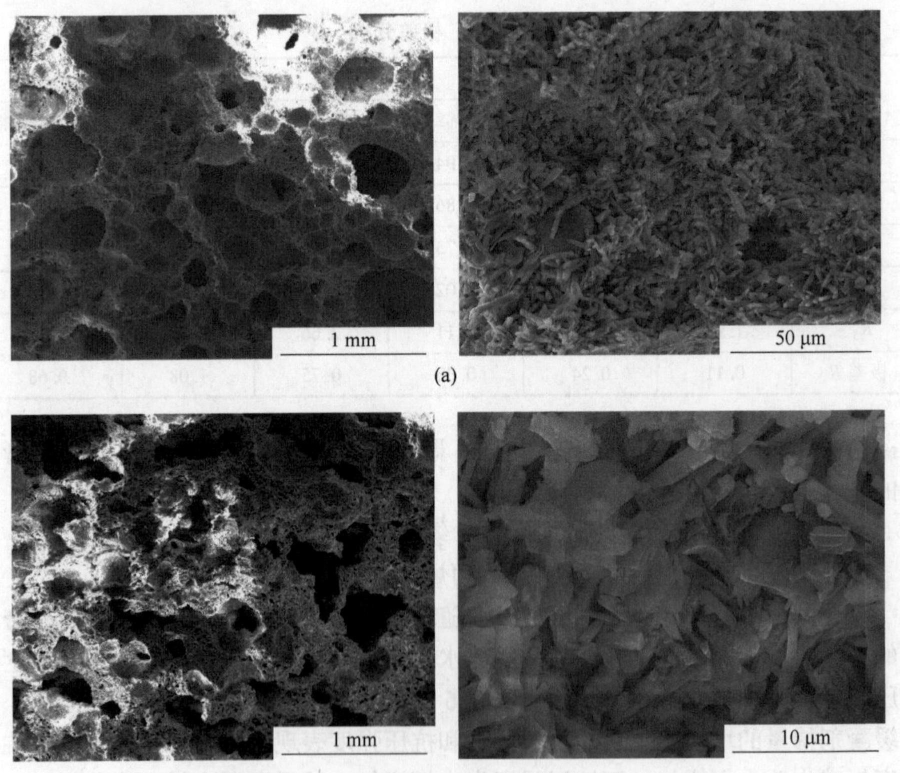

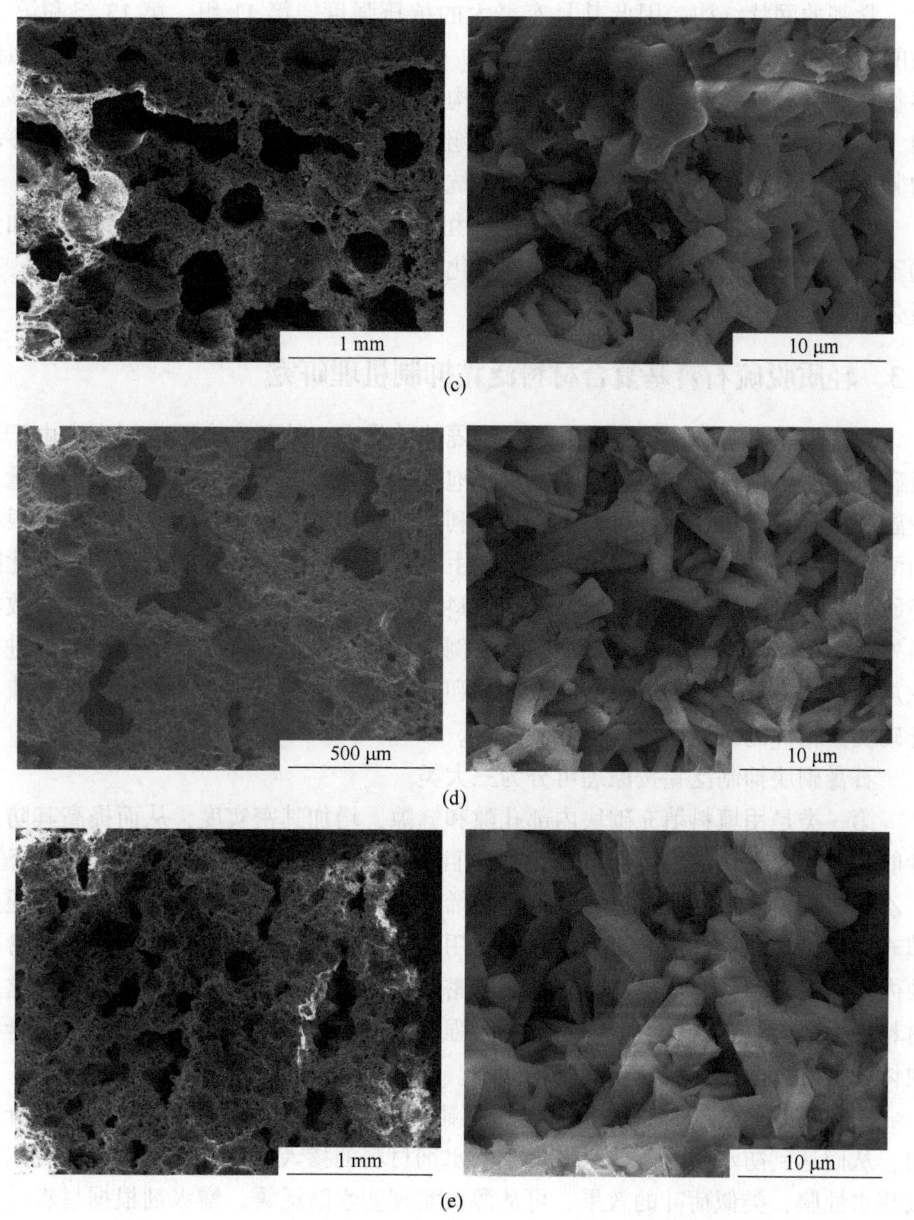

(c)

(d)

(e)

图 3.15 加气脱硫石膏砌块的宏观孔结构、晶体形貌和微观形貌

(a) 第 11 组；(b) 第 12 组；(c) 第 13 组；(d) 第 15 组；(e) 第 18 组

由于缓凝剂、造孔剂、聚丙烯纤维掺量的不同，所得到的脱硫石膏砌块的断面扫描电镜结果不同。从图 3.15 中可以看出，第 12 组试样断面的晶体结构最为紧密，其晶体结构主要为长柱状、针状，且晶体间结合紧密、牢固，呈现出均

匀、紧密的网状结构，因此其具有最大的抗压强度。第 11 组、第 13 组和第 14 组的断面晶体结构主要为针状、长柱状，多为不规则形状，总体断面呈现类似海绵状，其具有最大的抗折强度，晶体结构排列较为结实紧密，但网状结构不够均匀，其抗压强度低于第 12 组。而第 15 组和第 18 组试样的晶体结构排列不够均匀紧密，网状结构中存在空隙，因此其抗压强度、抗折强度均小于其他试样。

由扫描电镜图可以看出，各试样间由于缓凝剂、造孔剂、聚丙烯纤维掺加量的不同，其晶体结构与网状结构发生变化，从而对脱硫石膏砌块的抗压强度、抗折强度产生影响。

3.3 轻质脱硫石膏基复合材料泛霜抑制机理研究

石膏砌块具有防火、隔声、保温、隔热的优点，然而在实际应用中，由于石膏砌块的防水性能较差，在受潮或水浸泡之后，其强度会大大降低，导致大量工业副产品石膏无法在墙体材料上大规模利用。对于加气石膏砌块更是如此，根据前两章的研究结果，加气脱硫石膏砌块由于含有大量的宏观孔和微观孔，因此除了研究其防水性能外，还要研究多孔材料在逸出大量水分后易造成泛霜，导致材料外观受损，且影响后期施工的问题。例如在加气脱硫石膏砌块墙体材料上进行抹灰施工，如果有泛霜现象会导致基材和抹灰层无法黏结。为此，对加气脱硫石膏砌块泛霜抑制机理研究显得十分必要。

石膏砌块抑制泛霜按原理可分为三大类。

第一类是用填料填充砌块内部孔隙和缝隙，增加其密实度，从而提高其防水性能，但石膏砌块的容重会有所增加。目前可作为这种用途的填料有高炉矿渣、三乙醇胺、粉煤灰、矾石、石灰、聚乙烯醇、硼酸盐、硅藻土等，它们都是通过填充作用堵塞孔隙；还有一种填料是利用自身水化后产生膨胀，从而堵塞石膏砌块内部原有孔隙，以此提高石膏砌块的密实度，最终达到防水防泛霜目的。这种材料能提高部分石膏砌块的防水性能、强度和硬度，但使用同样存在致使石膏砌块体积密度增大，影响其功能性的问题。

第二类是通过掺加憎水剂材料，在砌块孔隙内表面形成薄膜，防止水分进出，从而达到防水防泛霜效果。由于憎水剂材料的掺入可在石膏表面形成疏水性或疏水性膜，类似荷叶的效果，可从源头实现防水防泛霜。憎水剂根据材料的不同，可分为以下两种：第一种是硬脂酸类，其作用机理是在石膏砌块内部气孔内形成一层膜，切断石膏砌块内部水分的渗透，从而实现防水防泛霜效果；第二种是含氢硅油，其自身或相互反应在砌块孔隙表面形成一层疏水膜，这种膜具有良好的防水性能，使砌块软化系数提高。但同时这种材料的缺点也很明显，如与缓凝剂复配，将大大降低石膏砌块的强度，特别是断裂载荷，虽然石膏砌块不作为承重材料，但其自身强度也必须满足相应的使用标准。

第三类是在石膏砌块产品表面直接涂抹配制好的涂料，以形成致密的防水膜，从而达到防水防泛霜的目的。常用有丙烯酸系列防水涂料和有机硅防水涂料。这些防水涂料在石膏砌块表面涂层厚度有一定的要求，所以对涂料的需求量会比较大，导致成本也会比较高。此外与前两类不同的是，在这种方式下，石膏砌块表面一旦破坏，其将完全丧失防水效果。因此这种在砌块成型或工程施工完成后，在砌块表面涂抹防水涂层的做法，不仅经济性不好，其防水性能也一般。

综上所述，在脱硫石膏砌块制备过程中掺加防水防泛霜剂，使砌块内多余水分在制备过程中就能通过砌块内部孔隙排出，减少砌块内部含水量，避免后期干燥过程中出现大量水分蒸发带出可溶性盐的现象，这是抑制脱硫石膏砌块泛霜的重要手段。本实验采用外掺法在脱硫建筑石膏浆体中添加防水防泛霜剂，研究其抑制泛霜机理。建筑脱硫石膏等原料采用前一章最优配比，添加复合防水剂（自制）、硅丙乳液、甲基硅酸钠三种防水防泛霜剂制备脱硫石膏砌块，观察其抑制泛霜效果，防水剂种类及掺量见表 3.27，其中三种防水剂的掺量为前期实验确定的最佳掺量。利用 JC2000D3X 全回转接触角测量仪，采用三点法测量了试块的静态接触角。利用红外光谱分析了石膏产物官能团的变化。制成尺寸为 4 mm × 4 mm × 20 mm 的试样，在 40 ℃真空烘箱中干燥 48 h 至恒重，观察其微观形貌。

表 3.27 防水剂种类及掺量

组别	掺量（质量分数）/%	品牌
1	0.1	复合防水剂
2	0.5	硅丙乳液
3	0.3	甲基硅酸钠

图 3.16 是掺加不同防水防泛霜剂的加气脱硫石膏块接触角示意图。

(a)

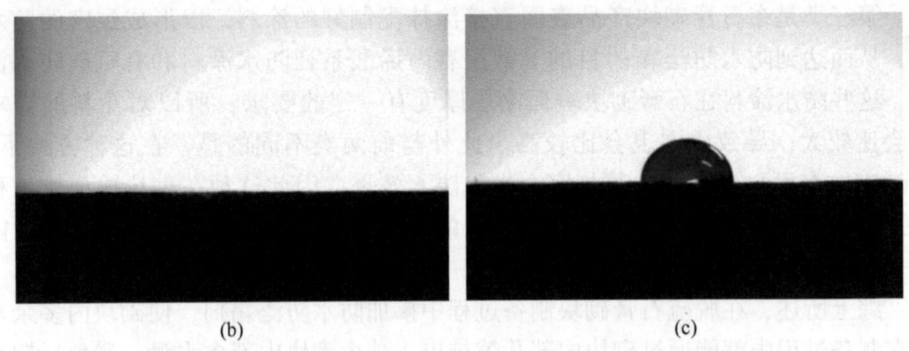

图 3.16 掺加不同防水防泛霜剂的加气脱硫石膏块接触角示意图
（a）第 1 组；（b）第 2 组；（c）第 3 组

由图 3.16 可知，利用自制的 GCFSJ 作为防水防泛霜剂的石膏砌块接触角最大，其值为 113°，其次是甲基硅酸钠防水防泛霜剂，石膏砌块的接触角为 62°，而硅丙乳液作为防水防泛霜剂对应的石膏砌块接触角为 0°，由此可知以其作为防水剂的加气脱硫石膏砌块防水性能差，这是因为石膏砌块理论水膏比为 0.18，而实验中为了保证和易性，增加了水膏比，石膏砌块硬化后多余水分在石膏砌块干燥过程中蒸发，留下大量孔隙，这些毛细孔的存在，致使砌块与水接触时，会使水渗入石膏砌块内部。在图 3.16（c）中，加气脱硫石膏砌块有一定的防水效果，但整体表面未能形成完整的疏水膜，因此没有达到最佳的防水效果，只是具有一定的疏水效果。从图 3.16（a）可以看出，加气脱硫石膏砌块的接触角达到 90°以上，表明自制的 GCFSJ 防水防泛霜剂效果最好。虽然 GCFSJ 防水防泛霜剂的掺量很小，只有 0.1%，但是在石膏浆体硬化后，其在砌块内外孔壁上能够形成完整的防水膜，说明石膏砌块表面不仅防水，而且憎水，可以形成小液滴。

图 3.17 为掺加不同防水防泛霜剂的加气脱硫石膏砌块的红外光谱。

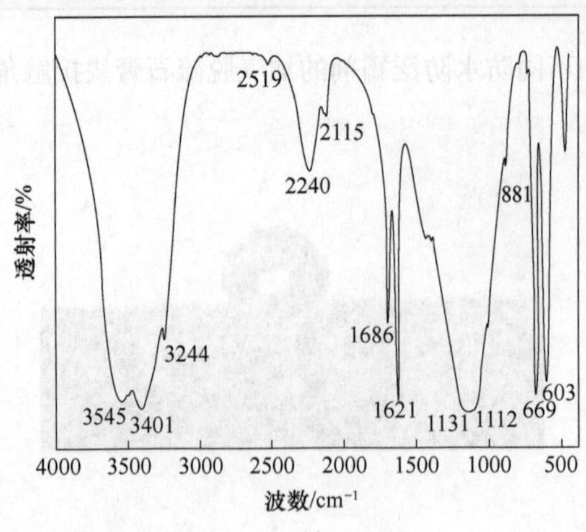

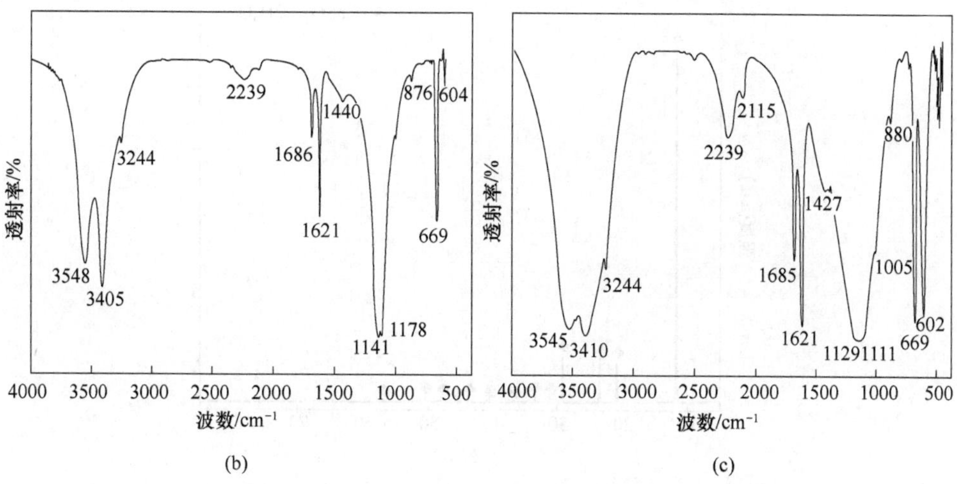

图 3.17　掺加不同防水防泛霜剂的加气脱硫石膏砌块的红外光谱
（a）第 1 组；（b）第 2 组；（c）第 3 组

由图 3.17 可知，1131 cm^{-1}、669 cm^{-1}、603 cm^{-1} 附近处的相应特征吸收峰是二水化合物的特征吸收峰。2240 cm^{-1} 和 2115 cm^{-1} 附近处的特征吸收峰可能是 C—H 伸缩振动，即甲基—CH_3 和亚甲基—CH_2；在 2519 cm^{-1} 附近处的特征吸收峰可能是晶体的拉伸振动，2240 cm^{-1} 和 2115 cm^{-1} 附近处的特征吸收峰可能是 S—O 拉伸振动。1686 cm^{-1} 和 1621 cm^{-1} 附近处的特征吸收峰可能是 C ═O 伸缩振动；1440 cm^{-1} 附近处的特征吸收峰可能是 Si—CH_2 振动；1112 cm^{-1} 附近处的特征吸收峰可能是 Si—O 拉伸振动；881 cm^{-1} 附近处的特征吸收峰可能是硅碳单键伸缩振动。

由图 3.17 还可以看出，第 2 组同第 1 组和第 3 组的红外光谱图不尽相同，这可能是硅丙乳液在石膏砌块微孔结构表面形成的官能团不同，这些官能团没有起到很好的防水作用，从而导致加气脱硫石膏砌块表面不防水。第 1 组和第 3 组的红外光谱图其实也有细微差别，比如由 3000～2825 cm^{-1} 的特征峰可以看出，利用自制 GCFSJ 作为防水防泛霜剂的加气脱硫石膏砌块有较高 C—H 伸缩振动的特征吸收峰，这也解释了其接触角大的原因。

图 3.18 为加气脱硫石膏砌块的 XRD 图谱。

由图 3.18 可知，掺加不同防水防泛霜剂的加气脱硫石膏砌块主要物相组成为二水硫酸钙。这说明掺加不同防水防泛霜剂脱硫建筑石膏浆体在水化硬化过程中主要化学反应仍是半水硫酸钙与水结合生成二水硫酸钙，而防水防泛霜剂没有与原材料发生化学反应。

图 3.19 为掺加三种防水防泛霜剂加气脱硫石膏砌块的微观形貌。

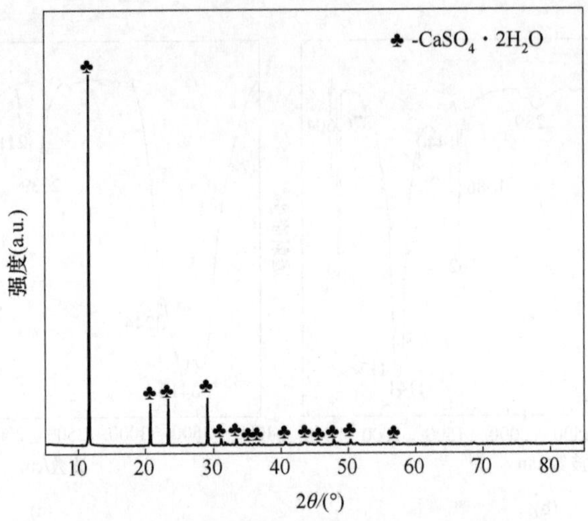

图 3.18 加气脱硫石膏砌块的 XRD 图谱

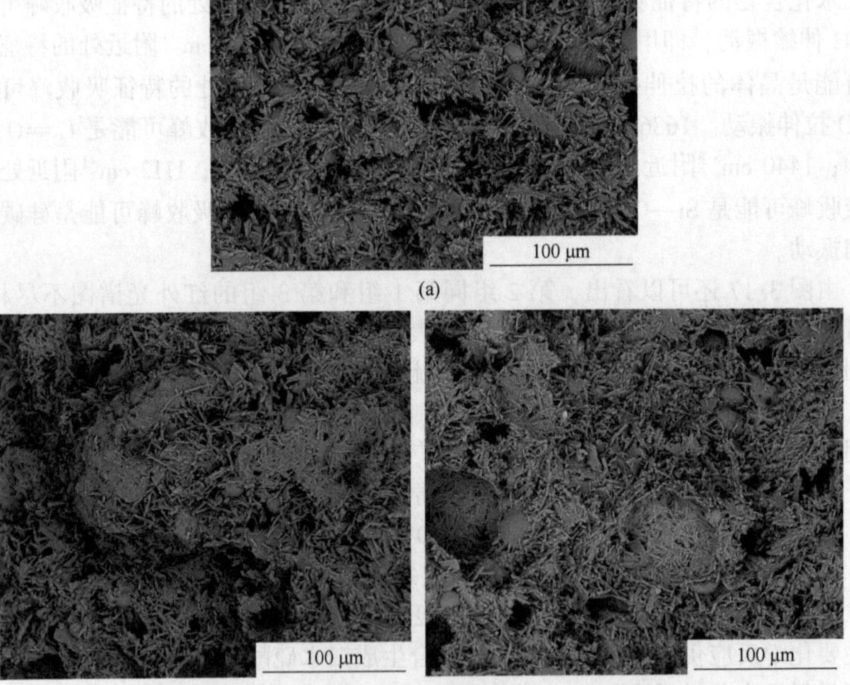

图 3.19 掺加三种防水防泛霜剂加气脱硫石膏砌块的微观结构

(a) 第 1 组；(b) 第 2 组；(c) 第 3 组

由图3.19（a）可以看出，掺加0.1%自制防水防泛霜剂的加气脱硫石膏砌块，其中有许多细棒状晶体和碎片，这是因为GCFSJ添加剂的掺入会随机附着在建筑脱硫石膏晶体的表面，抑制晶体生长，由于其掺量较少，只能附着在建筑脱硫石膏晶体两端或者侧面，不能完全包裹脱硫建筑石膏晶体，因此导致晶体会向其他方向生长，从而使水化硬化生成的二水硫酸钙变为细小且密集的短棒状结构，所以砌块结构显得比较致密。

由图3.19（b）可以看出，当硅丙乳液掺量为0.5%时，加气脱硫石膏砌块中晶形发生较大变化，大量的脱硫石膏晶体结构受到破坏，大多呈碎屑状或针状。这可能是由于硅丙乳液防水防泛霜剂不均匀附着在脱硫石膏晶体表面，抑制了正常晶型的生成，使得脱硫石膏晶体长径比较大，因此导致砌块微观结构不致密。

由图3.19（c）可以看出，加气脱硫石膏砌块晶体排列紧密且细小，而且排列紧凑。这可能是由于防水剂甲基硅酸钠掺入后会吸附在石膏晶体表面，在晶体逐渐长大的过程中阻止了晶体某一方向的生长，改变了石膏的晶体结构，使原来松散且长径比较大的石膏晶体变成长径比较小的晶体，且排列密实。

掺入不同种类防水防泛霜剂后砌块表面的滴水现象和防水能力，如图3.20所示。从图中可以发现GCFSL防水剂的性能较好。在实验过程中加气脱硫石膏砌块有大量的水分排出，水分排出的同时带出可溶性盐类物质，从而抑制了石膏砌块后期泛霜现象出现。从右图可以清楚地看到水滴在脱硫石膏砌块表面形成完美的荷叶效果，因此砌块具有很好的防水性能。

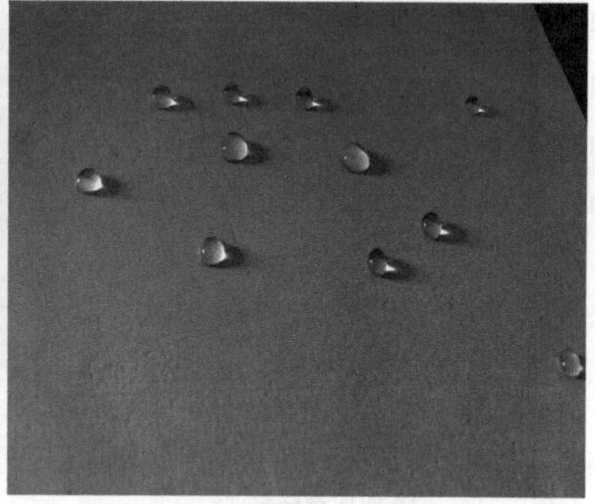

图3.20　掺入防水剂后砌块的滴水现象和防水能力

4 耐水型脱硫石膏基复合材料性能研究

4.1 有机防水剂对脱硫石膏砌块性能的影响

为了提高脱硫石膏砌块的防水性能，研究了掺加不同种有机防水剂对脱硫石膏砌块性能的影响。如果有机防水剂的种类和掺量选择得当，可以达到砌块容重不增加、强度不降低、耐水性大幅度提高的目的。有机防水剂是建筑材料中常用的成膜性防水剂，成效显著，使用方便，因此本章选择不同种类有机防水剂作为脱硫石膏砌块耐水性提升外加剂，系统研究内掺不同种有机防水剂的掺量对脱硫石膏砌块强度、表面接触角、吸水率和软化系数的影响，并采用红外光谱及扫描电镜分析探讨内掺有机防水剂对砌块性能的影响机理。

4.1.1 有机防水剂对脱硫石膏砌块力学性能的影响

不同掺量的丙烯酸丁酯（butyl acrylate）、甲基萘（methylnaphthalen）、苯乙烯（styrene）、间二甲苯（m-xylene）对脱硫石膏砌块抗压强度和抗折强度的影响结果如图 4.1 所示。

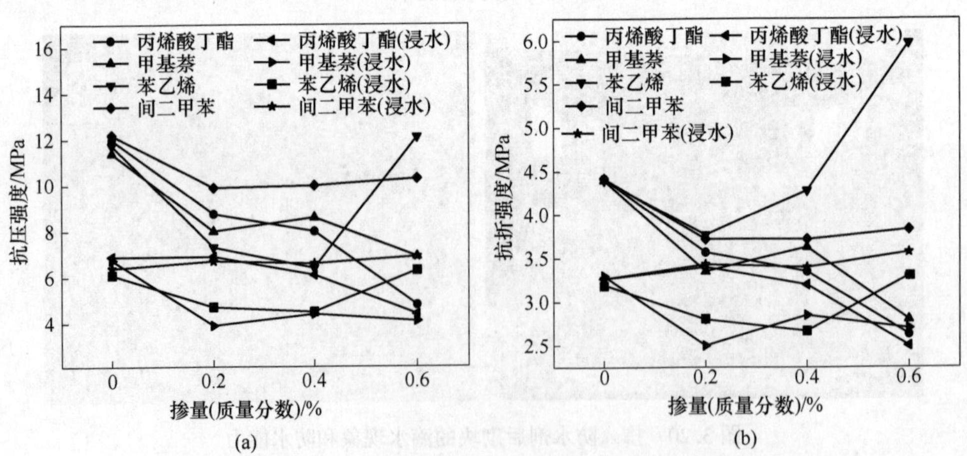

图 4.1 不同掺量的丙烯酸丁酯、甲基萘、苯乙烯、间二甲苯对脱硫石膏砌块的 7 d 抗压强度和抗折强度的影响

（a）抗压强度；（b）抗折强度

由图 4.1 可知，当脱硫石膏砌块浸入水后，其抗压强度和抗折强度显著降

低，这是因为脱硫石膏长期在潮湿环境中，内部晶体粒子间结晶接触点的溶解所造成的。根据核磁共振和红外光谱分析，二水石膏中结晶水至少由两种结合方式组成，即结构水和沸石水。一般二水石膏转化成半水石膏时，脱去的水叫作结构水，而沸石水在半水石膏转化为硬石膏时才能脱去，因此半水石膏的形成和这两种水的比例有关。而在二水石膏转化成半水石膏时，离子间形成错层，从而得知半水石膏中有直径约 0.3 nm 的水沟成为水分子通道，这是半水石膏比较容易水化的原因。

由图 4.1 可知，对于未浸水的石膏砌块，当丙烯酸丁酯掺量在 0~0.6%时，脱硫石膏砌块抗压和抗折强度显著降低，这说明丙烯酸影响了石膏砌块的正常水化生长，随着掺量的增加，影响程度越剧烈。当甲基萘掺量在 0~0.6%时，随着掺量的增加，脱硫石膏砌块抗压和抗折强度表现为强度逐渐降低，这是因为加入的甲基萘后会使石膏出现缓凝现象，一段时间内石膏不能正常初凝，这影响了石膏正常水化。当苯乙烯掺量在 0~0.4%时，随着掺量的增加，脱硫石膏砌块抗压强度表现为强度逐渐降低；掺量在 0.4%~0.6%时，随着掺量的增加，脱硫石膏砌块抗压强度表现为强度逐渐增强。当苯乙烯掺量在 0~0.2%时，随着掺量的增加，脱硫石膏砌块抗折强度表现为强度稍有降低；掺量在 0.2%~0.6%时，随着掺量的增加，脱硫石膏砌块抗压强度表现为强度明显增强。这说明少量的苯乙烯会影响石膏砌块强度，当掺量达到一定情况时，苯乙烯会促进石膏砌块强度。间二甲苯掺量在 0~0.6%时，脱硫石膏砌块抗压和抗折强度显著降低，证明了间二甲苯会损害石膏砌块强度。对于浸水的石膏砌块来说，当丙烯酸丁酯和间二甲苯掺量在 0~0.6%时，随着掺量的增加，脱硫石膏砌块抗折和抗压强度基本不变，甚至会稍稍增强。当甲基萘和苯乙烯掺量在 0~0.6%时，随着掺量的增加，脱硫石膏砌块抗折和抗压强度降低。综上所述，对于四种外加剂来说，只有间二甲苯可以增强石膏砌块强度，丙烯酸丁酯对石膏砌块强度影响不大，说明这两种外加剂能很好地与石膏结合，从而增强石膏砌块强度；而甲基萘和苯乙烯则会损害石膏砌块强度，通过影响石膏的正常水化来破坏石膏晶型的生长和成型，从而影响石膏砌块强度。

不同掺量的二甲基硅油、甲基硅酸钠和聚甲基氢硅氧烷对脱硫石膏砌块抗压强度和抗折强度的影响结果如图 4.2 所示。由图 4.2（a）（b）可知，对于未浸水的石膏砌块，当二甲基硅油掺量在 0~1.4%时，随着掺量的增加，脱硫石膏砌块抗压强度和抗折强度大幅降低，这是因为二甲基硅油的加入，影响石膏晶体形成结晶接触点，从而影响石膏晶体成型，影响石膏结构，进而影响石膏砌块的强度。当脱硫石膏砌块浸入水后，其抗压强度和抗折强度都显著降低。对于浸水的脱硫石膏砌块，随着二甲基硅油掺量的增加，其抗折抗压强度基本保持不变。

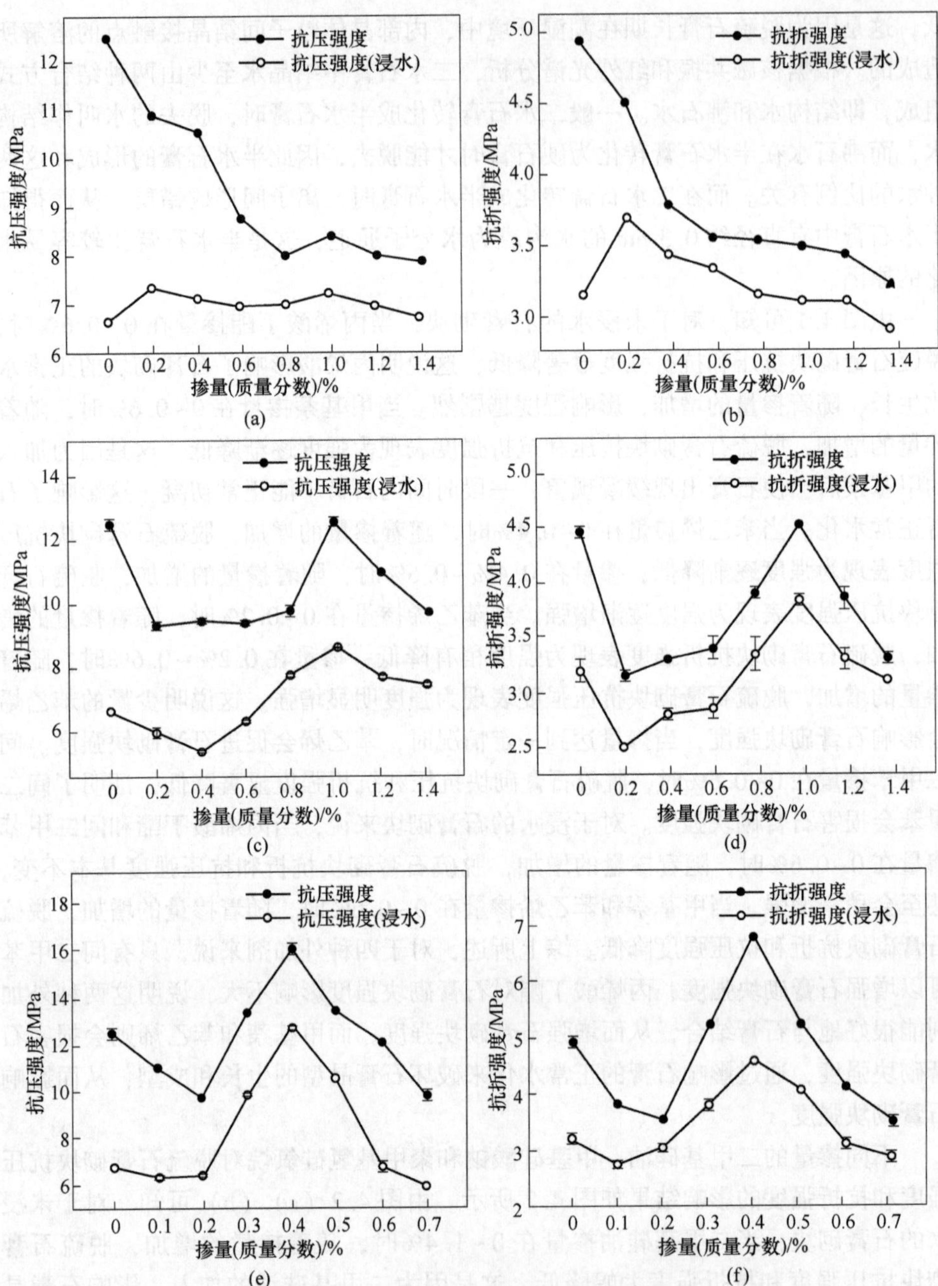

图 4.2 不同掺量的二甲基硅油、甲基硅酸钠和聚甲基氢硅氧烷对脱硫石膏砌块的 7 d 抗压强度和抗折强度的影响

(a) 掺二甲基硅油的试块抗压强度；(b) 掺二甲基硅油的试块抗折强度；(c) 掺甲基硅酸钠的试块抗压强度；(d) 掺甲基硅酸钠的试块抗压强度；(e) 掺聚甲基氢硅氧烷的试块抗压强度 ；(f) 掺聚甲基氢硅氧烷的试块抗压强度

由图4.2（c）（d）可知，对于未浸水的石膏砌块，当甲基硅酸钠掺量在0~0.2%时，脱硫石膏砌块抗压和抗折强度降低，这是由于加入的甲基硅酸钠与水和CO_2反应产生的少量膜附着在石膏晶体表面，影响了石膏晶体的形成和生长；当甲基硅酸钠掺量在0.2%~1.0%时，随着掺量的增加，脱硫石膏砌块抗压强度和抗折强度表现为逐渐增加，这是因为石膏晶体表面能生成的比较完整的膜，对石膏晶体成型影响逐渐减小；当甲基硅酸钠掺量大于1.0%后，随着甲基硅酸钠掺量的增加，反应生成的膜过多，又开始影响石膏晶体成型，从而使砌块强度降低。当脱硫石膏砌块浸入水后，其抗压强度和抗折强度都显著降低，这是由于二水石膏有一定的溶解度（20 ℃时，每1 L水溶解2.05 g $CaSO_4 \cdot 2H_2O$）。当脱硫石膏砌块遇水时，由于二水石膏的溶解，其晶体之间的结合力减弱，从而使其强度降低。特别在流动水作用下，当水通过或沿着石膏砌块表面流动时使石膏溶解并分离，此时的强度降低是无法恢复的。此外，石膏材料的高孔隙和内部微裂缝会增大其内表面吸湿，水膜产生排挤作用，导致各个结晶体结构的微单元被分开，从而使其强度降低。

由图4.2（e）（f）可知，脱硫石膏砌块在水中浸泡后，试块抗压强度和抗折强度急剧降低，因为二水石膏的溶解度很高，当脱硫石膏块遇水时，由于石膏的溶解，结晶体的强度降低，特别是在自来水的作用下，当水流过或沿着石膏制品的表面流动时，石膏溶解分离，强度损失不可恢复。另外，由于石膏体微裂纹内表面的吸湿作用，水膜具有拥挤效应，石膏材料的高气孔率也增加了吸湿效应，因为硬化后的石膏砌块不仅在纯水中失去强度，而且在饱和和过饱和的石膏溶液中也会失去强度。对于未浸水的石膏砌块，不同掺量的聚甲基氢硅氧烷对石膏砌块的强度有很大的影响。当聚甲基氢硅氧烷掺量在0~0.2%时其抗压强度和抗折强度降低。这是由于加入少量聚甲基氢硅氧烷附着在石膏晶体表面，对石膏晶体的形成和生长有很大影响，使石膏晶体的生长不均匀，致使石膏砌块的强度降低；当聚甲基氢硅氧烷掺量在0.3%~0.4%时，抗压和抗折强度随掺量的增加而增强，超过了对照组石膏砌块的强度。这是因为随着掺量的增加，聚甲基氢硅氧烷反应生成的憎水膜数增多，石膏晶体完全被生成的憎水膜所包围，致使石膏晶体结构更加立体完整，从而影响石膏砌块的强度。当聚甲基氢硅氧烷掺量在0.5%~0.7%时，随着掺量的增加，聚甲基氢硅氧烷逐渐趋于饱和甚至过饱和状态，过量的聚甲基氢硅氧烷影响会石膏晶体，从而使石膏砌块抗压强度和抗折强度逐渐降低。

对于几种外加剂对脱硫石膏砌块力学性能的影响，可以明显观察到，有机防水剂已普遍会影响脱硫石膏砌块的强度。只少数防水剂有在合适掺量下才能使其强度不降低或提高。当苯乙烯掺量为0.4%或甲基硅酸钠掺量为1.0%时，脱硫石膏砌块强度与未掺的相比变化不大；当聚甲基氢硅氧烷掺量为0.4%时，脱硫石膏砌块强度大幅增长。几种有机防水剂对脱硫石膏砌块力学性能改善大小为：聚甲基氢硅氧烷 > 苯乙烯 > 甲基硅酸钠 > 其他。

4.1.2 有机防水剂对脱硫石膏砌块防水性能的影响

不同掺量的丙烯酸丁酯（butyl acrylate）、甲基萘（methylnaphthalen）、苯乙烯（styrene）和间二甲苯（m-xylene）对脱硫石膏砌块吸水率和软化系数的影响结果如图 4.3 所示。

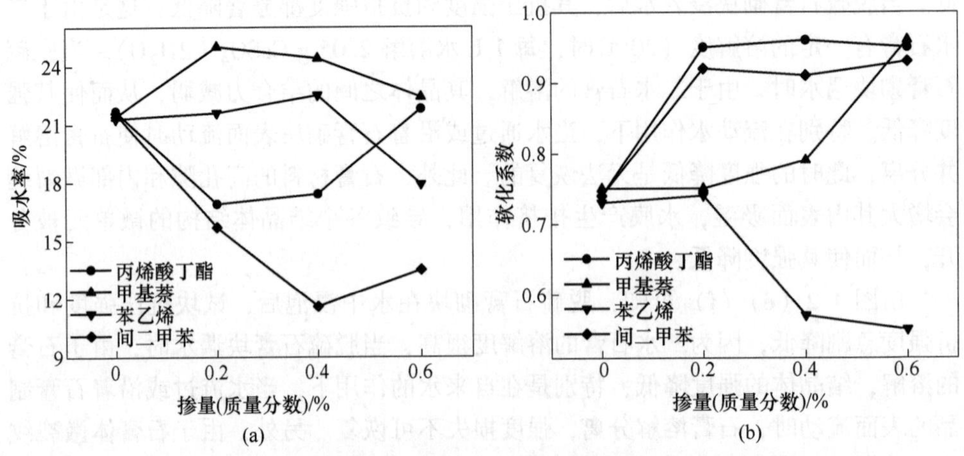

图 4.3 不同掺量的丙烯酸丁酯、甲基萘、苯乙烯、间二甲苯对脱硫石膏砌块吸水率和软化系数的影响

（a）吸水率；（b）软化系数

由图 4.3（a）可知，当丙烯酸丁酯随着掺量的增加，吸水率先降低后增加，说明丙烯酸丁酯掺量不大于 0.2%时，它能更好地结合在石膏砌块周围，起到防水作用，当掺量大于 0.2%时，防水作用逐渐降低。随着甲基萘掺量的增加，脱硫石膏砌块吸水率大幅增加，高于不掺加剂的脱硫石膏砌块，没有起到防水作用。当苯乙烯掺量在 0~0.4%时，脱硫石膏砌块吸水率略微增加，当掺量大于 0.4%后，脱硫石膏砌块吸水率大幅降低，具备一定的防水性。当间二甲苯掺量在 0~0.4%时，脱硫石膏砌块吸水率大幅降低，当掺量大于 0.4%后，脱硫石膏砌块吸水率少有增长，但是远远小于没有掺加试剂的脱硫石膏砌块。说明间二甲苯具备良好的防水性能，能使脱硫石膏砌块吸水率大幅降低，从 21.6%降至 11.6%，防水性大幅提升。

由图 4.3（b）可知，随着丙烯酸、甲基萘和间二甲苯掺量增加，脱硫石膏砌块的软化系数不断增大，其值从 0.7 左右增至 0.95 左右。因为三种试剂的加入，使得未浸水的脱硫石膏砌块强度大幅降低，而浸水后强度变化不大，所以致使软化系数增大。随着苯乙烯掺量的增加，脱硫石膏砌块的软化系数不断减小，这是因为加入苯乙烯增强了未浸水的脱硫石膏砌块强度，而浸水后强度变化不大，使得软化系数不断降低。

不同掺量的二甲基硅油、甲基硅酸钠和聚甲基氢硅氧烷对脱硫石膏砌块吸水率和软化系数的影响结果如图 4.4 所示。由图 4.4（a）可知当掺加二甲基硅油后，脱硫石膏砌块吸水率降低；随着二甲基硅油掺量的增加，脱硫石膏吸水率保持稳定，在 17%左右。证明二甲基硅油对石膏砌块防水性有一定的提升作用。二甲基硅油作为一种表面活性剂，具有亲水键和憎水键，如果能整齐排列，憎水键一致对外，则会有优异的防水性，经对掺加二甲基硅油的石膏砌块做接触角实验后得知，水滴无法在石膏砌块表面形成稳定的接触角，说明石膏砌块表面并没有转变为憎水性，说明二甲基硅油在石膏表面分布不规律，致使部分结合在石膏表面，还可以使水进入石膏砌块内部。但是部分二甲基硅油与石膏砌块结合，降低了石膏砌块的吸水率，提升了其耐水性。由图 4.4（b）可知，随着二甲基硅油掺量增加，脱硫石膏砌块的软化系数不断增大，从 0.65 增至 0.90，并稳定在 0.90 左右，这表明内掺适量二甲基硅油确能有效提高脱硫石膏砌块的耐水性。由图 4.4（c）可知，随着甲基硅酸钠掺量增加，脱硫石膏砌块吸水率先略有增加后大幅度降低。加入少量甲基硅酸钠（不大于 0.2%）时，由于脱硫石膏砌块中没有形成完整的膜，有些水可能顺着膜更快速地进入到石膏内部孔隙，所以吸水率从 20.63%略微增加到 21.85%。当甲基硅酸钠掺量超过 0.2%时，可以在砌块表面和部分内部形成完整的憎水膜，因此其吸水率大幅度降低。当甲基硅酸钠掺量为 1.0%、1.2%和 1.4%时，吸水率分别为 7.93%、3.17%和 3.10%。

由图 4.4（d）可知，随着甲基硅酸钠掺量增加，脱硫石膏砌块的软化系数不断增大，其值从 0.72 增至 0.94。大部分试样的软化系数保持在 0.85 左右，这表明内掺适量甲基硅酸钠确能有效提高脱硫石膏砌块的耐水性。

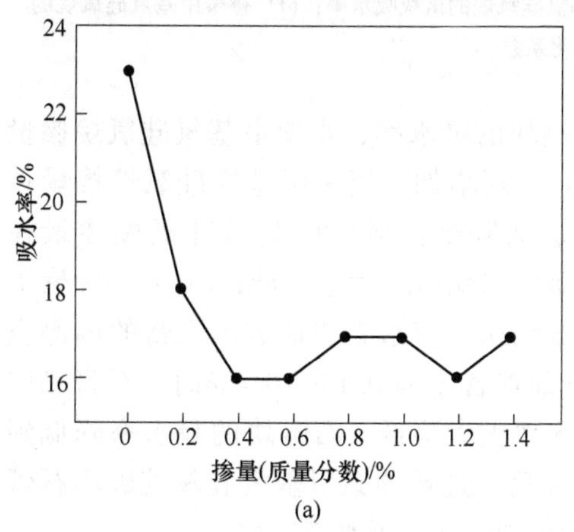

(a)

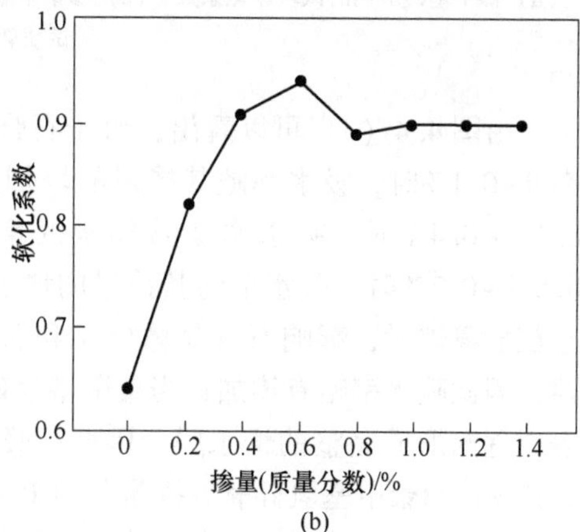

(b)

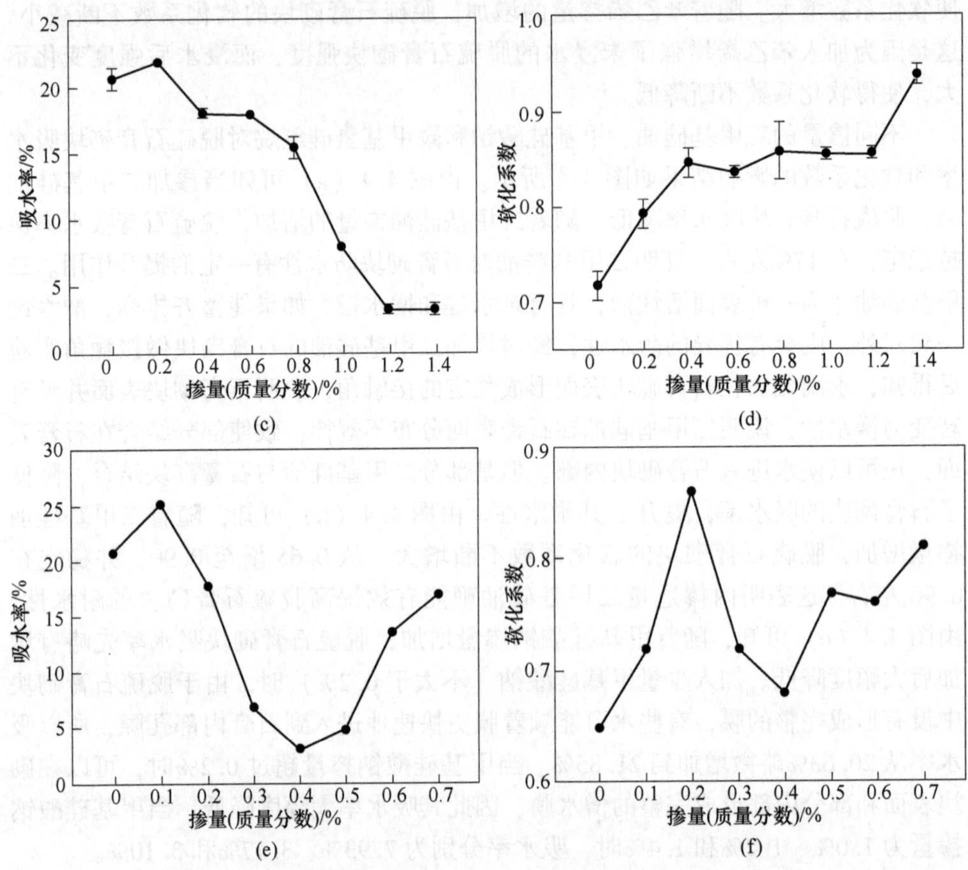

图 4.4 不同掺量的二甲基硅油、甲基硅酸钠和聚甲基氢硅氧烷对脱硫石膏砌块吸水率和软化系数的影响

(a) 掺二甲基硅油的试块吸水率；(b) 掺二甲基硅油的试块软化系数；(c) 掺甲基硅酸钠的试块吸水率；(d) 掺甲基硅酸钠的试块软化系数；(e) 掺聚甲基氢硅氧烷的试块吸水率；(f) 掺聚甲基氢硅氧烷的试块软化系数

由图 4.4（e）可以看出，对于石膏砌块的吸水率，当聚甲基氢硅氧烷掺量在0~0.1%时，吸水率随其掺量的增加而逐渐增加；当聚甲基氢硅氧烷掺量在0.1%~0.4%时，吸水率随其掺量的增加而降低；当聚甲基氢硅氧烷掺量在0.5%~0.7%时，吸水率随其掺量的增加而逐渐增大。因为当加入0~0.1%聚甲基氢硅氧烷时，影响石膏晶体生长和石膏结构，使水更快地进入石膏的内部空隙，因此吸水率略有增加；当聚甲基氢硅氧烷含量为0.1%~0.4%时，石膏晶体表层逐渐形成完整的憎水膜，因此，吸水率大大降低，石膏块的吸水率降低到3.17%；当聚甲基氢硅氧烷掺量超过0.4%后，过量的聚甲基氢硅氧烷破坏石膏的晶体成型和石膏结构，使石膏砌块结构更加疏松，吸水率增加。

根据图 4.4（f），结合其吸水率和强度。当聚甲基氢硅氧烷掺量在 0~0.2%时，软化系数随其掺量的增加而逐渐增大，其原因是少量的聚甲基硅氢氧烷减弱了干燥的石膏砌块的强度，降低了石膏砌块的绝对强度，使软化系数增大。当聚甲基氢硅氧烷掺量在 0.3%~0.4%时，软化系数随其掺量的增加而降低，是因为在该掺量下，聚甲基氢硅氧烷增强了干燥石膏砌块的强度，使软化系数降低，但其强度高于对照组和其他掺量的石膏砌块的强度。当聚甲基氢硅氧烷掺量在 0.5%~0.7%时，软化系数随其掺量的增加而逐渐增大，因为过量聚甲基氢硅氧烷降低了干燥石膏砌块的强度，使软化系数增大。

甲基硅酸钠掺量对脱硫石膏砌块表面接触角的影响结果如图 4.5 所示。

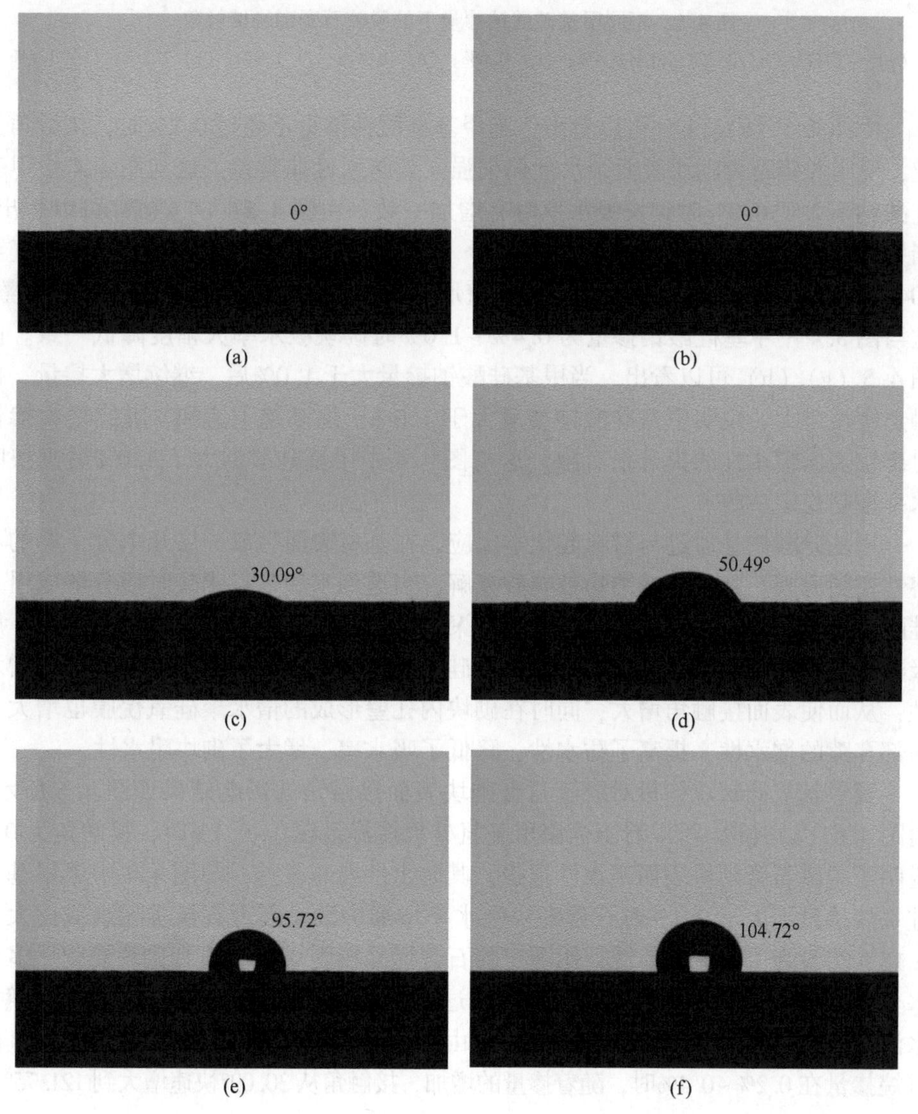

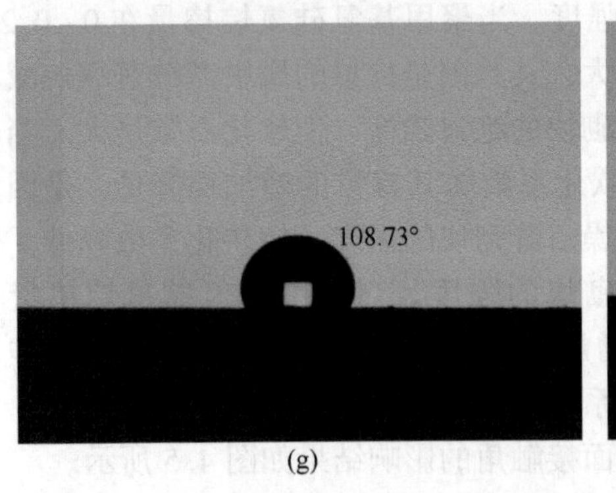

(g)

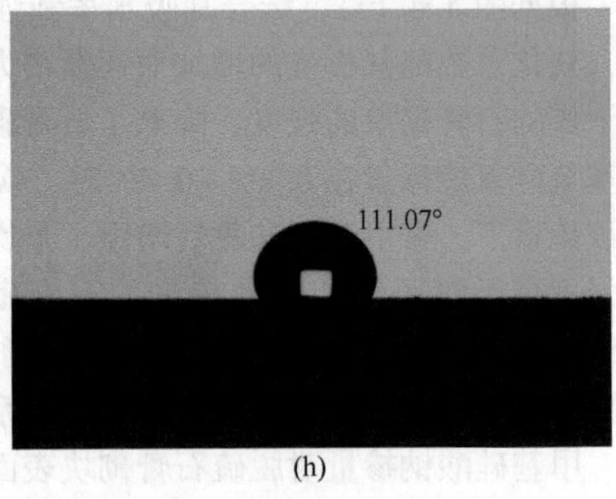

(h)

图 4.5　不同甲基硅酸钠掺量下的脱硫石膏砌块接触角

(a) 空白样；(b) 0.2%；(c) 0.4%；(d) 0.6%；(e) 0.8%；(f) 1.0%；(g) 1.2%；(h) 1.4%

由图 4.5（a）（b）可以看出，当甲基硅酸钠掺量不超过 0.2%时，接触角为 0°，说明脱硫石膏砌块表面亲水性仍很强，其防水性非常差。这与图 4.4 中甲基硅酸钠不大于 0.2%时砌块吸水率略有增加一致。由图 4.5（c）~（f）可以看出，当甲基硅酸钠掺量为 0.4%~1.0%时，随着掺量增加，接触角快速增大直至 104.75°，说明在石膏砌块表面及内孔壁形成的憎水膜由疏至密，逐渐趋于完整。这与图 3.4 中甲基硅酸钠掺量为 0.4%~1.0%时砌块吸水率大幅度降低一致。由图 4.5（g）（h）可以看出，当甲基硅酸钠掺量大于 1.0%后，继续增大掺量，接触角缓慢增大，说明甲基硅酸钠掺量大于 1.0%，逐渐趋于饱和，继续增大掺量对砌块表面憎水性的提升很有限。这与图 4.4 中甲基硅酸钠大于 1.0%后砌块吸水率渐趋稳定一致。

甲基硅酸钠是通过与材料起化学反应，在基材表面生成一层几个分子厚的不溶性树脂薄膜。甲基硅酸钠易被弱酸分解，当遇到水和二氧化碳时便分解成甲基硅酸，并很快聚合生成具有耐水性能的聚甲基硅醚，因此可在基材表面形成一层极薄的可以透气的聚硅氧烷膜，生成的硅氧膜的甲基朝向外面，具有很强的憎水性，从而使表面接触角增大；同时在砌块内孔壁形成的憎水聚硅氧烷膜也增大了内部孔隙的憎水性，提高了防水性，降低了吸水率，增大了砌块耐水性。

聚甲基氢硅氧烷掺量对脱硫石膏砌块表面接触角的影响结果如图 4.6 所示。由图 4.6（a）（b）可以看出当聚甲基氢硅氧烷掺量在 0~0.1%时，接触角为 0°，说明了脱硫石膏砌块表面亲水性很强，其防水性能非常差，与图 4.4 中聚甲基氢硅氧烷掺量不大于 0.1%时石膏砌块吸水率增加一致。因为石膏实际水灰比大于 0.18，实验为了保证和易性，用测定的石膏标准稠度 0.67，石膏砌块硬化后多余水分蒸发，留下大量孔隙，因为这些通过毛细血管和许多毛孔使石膏与水接触，水渗入石膏内部，导致石膏砌块吸水。由图 4.6（c）~（e）可知，当聚甲基氢硅氧烷掺量在 0.2%~0.4%时，随着掺量的增加，接触角从 30.09°快速增大到 121.75°。

(a) (b) (c) (d) (e) (f) (g) (h)

图 4.6 不同聚甲基氢硅氧烷掺量下的脱硫石膏砌块接触角

(a) 空白样；(b) 0.1%；(c) 0.2%；(d) 0.3%；(e) 0.4%；(f) 0.5%；(g) 0.6%；(h) 0.7%

说明聚甲基氢硅氧烷在石膏砌块表面形成的憎水膜由稀疏到密集，逐渐趋于完整。这与图 3.4 中当聚甲基氢硅氧烷掺量在 0.2%~0.4%时砌块吸水率大幅降低一致。

由图 4.6（f）~（h）可知，当聚甲基氢硅氧烷掺量在大于 0.5%时，随着掺量的增加，接触角从 108.01°减小到 89.21°。说明当聚甲基氢硅氧烷掺量在大于 0.5%后，随着掺量的增加，防水效果逐渐降低。过量的聚甲基氢硅氧烷破坏石膏的晶体成型和石膏结构，使石膏砌块结构更加疏松，吸水率增加，防水性下降，但是优于空白样石膏砌块的防水性。这与图 4.4 中当聚甲基氢硅氧烷掺量在 0.5%~0.7%时砌块吸水率大幅降低一致。

聚甲基氢硅氧烷是一种表面活性剂，它在盐类催化作用下，低温就可以反应成膜，在砌块表面生成一层防水膜。防水原理是，聚甲基氢硅氧烷中硅氢键，在催化剂作用下，与砌块中羟基或者附着在表面的水作用，在氢键处聚合起来，形成一层防水膜。

有机防水剂对脱硫石膏砌块表面憎水性改善大小为：聚甲基氢硅氧烷 > 甲基硅酸钠 > 其他有机防水剂。

4.1.3 有机防水剂对脱硫石膏砌块微观结构的影响

进一步对上述两种防水性能和力学性能优异的防水剂甲基硅酸钠和聚甲基氢硅氧烷进行研究。未掺和掺有 1.0%甲基硅酸钠的脱硫石膏砌块的红外光谱图像如图 4.7 所示。

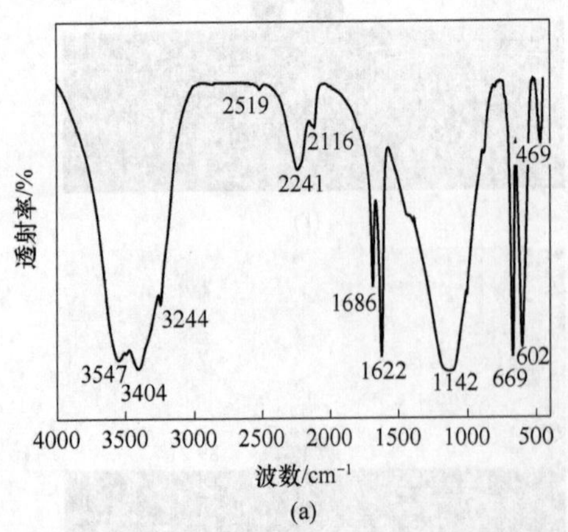

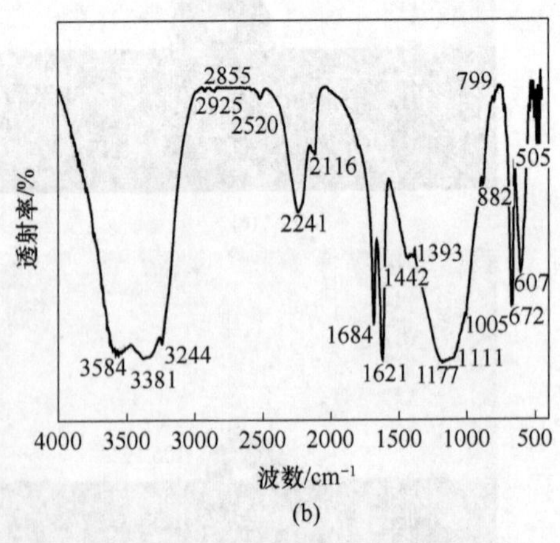

图 4.7 未掺加甲基硅酸钠（a）和掺加 1.0%甲基硅酸钠（b）的脱硫石膏砌块红外光谱图

由图 4.7 可以看出，未掺甲基硅酸钠的脱硫石膏砌块在 1142 cm^{-1}、669 cm^{-1}、602 cm^{-1}、469 cm^{-1}处均对应有二水石膏的特征峰。但掺有甲基硅酸钠的脱硫石膏砌块在 2925 cm^{-1}和 2855 cm^{-1}处有 C—H 伸缩振动，此为—CH_3 和

—CH_2 特征峰；在 2241 cm^{-1} 和 2116 cm^{-1} 处有 S—O 伸缩振动特征峰；在 672 cm^{-1}和 1621 cm^{-1}处有 C═O 伸缩振动特征峰；在 1442 cm^{-1}和 1393 cm^{-1}处有 Si—CH_2 伸缩振动特征峰；在 1111 cm^{-1}和 1005 cm^{-1}处有 Si—O 伸缩振动特征峰；在 882 cm^{-1}处有 Si—C 伸缩振动特征峰。

上述特征峰表明，甲基硅酸钠掺入石膏中后，与水和 CO_2 反应，生成了聚硅氧烷膜，该膜具有向外的—CH_3 结构，因而具有很强的憎水作用。同时，—CH_3 排列在 Si—O 键连接生成的膜的外表面，而 Si—O 键键能很高（422.5 kJ/mol），是 Si 与众多键相连的过程中最稳定的一个，Si—O 键使憎水膜能够牢固地吸附在砌块表面和内孔壁上，达到长期防水的目的。由于膜的生成是由甲基硅酸钠与 CO_2 和 H_2O 充分接触反应生成的，随着甲基硅酸钠掺量的增加而增加，膜生成得也更加完整，这和图 4.4 中软化系数和图 4.5 中接触角的变化规律相一致。

不同掺量的甲基硅酸钠对脱硫石膏砌块微观形貌的影响结果如图 4.8 所示。

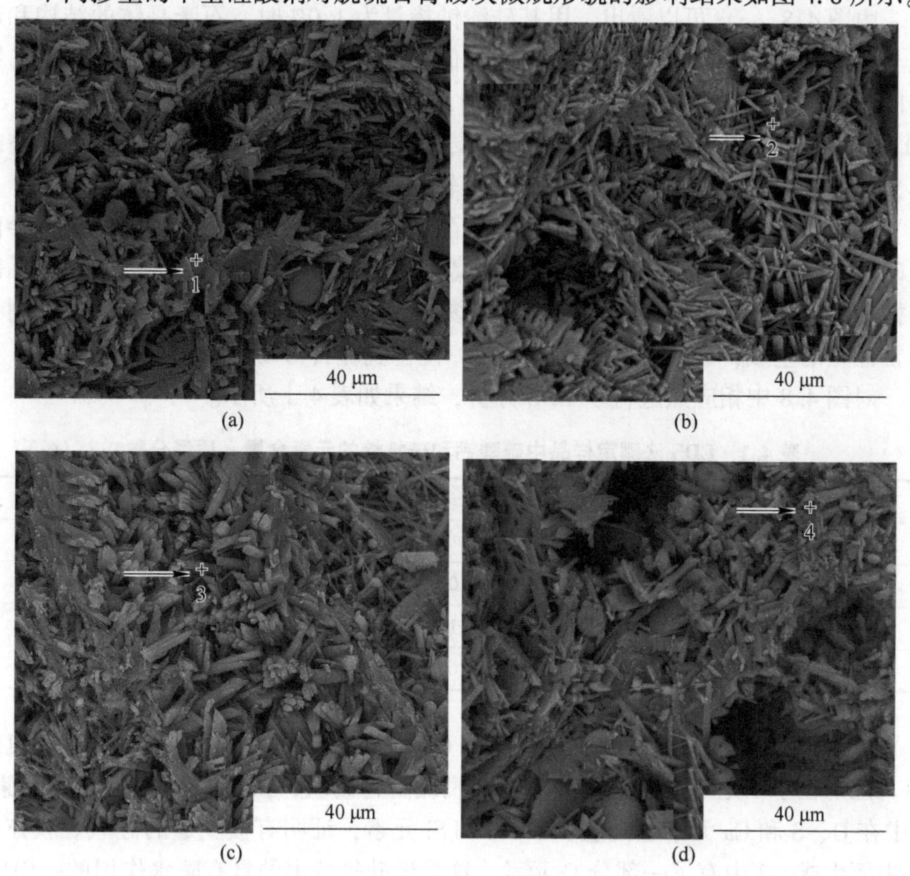

图 4.8 不同甲基硅酸钠掺量条件下脱硫石膏砌块的微观形貌

(a) 空白样；(b) 0.4%；(c) 1.0%；(d) 1.4%

由图 4.8（a）可以看出，未掺甲基硅酸钠的脱硫石膏砌块，二水石膏晶体变得更短、更细且有少量片状晶体，它们聚集成簇状无规则交叉搭接。石膏强度和短棒搭接顺序有关，搭接密实程度越好，石膏强度越高。但石膏晶体搭接过程中，会形成大量的孔隙，导致外界水分容易进入石膏内部破坏石膏结晶接触点，从而使石膏砌块微观结构变差，耐水性降低。

由图 4.8（b）可以看出，掺有 0.4%甲基硅酸钠的脱硫石膏砌块，其中更多的短棒状晶体变成更短或者更多的碎片，这是因为甲基硅酸钠的加入会随机附着在石膏晶体外表面，抑制晶体生长，由于加入的甲基硅酸钠量非常少，只能附着在晶体两端或者侧面，不能完全包裹住晶体，晶体会向其他方向生长，这会破坏石膏晶体正常成型和组合，宏观表现为石膏强度的降低。在改变石膏晶型结构和搭配过程中，由于没有形成完整的膜，使生成的晶体不完整，留下更大的孔隙导致砌块耐水性下降。

由图 4.8（c）可以看出，甲基硅酸钠掺量为 1.0%时，石膏晶体的结构和形貌与图 4.8（a）中未掺甲基硅酸钠的相似，也是多为短棒状晶体，表明 1.0%甲基硅酸钠的掺入不影响砌块的微观结构，不会降低砌块强度，这与图 4.4（c）（d）中的结果一致。同时，在此掺量下，甲基硅酸钠已经在砌块中形成完整的膜，因此砌块的 2 h 吸水率仅为 7.5%，软化系数也有较大提高。

由图 4.8（d）可以看出，当甲基硅酸钠掺量超过 1.0%后，过高的掺量会使脱硫石膏砌块中晶型发生很大变化，石膏晶体长度与直径减小，大量的石膏晶体结构受到破坏。这是由于过量的甲基硅酸钠不均匀附着在石膏晶体表面，抑制了正常晶型的生成，破坏了石膏晶体结构，使得脱硫石膏砌块强度大幅度降低。

对图 4.8 中相应点进行了 EDS 分析，结果如表 4.1 所示。

表 4.1 EDS 法测定样品中硫酸钙和硅氧烷的元素含量（质量分数） （%）

编号	C	O	Na	Si	S	Ca
1		62.84			16.53	20.63
2		69.05	00.02	03.46	12.84	14.62
3	03.76	57.02	00.17	02.74	16.08	20.23
4	00.46	69.60	00.60	01.44	12.97	14.93

由表 4.1 可知，1、2、3、4 中含有 O、S 和 Ca 元素，说明产物中都有硫酸钙。区别在于 1 是不掺加甲基硅酸钠的脱硫石膏砌块，仅含有 O、S 和 Ca 元素；2 中在 O、S 和 Ca 元素基础上多了 Na 和 Si 元素，证明有极少量的硅氧烷膜在石膏表面生成；3 中有了一部分 C 元素，这是聚硅氧烷中的具有防水作用的—CH_3，证明在 3 的表面生成了较为完整的聚硅氧烷膜，与图 4.4（c）（d）的结论一致；4 中有大量的 Na 元素，这说明石膏砌块外面附着了过量的甲基硅酸钠，而过量

的甲基硅酸钠，影响了石膏晶体的形成和生长，使石膏砌块强度降低。扫描电镜及能谱分析表明，随着甲基硅酸钠掺量的增加，硅氧烷膜生成趋于完整；当掺量超过1.0%后，过量的甲基硅酸钠会影响石膏晶体的形成和生长，使石膏砌块强度降低。

不同掺量下聚甲基氢硅氧烷的脱硫石膏砌块的红外光谱图像如图4.9所示。

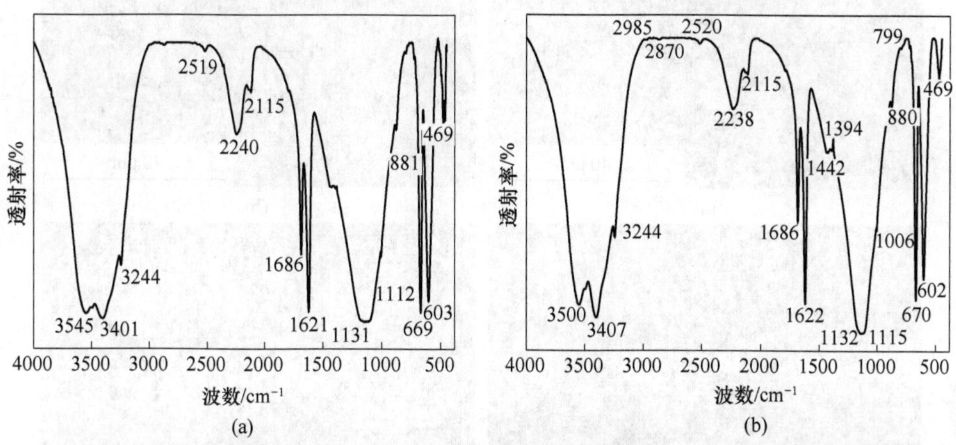

图4.9 未掺加聚甲基氢硅氧烷（a）和掺有0.4%聚甲基氢硅氧烷（b）脱硫石膏砌块红外光谱图

由图4.9（a）可以看出，未掺和掺有聚甲基氢硅氧烷的脱硫石膏砌块在1131 cm^{-1}、669 cm^{-1}、603 cm^{-1}、469 cm^{-1}处均对应有二水石膏的特征峰。从图4.9中（b）可以看出1132 cm^{-1}、670 cm^{-1}、602 cm^{-1}和469 cm^{-1}处是二水石膏的特征吸收峰。此外，图4.9（b）与图4.9（a）不同的是在2985 cm^{-1}和2870 cm^{-1}处还有C—H伸缩振动，此为甲基—CH_3和亚甲基—CH_2特征峰；在2238 cm^{-1}和2115 cm^{-1}处有S—O伸缩振动特征峰；在670 cm^{-1}和1622 cm^{-1}处有C═O伸缩振动特征峰；在1442 cm^{-1}和1394 cm^{-1}处有Si—CH_2伸缩振动特征峰；在1115 cm^{-1}和1006 cm^{-1}处有Si—O伸缩振动特征峰；在880 cm^{-1}处有Si—C伸缩振动特征峰。

上述特征峰表明，聚甲基氢硅氧烷掺入石膏中后，与石膏反应生成了排布紧密的聚硅氧烷膜，该膜具有向外的—CH_3结构，因而具有很强的憎水作用。同时，—CH_3排列在Si—O键连接生成的膜的外表面，而Si—O键键能很高(422.5 kJ/mol)，是Si与众多键相连的过程中最稳定的一个，Si—O键使憎水膜能够牢固地吸附在砌块表面和内孔壁上，达到长期防水的目的。聚硅氧烷膜随着聚甲基氢硅氧烷掺量的增加而增加，膜生成得更加完整，与图4.4中吸水率、图4.5中接触角的变化规律相一致。

聚甲基氢硅氧烷掺量不同时脱硫石膏砌块的微观形貌如图4.10所示。

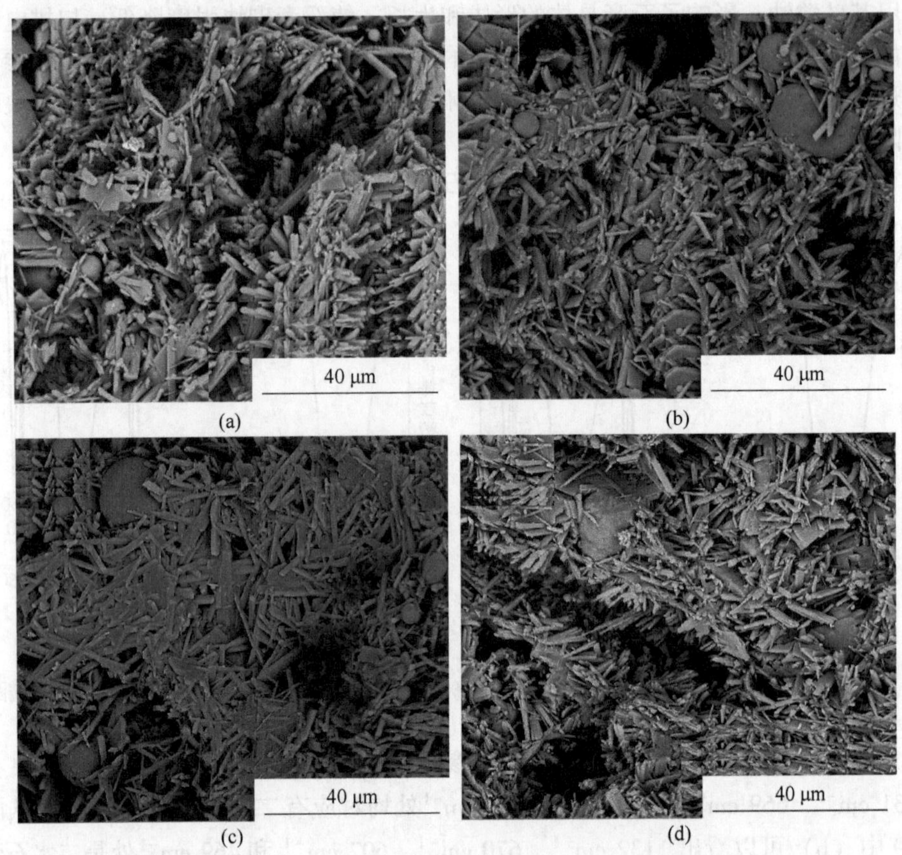

图 4.10 聚甲基氢硅氧烷掺量不同时脱硫石膏砌块的微观形貌
（a）空白样；（b）0.1%；（c）0.4%；（d）0.7%

由图 4.10（a）可以看出，未掺聚甲基氢硅氧烷的脱硫石膏砌块，其中的二水石膏大多为短棒状或者少量片状的晶体，并且聚集成簇状无规则交叉搭接。石膏强度和短棒搭接顺序有关，搭接密实程度越好，石膏强度越高。但石膏晶体搭接过程中会形成大量的孔隙，外界水分容易进入破坏石膏的结晶接触点，破坏石膏结构，所以脱硫石膏砌块耐水性较差。由图 4.10（b）可以看出，掺有 0.1%聚甲基氢硅氧烷的脱硫石膏砌块，其中更多的短棒状晶体变成更短或者更多的碎片，这是因为聚甲基氢硅氧烷的加入会随机附着在石膏晶体外表面，抑制晶体生长，由于加入的聚甲基氢硅氧烷量非常少，只能附着在晶体两端或者侧面，不能完全包裹住晶体，晶体会向其他方向生长，这会破坏石膏晶体正常成型和组合，宏观表现为石膏强度的降低。在改变石膏晶型结构和搭配过程中，又由于没有形成完整的膜，使生成的晶体不完整，留下更大的孔隙导致砌块耐水性下降。

由图 4.10（c）可以看出，聚甲基氢硅氧烷掺量为 0.4%时，也是多为短棒状晶体，结构密实紧凑，表明掺有0.4%聚甲基氢硅氧烷增强了石膏砌块的微观结构，增加了石膏砌块强度，这与图4.4（d）（e）中的结果一致。同时，在此掺量下，聚甲基氢硅氧烷已经在砌块中形成完整的硅氧烷膜，因此砌块的2 h吸水率仅为3.17%。由图4.10（d）可以看出，当聚甲基氢硅氧烷掺量超过0.4%后，过高的掺量会使脱硫石膏砌块中晶型发生很大变化，石膏晶体长度与直径减小，大量的石膏晶体结构受到破坏，大多呈针状或碎屑状，颗粒感较强。这是由于过量的聚甲基氢硅氧烷不均匀附着在石膏晶体表面，抑制了正常晶型的生成，破坏了石膏晶体结构，使得脱硫石膏砌块强度大大降低。

4.2　复掺有机防水剂对脱硫石膏砌块性能的影响

对有机防水剂进一步研究，为了验证不同种有机防水剂之间是否具备协同作用，本书选用三种有机防水剂进行两两复配，研究了内掺后其对脱硫石膏砌块力学性能、防水性能及接触角的影响。复掺二甲基硅油和甲基硅酸钠的脱硫石膏砌块实验的原材料配比如表4.2所示。

表4.2　实验原材料的配比一

组别	脱硫石膏质量/g	粉煤灰质量/g	水质量/g	二甲基硅油质量/g	甲基硅酸钠质量/g
A1	1000	150	670	0	0
B1	1000	150	670	0	10
C1	1000	150	670	1	7.5
D1	1000	150	670	2	5
E1	1000	150	670	3	2.5
F1	1000	150	670	4	0

复掺二甲基硅油和聚甲基氢硅氧烷的脱硫石膏砌块实验的原材料配比如表4.3所示。

表4.3　实验原材料的配比二

组别	脱硫石膏质量/g	粉煤灰质量/g	水质量/g	二甲基硅油质量/g	聚甲基氢硅氧烷质量/g
A2	1000	150	670	0	0
B2	1000	150	670	0	4
C2	1000	150	670	1	3
D2	1000	150	670	2	2
E2	1000	150	670	3	1
F2	1000	150	670	4	0

复掺聚甲基氢硅氧烷和甲基硅酸钠的脱硫石膏砌块实验的原材料配比如表4.4所示。

表 4.4 实验原材料的配比三

组别	脱硫石膏质量/g	粉煤灰质量/g	水质量/g	聚甲基氢硅氧烷质量/g	甲基硅酸钠质量/g
A3	1000	150	670	0	0
B3	1000	150	670	0	10
C3	1000	150	670	1	7.5
D3	1000	150	670	2	5
E3	1000	150	670	3	2.5
F3	1000	150	670	4	0

4.2.1 复掺有机防水剂对脱硫石膏砌块力学性能的影响

不同掺量的有机防水剂复配对脱硫石膏砌块抗压强度和抗折强度的影响结果如图 4.11 所示。

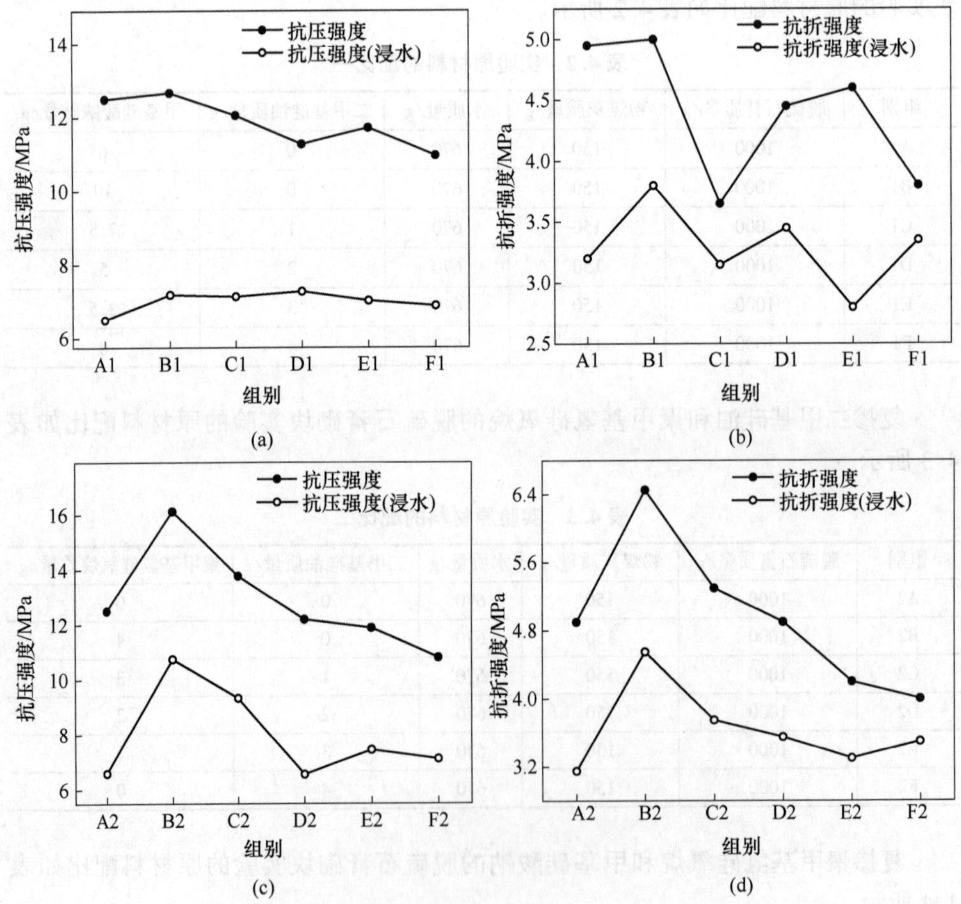

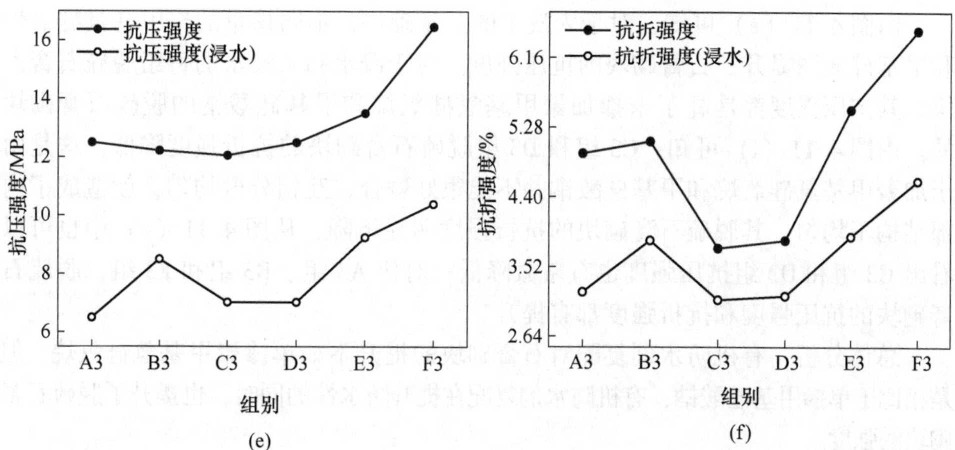

图 4.11 不同掺量的有机防水剂复配对脱硫石膏砌块的 7 d 抗压强度和抗折强度的影响

(a) 复掺二甲基硅油和甲基硅酸钠的脱硫石膏砌块抗压强度；(b) 复掺二甲基硅油和甲基硅酸钠的脱硫石膏砌块抗折强度；(c) 复掺二甲基硅油和聚甲基氢硅氧烷的脱硫石膏砌块抗压强度；(d) 复掺二甲基硅油和聚甲基氢硅氧烷的脱硫石膏砌块抗折强度；(e) 复掺聚甲基氢硅氧烷和甲基硅酸钠的脱硫石膏砌块抗压强度；(f) 复掺聚甲基氢硅氧烷和甲基硅酸钠的脱硫石膏砌块抗折强度

由图 4.11 (a)(b) 可知，对于未浸水的石膏砌块，不同掺量的二甲基硅油和甲基硅酸钠对石膏砌块的强度有很大的影响。由 A1 组、B1 组和 F1 组可以看出，不同掺量的二甲基硅油和甲基硅酸钠复掺的脱硫石膏砌块在抗折强度和抗压强度方面都有减弱作用，当二甲基硅油和甲基硅酸钠掺量分别为 0.2% 和 0.5%（C1 组）时，对脱硫石膏砌块抗压强度影响大，降低了脱硫石膏砌块的抗压强度。二甲基硅油和甲基硅酸钠掺量分别为 0.1% 和 0.75%（D1 组）时，脱硫石膏砌块抗折强度大幅减弱。剩余掺量配比的二甲基硅油和甲基硅酸钠，石膏砌块抗折抗压强度都有略微下降。脱硫石膏砌块在水中浸泡后，抗压强度和抗折强度急剧降低。而与 A1 组相比，抗压强度有略微提升，证明复掺二甲基硅油和甲基硅酸钠对于耐水性有一定增强。除了二甲基硅油和甲基硅酸钠掺量分别为 0.3% 比 0.25%（E1 组）外，其余组抗折强度均大于 A1 组，也说明了二者复掺对石膏浸水后保持石膏强度有一定作用，即提高脱硫石膏砌块耐水性。

由图 4.11 (c)(d) 可知，对于未浸水的石膏砌块，不同掺量的二甲基硅油和聚甲基氢硅氧烷对石膏砌块的强度有很大的影响。对于 B2 组，脱硫石膏砌块的抗压强度和抗折强度极大增强，这与图 4.2 中结论一致；对于 C2 组，脱硫石膏砌块的抗压强度和抗折强度稍有增加；对于 D2 组，脱硫石膏砌块的抗压强度和抗折强度保持不变；对于 E2 组，脱硫石膏砌块的抗压强度和抗折强度稍有下降；对于 F2 组，脱硫石膏砌块的抗压强度和抗折强度降低，与图 4.2 中结论中一致。对于浸水后的脱硫石膏砌块，抗压强度和抗折强度明显下降，每组变化规律与未浸水的石膏砌块强度变化规律基本一致。

由图 4.11（e）可知，对于未浸水的石膏砌块，不同掺量的聚甲基氢硅氧烷和甲基硅酸钠提升了石膏砌块的抗压强度。对于浸水和未浸水的每组脱硫石膏砌块，其抗压强度都是高于未掺加聚甲基氢硅氧烷和甲基硅酸钠的脱硫石膏砌块的。由图 4.11（f）可知，C3 组和 D3 组脱硫石膏砌块的抗折强度降低，这是由于加聚甲基氢硅氧烷和甲基硅酸钠并不能很好融合，互相分散均匀，就造成了内部结构不均匀，其脱硫石膏砌块的抗折强度明显下降，从图 4.11（e）中也可以看出 C3 组和 D3 组抗压强度也有略微降低；对比 A3 组、B3 组和 F3 组，脱硫石膏砌块的抗压强度和抗折强度都有提升。

总体分析，有机防水剂复配对石膏砌块的提升不如单掺聚甲基氢硅氧烷，但是相比于单掺甲基硅酸钠，有机防水剂复配在提升防水性的同时，也提升了脱硫石膏砌块的强度。

4.2.2 复掺有机防水剂对脱硫石膏砌块防水性的影响

不同掺量的有机防水剂复配对脱硫石膏砌块吸水率和软化系数的影响结果如图 4.12 所示。

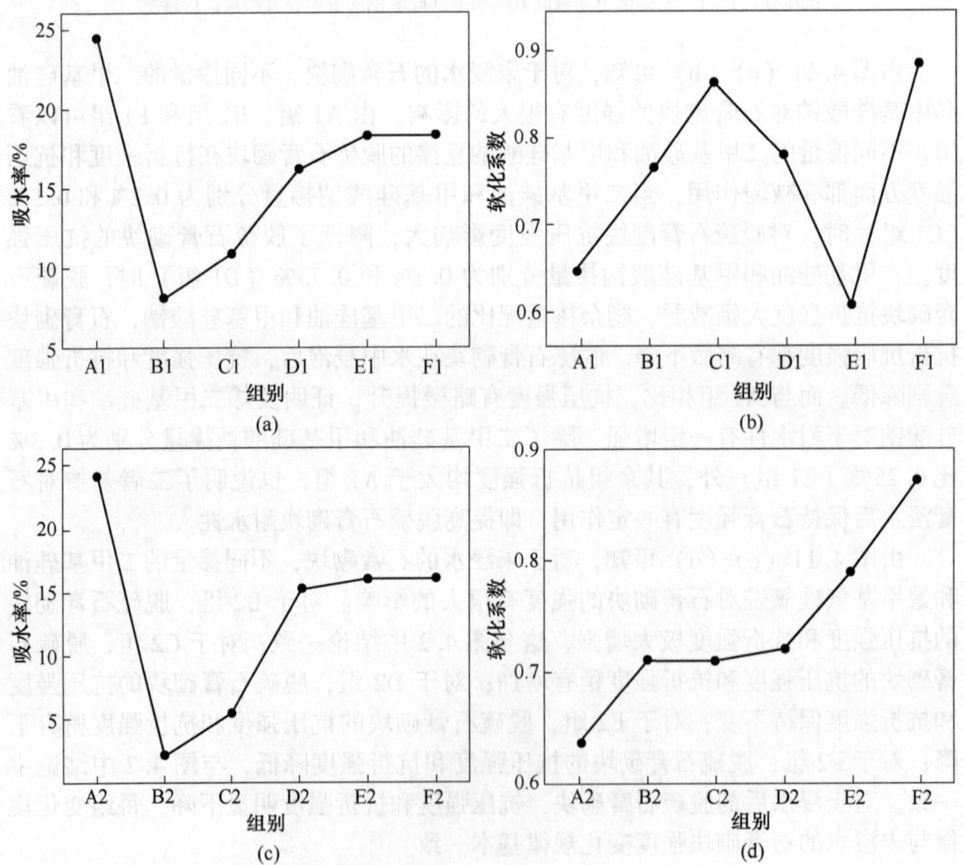

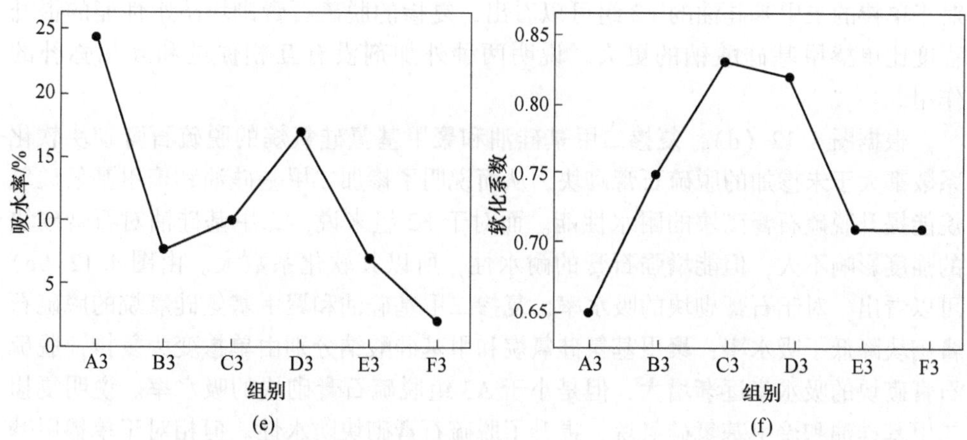

图 4.12 不同掺量有机防水剂复配对脱硫石膏砌块吸水率和软化系数的影响

(a) 复掺二甲基硅油和甲基硅酸钠的脱硫石膏砌块吸水率；(b) 复掺二甲基硅油和甲基硅酸钠的脱硫石膏砌块软化系数；(c) 复掺二甲基硅油和聚甲基氢硅氧烷的脱硫石膏砌块吸水率；(d) 复掺二甲基硅油和聚甲基氢硅氧烷的脱硫石膏砌块软化系数；(e) 复掺聚甲基氢硅氧烷和甲基硅酸钠的脱硫石膏砌块吸水率；(f) 复掺聚甲基氢硅氧烷和甲基硅酸钠的脱硫石膏砌块软化系数

由图 4.12 (a) 可以看出，对于石膏砌块的吸水率，复掺二甲基硅油和甲基硅酸钠降低了脱硫石膏吸水率；随着甲基硅酸钠掺量的减少和二甲基硅油掺量的增加，脱硫石膏砌块的吸水率逐渐增大，但是小于未掺加二甲基硅油和甲基硅酸钠的 A1 组脱硫石膏砌块的吸水率。说明复掺二甲基硅油和甲基硅酸钠，提升了脱硫石膏砌块防水性。但相对于单掺甲基硅酸钠的 B1 组，复掺的脱硫石膏砌块防水性能的提升程度不如单掺甲基硅酸钠的大；相对于单掺二甲基硅油的 F1 组可以看出，复掺的脱硫石膏砌块防水性能的提升程度比单掺甲基硅酸钠的大。说明了两种外加剂没有互相促进和互相弥补的作用。

根据图 4.12 (b)，结合其吸水率和强度，除 E1 组，剩余几组的软化系数有一定提升，侧面说明了掺加二甲基硅油和甲基硅酸钠能提升脱硫石膏砌块的耐水性能，与图 4.12 (c) 中吸水率结论基本一致。而对于 E1 组来说，二甲基硅油对石膏砌块的强度影响不大，但是 0.25%掺量的甲基硅酸钠会大大降低石膏砌块的强度，从而使得复掺后的浸水抗折强度降低，软化系数大大降低。

由图 4.12 (c) 可以看出，对于石膏砌块的吸水率，复掺二甲基硅油和聚甲基氢硅氧烷的脱硫石膏砌块吸水率降低；随着聚甲基氢硅氧烷掺量的减少和二甲基硅油掺量的增加，脱硫石膏砌块的吸水率逐渐增大，但是小于未掺加二甲基硅油和聚甲基氢硅氧烷的 A2 组脱硫石膏砌块的吸水率。说明复掺二甲基硅油和聚甲基氢硅氧烷，提升了脱硫石膏砌块防水性。但相对于单掺聚甲基氢硅氧烷的 B2 组，复掺的脱硫石膏砌块防水性能的提升程度不如单掺甲基硅酸钠的大；相对于单掺的二甲基硅油的 F2 组可以看出，复掺的脱硫石膏砌块防水性能的提升程度比单掺甲基硅酸钠的更大。说明两种外加剂没有互相促进和互相弥补的作用。

根据图 4. 12（d），复掺二甲基硅油和聚甲基氢硅氧烷的脱硫石膏砌块软化系数都大于未掺加的脱硫石膏砌块，从而说明了掺加二甲基硅油和聚甲基氢硅氧烷能提升脱硫石膏砌块的耐水性能。而对于 F2 组来说，二甲基硅油对石膏砌块的强度影响不大，但能增强石膏的耐水性，所以其软化系数大。由图 4. 12（e）可以看出，对于石膏砌块的吸水率，复掺二甲基硅油和聚甲基氢硅氧烷的脱硫石膏砌块降低了吸水率；聚甲基氢硅氧烷和甲基硅酸钠分别由单掺变为复掺，脱硫石膏砌块的吸水率逐渐增大，但是小于 A3 组脱硫石膏砌块的吸水率。说明复掺二甲基硅油和聚甲基氢硅氧烷，提升了脱硫石膏砌块防水性。但相对于单掺甲基硅酸钠的 B3 组和单掺聚甲基氢硅氧烷的 F3 组来说，复掺的脱硫石膏砌块防水性能的提升程度不如单掺甲基硅酸钠的大。

根据图 4. 12（f），复掺二甲基硅油和聚甲基氢硅氧烷的脱硫石膏砌块软化系数都大于未掺加的脱硫石膏砌块，从而说明了掺加二甲基硅油和聚甲基氢硅氧烷能提升脱硫石膏砌块的耐水性能。对于 C3 组和 D3 组来说，大大增加了脱硫石膏砌块的软化系数，即提升了其耐水性。有机防水剂复配对脱硫石膏砌块的防水性能没有起到协同作用。复掺两种防水剂不如单掺聚甲基氢硅氧烷和甲基硅酸钠。

不同二甲基硅油和甲基硅酸钠掺量下脱硫石膏砌块的表面接触角如图 4. 13 所示。

从图 4. 13 可以看出，C1 组石膏砌块的表面接触角为 41. 05°，剩余组脱硫石膏砌块的表面接触角为 0°。同时参考图 4. 5（a）（d），说明复掺二甲基硅油和甲基硅酸钠后没有改变脱硫石膏砌块的表面性质，仍表现为亲水性，而甲基硅酸钠掺量较多的 C1 组，表现为表面憎水性，有一定的接触角。

不同二甲基硅油和甲基硅酸钠掺量下脱硫石膏砌块的表面接触角如图 4. 14 所示。

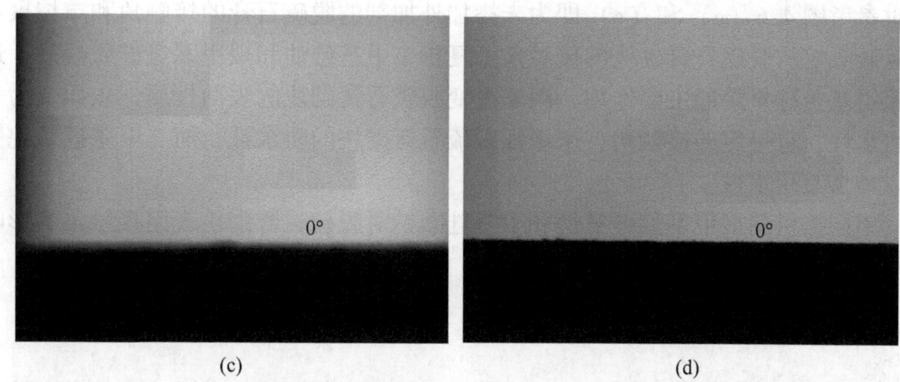

图 4.13 不同二甲基硅油和甲基硅酸钠掺量下脱硫石膏砌块的表面接触角
（a）C1 组；（b）D1 组；（c）E1 组；（d）F1 组

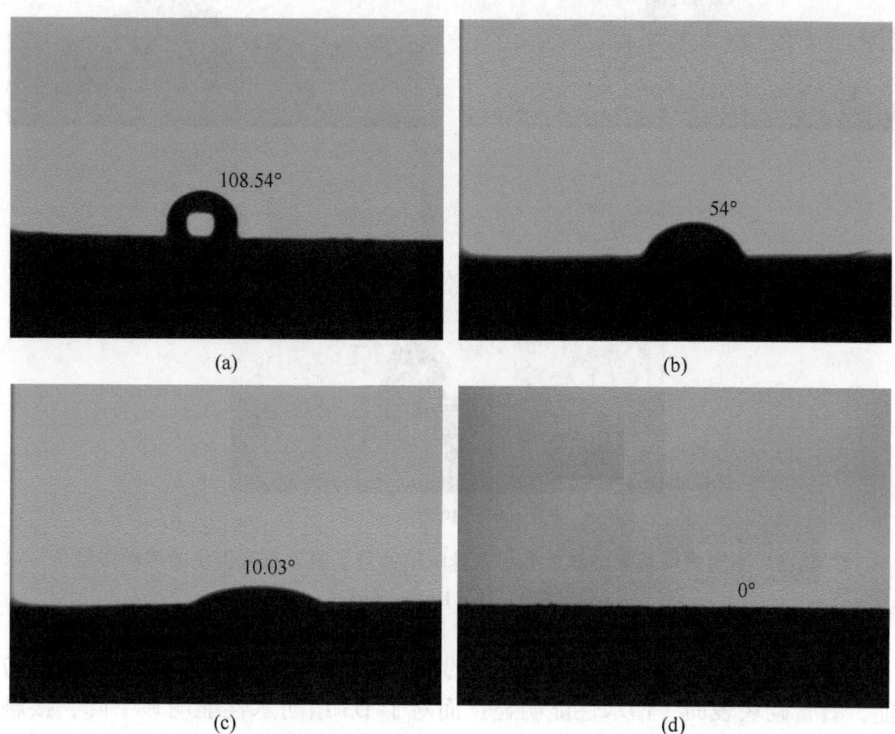

图 4.14 不同二甲基硅油和聚甲基氢硅氧烷掺量下脱硫石膏砌块的表面接触角
（a）C2 组；（b）D2 组；（c）E2 组；（d）F2 组

图 4.14 可以看出，C2 组石膏砌块的表面接触角为 108.54°，具有良好的防水性能，石膏砌块表面憎水性能明显；而对于 D2 组和 E2 组随着聚甲基氢硅氧烷掺量的下降，防水性能明显减弱，且 F2 组中脱硫石膏砌块的表面接触角为 0°。

同时参考图 4.6（a）和（e）即为未掺加外加剂的脱硫石膏的接触角和单掺聚甲基氢硅氧烷的脱硫石膏砌块的接触角。复掺二甲基硅油和聚甲基氢硅氧烷后，还是聚甲基氢硅氧烷起主要作用，用来改变脱硫石膏砌块的表面性质，表面变为表面憎水性，有一定的接触角，来增强脱硫石膏砌块的防水性，而二甲基硅氧烷则可以增加其耐水性。

不同掺量的聚甲基氢硅氧烷和甲基硅酸钠对脱硫石膏砌块表面接触角的影响结果如图 4.15 所示。

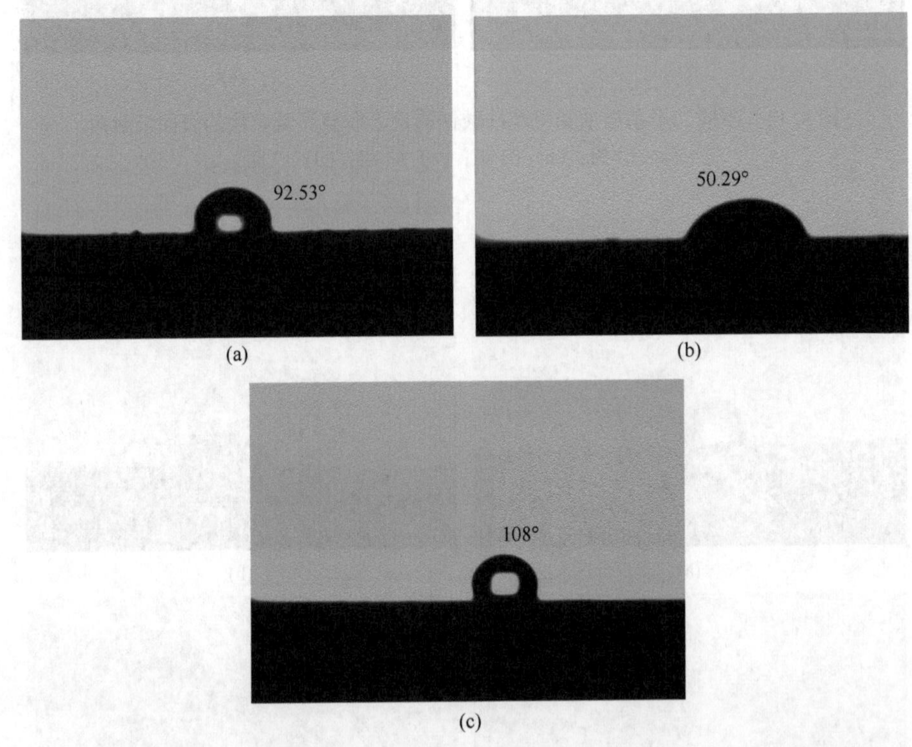

图 4.15 不同聚甲基氢硅氧烷和甲基硅酸钠掺量下脱硫石膏砌块的表面接触角

（a）C3 组；（b）D3 组；（c）E3 组

图 4.15 可以看出，C3 组石膏砌块的表面接触角为 92.53°，具有良好的防水性能，石膏砌块表面，憎水性能明显；而对于 D3 组防水性能明显下降，接触角变小；对于 E3 组，脱硫石膏砌块的接触角为 108°。该实验结果与图 4.5 和图 4.6 一致。因此证明，复掺甲基硅酸钠和聚甲基氢硅氧烷后，在合适掺量下都会有不错的防水性能，脱硫石膏砌块的表面性质改变为表面憎水性。但聚甲基氢硅氧烷起到增加石膏砌块强度的作用，和甲基硅酸钠复掺，可以弥补甲基硅酸钠无法增强脱硫石膏砌块强度的缺陷，同时二者复掺可以增加其耐水性。

总之，从有机防水剂复配后对脱硫石膏砌块接触角的影响可以看出，复配效果不明显，没有起到协同增强作用。

4.3 排水防水剂对脱硫石膏砌块性能的影响

由前一章实验研究得知，有些防水剂加入后会排出脱硫石膏砌块内的水。因此把这种方法用在脱硫石膏砌块除霜上，可同时兼备防水功能，提高强度，一剂多效。利用聚甲基氢硅氧烷与石膏砌块的排水性质，把石膏内部的盐类，在初凝后终凝前通过水排出。据研究表明，石膏的实际水膏比0.19，实验中和实际生产中为了石膏的流动性和实用性，会加大水膏比，使用稀浆成型，造成石膏砌块成型后，经过水化后还有大量的水留在石膏砌块内，待后续石膏砌块晾晒时，蒸发排出多余水分。而掺入聚甲基氢硅氧烷后，会使石膏砌块在终凝后排出15%~20%的水分，不但利于把盐类排除，还缩短了脱硫石膏的晾晒时间。

因此本节研究了几种排水防水剂对脱硫石膏砌块性能的影响，主要是石膏砌块的力学性能、防水性能和防泛霜性能，以及通过扫描电镜对脱硫石膏砌块的微观形貌进行分析。

4.3.1 排水防水剂对脱硫石膏砌块力学性能的影响

不同掺量的排水防水剂对脱硫石膏砌块抗压强度和抗折强度的影响结果如图4.16所示。

由图4.16（a）可知，掺入二甲基硅油后，脱硫石膏砌块的抗压强度明显增大，随着二甲基硅油掺量的增加，脱硫石膏砌块的抗压强度变化不大。

由图4.16（b）可知，掺入二甲基硅油后，脱硫石膏砌块的抗折强度明显减小，随着二甲基硅油掺量的增加，脱硫石膏砌块的抗折强度变化不大。从绝对值来看，抗折强度降低幅度不大。造成上述脱硫石膏砌块的抗压强度增强和抗折强度降低的原因是，二甲基硅油在石膏表层附着了一层不连续硅氧烷膜，其和石膏砌块结合不紧密，致使膜的极性键没有统一的方向，并且不紧密，没有形成致密

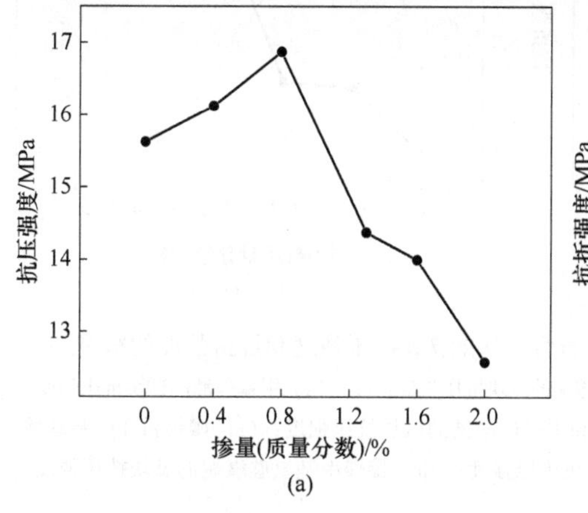

(a)

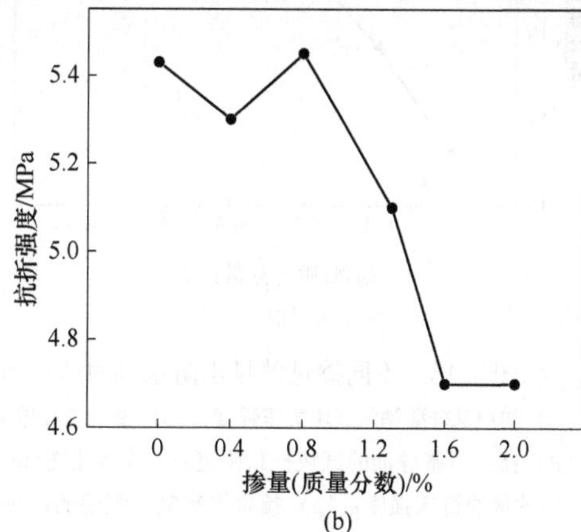

(b)

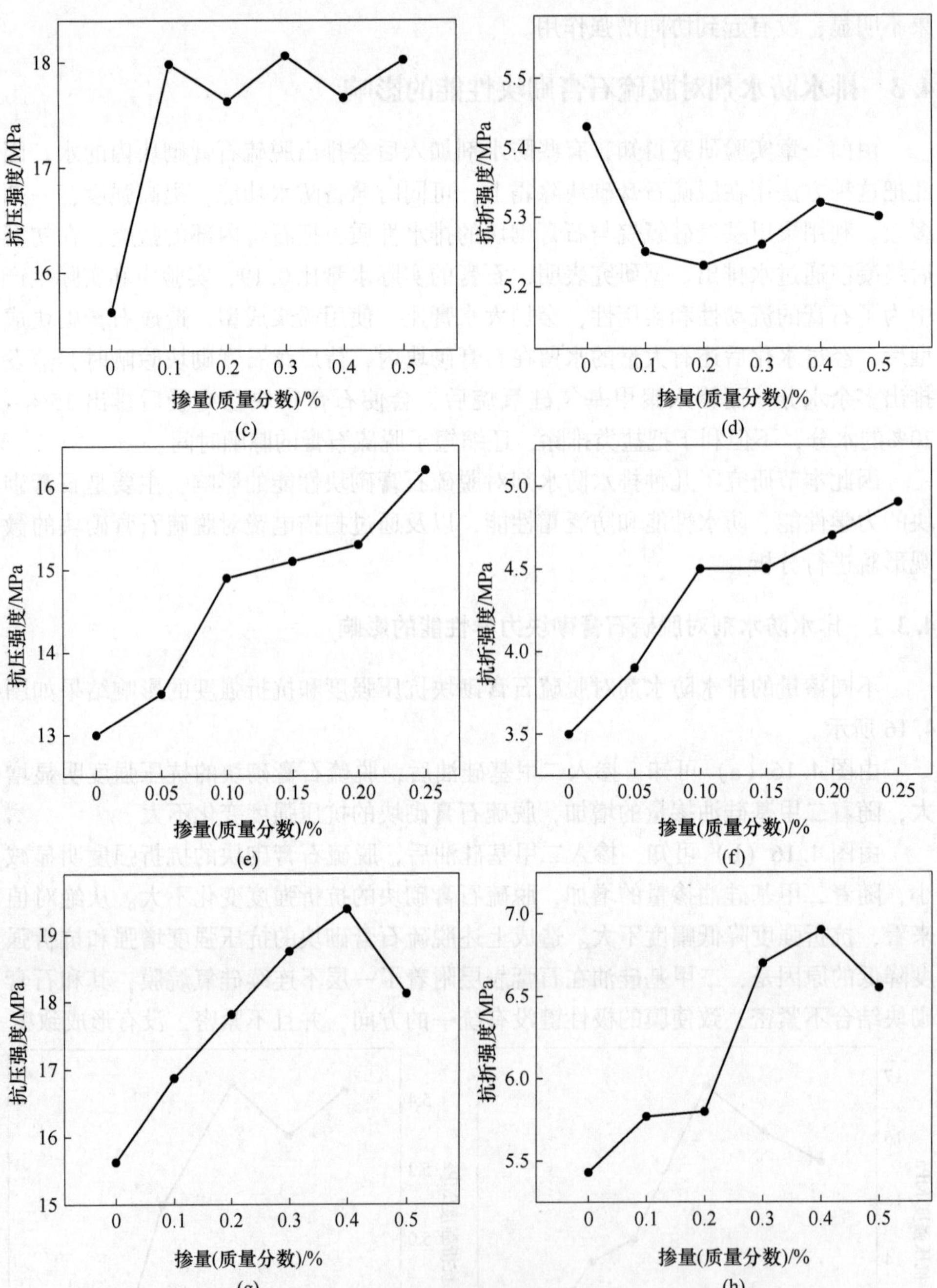

图 4.16 不同掺量的排水防水剂对脱硫石膏砌块的 7 d 抗压强度和抗折强度的影响

(a) 掺甲基硅酸钠的试块抗压强度；(b) 掺甲基硅酸钠的试块抗压强度；(c) 掺二甲基硅油的试块抗压强度；(d) 掺二甲基硅油的试块抗折强度；(e) 掺铝粉和甲基硅酸钠的试块抗压强度；(f) 掺铝粉和甲基硅酸钠的试块抗压强度；(g) 掺聚甲基氢硅氧烷的试块抗压强度；(h) 掺聚甲基氢硅氧烷的试块抗压强度

的硅氧烷膜，所以掺入硫酸钠后，硫酸钠改变了石膏晶型，而二甲基硅油附在石膏晶体表面，进一步保护了石膏晶体，从而使抗压强度提升。对于抗折强度，由于膜的包覆性和分布不均匀，致使存在部分劣势面，从而会降低抗折强度，说明当石膏砌块内部含有硫酸钠时，掺入二甲基硅油会改变脱硫石膏砌块的部分性质。

由图 4.16（c）可知，当甲基硅酸钠掺量在 0~0.8%时，随着甲基硅酸钠掺量的增加，脱硫石膏砌块抗压强度不断升高；当甲基硅酸钠掺量在 0.8%~2.0%时，随着甲基硅酸钠掺量的增加，脱硫石膏砌块抗压强度逐渐降低；从图上可以看出，当甲基硅酸钠掺量在 0~1.1%时，脱硫石膏砌块抗压强度明显高于掺加甲基硅酸钠的 A1 组，合适掺量的甲基硅酸钠能提升石膏砌块的强度，或者不影响脱硫石膏砌块强度，当超过最佳掺量后，其会损坏脱硫石膏砌块强度，并且损害幅度较大。

由图 4.16（d）可知，当甲基硅酸钠掺量在 0.8%左右时，脱硫石膏砌块抗折强度不降低；当甲基硅酸钠掺量不在 0.8%左右时，其抗折强度都有降低，尤其在甲基硅酸钠掺量大于 0.8%后，随着甲基硅酸钠掺量的增加，其抗折强度不断减小。过量的甲基硅酸钠会影响石膏晶体结构，从而降低其抗折强度。

与图 4.11 中的 A1 组相比，明显图 4.16 中脱硫石膏砌块的抗压和抗折更高，这是由于硫酸钠属于酸性激发剂，加速石膏水化速度，增强石膏砌块的后期强度。从另一方面讲，掺加了一定掺量的硫酸钠，可以改变石膏晶体结构，使之松散粗大，并且排列稀疏的石膏晶体变得紧密细小、排列紧凑，石膏砌块结构更加致密，从而增大了脱硫石膏砌块的抗压强度和抗折强度。

由图 4.16（e）可知，当掺入甲基硅酸钠和铝粉后，脱硫石膏砌块的抗压强度明显增大，并随着甲基硅酸钠掺量的增加，脱硫石膏砌块的抗压强度明显增大；由图 4.11（d）可知当掺入聚甲基氢硅氧烷后，脱硫石膏砌块的抗折强度明显增大，同样地，并随着甲基硅酸钠掺量的增加，脱硫石膏砌块的抗折强度逐渐增大。

但相比于图 4.11（c）（d）中 A2 组，图 4.16（e）（f）的 A3 组，图 4.16 中脱硫石膏砌块的抗压强度和抗折强度明显小于图 4.11 中 A2 组的脱硫石膏砌块的抗压强度和抗折强度，造成这种现象的原因是通过添加硫酸钠增强了抗压强度和抗折强度，但是图 4.16 中，还掺加了铝粉，虽然 A2 组铝粉不存在碱性环境，无法与水反应生成氢气，但是铝粉的加入也会造成石膏砌块的力学性能下降。由于金属加入石膏砌块内部，无法很好地与石膏晶体结合，会在石膏内形成多个薄弱的界面，从而更易开裂，宏观表现为脱硫石膏砌块的抗压强度和抗折强度下降。图 4.16（e）（f）中，由于加入了甲基硅酸钠，提供了碱性环境，从而铝粉与水反应生成氢气。相对来说，石膏砌块内部孔隙增多，强度下降。随着甲基硅酸钠掺量的增加，脱硫石膏砌块的抗压强度和抗折强度明显增大，是因为当甲基硅酸钠掺量在 0.1%～0.15%时，随着甲基硅酸钠掺量的增加，终凝时间减小，出现了排水现象，当脱硫石膏砌块已经终凝时，其内部的铝粉还在与水反应生成氢气，于是提供了水排除的动力；其次甲基硅酸钠与水和二氧化碳反应生成硅氧烷膜附着在石膏晶体外，使界面改变性质，亲水性减弱，使得部分水不能附着在石膏砌块内部，在氢气动力下排出来。而这个过程中石膏的结构不会变化，此外与前面相同，掺加甲基硅酸钠与硫酸钠后，附着在石膏砌块的部分硅氧烷膜也能改变石膏晶体结构，使得脱硫石膏砌块强度不断增大。当甲基硅酸钠掺量在 0.2%～0.25%时，随着甲基硅酸钠掺量的增加，终凝时间继续缩短，没有了排水现象，因为随着甲基硅酸钠掺量的增加，明显终凝时间缩短，使得有些反应没有时间充分进行或者不进行，当继续增加甲基硅酸钠掺量后，没有水继续排出，所以影响强度的是硫酸钠与甲基硅酸钠反应生成的硅氧烷膜，可以通过改变石膏砌块的石膏晶型和结构密实程度来改变石膏砌块的强度。

由图 4.16（g）可知，当掺入聚甲基氢硅氧烷后，脱硫石膏砌块的抗压强度明显增大。当聚甲基氢硅氧烷掺量在 0～0.4%时，随着聚甲基氢硅氧烷掺量的不断增加，脱硫石膏砌块的抗压强度随之逐渐增大；当聚甲基氢硅氧烷掺量大于 0.4%，脱硫石膏砌块的抗压强度不断减小。这是因为，在掺入硫酸钙的同时掺入聚甲基氢硅氧烷，硫酸钙对脱硫石膏晶体的影响大于聚甲基氢硅氧烷，加入硫酸钙的整体表现为增强脱硫石膏砌块的强度，如图 4.11 所示聚甲基氢硅氧烷掺量在 0～0.2%时，会降低脱硫石膏砌块强度，而同时掺入硫酸钙和聚甲基氢硅氧烷时，硫酸钙对脱硫石膏晶体的增强程度大于这个掺量的聚甲基氢硅氧烷的弱化作用，因此脱硫石膏砌块表现为抗压强度增强。

由图 4.16（h）可知当掺入聚甲基氢硅氧烷后，脱硫石膏砌块的抗折强度明显增大。当聚甲基氢硅氧烷掺量在 0～0.4%时，随着聚甲基氢硅氧烷掺量的增加，脱硫石膏砌块的抗折强度不断增大；当聚甲基氢硅氧烷掺量大于 0.4%以后，脱硫石膏砌块的抗折强度不断减小。同理可得，在掺入硫酸钙的同时掺入聚甲基氢硅氧烷，硫酸钙先对脱硫石膏晶体影响大于聚甲基氢硅氧烷，加入硫酸钙的整体表现为增强脱硫石膏砌块的强度。像 4.2 节中当聚甲基氢硅氧烷掺量在 0～0.2%时，会减弱脱硫石膏砌块强度，而同时掺入硫酸钙和聚甲基氢硅氧烷时，硫酸钙对脱硫石膏晶体的增强程度大于这个掺量的聚甲基氢硅氧烷的弱化作用，因此脱硫石膏砌块表现为抗折强度增强。

当聚甲基氢硅氧烷掺量大于 0.4%以后，脱硫石膏砌块的抗压强度和抗折强度都不断减小，这是由于超过聚甲基氢硅氧烷最佳掺量，过量的饱和的聚甲基氢硅氧烷会损害脱硫石膏砌块晶型的成型，与聚甲基氢硅氧烷掺量在 0～0.2%时不同。因为聚甲基氢硅氧烷掺量为 0～0.2%时，只有少量的聚甲基氢硅氧烷会影响石膏砌块晶体，而加入的硫酸钠会增强石膏晶体从而抵消或者增强石膏砌块强度；而聚甲基氢硅氧烷掺量大于0.4%以后，会有大量过量的、饱和的聚甲基氢硅氧烷去损害石膏晶体，所以造成脱硫石膏砌块强度下降。

4.3.2 排水防水剂对脱硫石膏砌块物理性能的影响

不同掺量的二甲基硅油、甲基硅酸钠和聚甲基氢硅氧烷对脱硫石膏砌块吸水率的影响结果如图4.17所示。

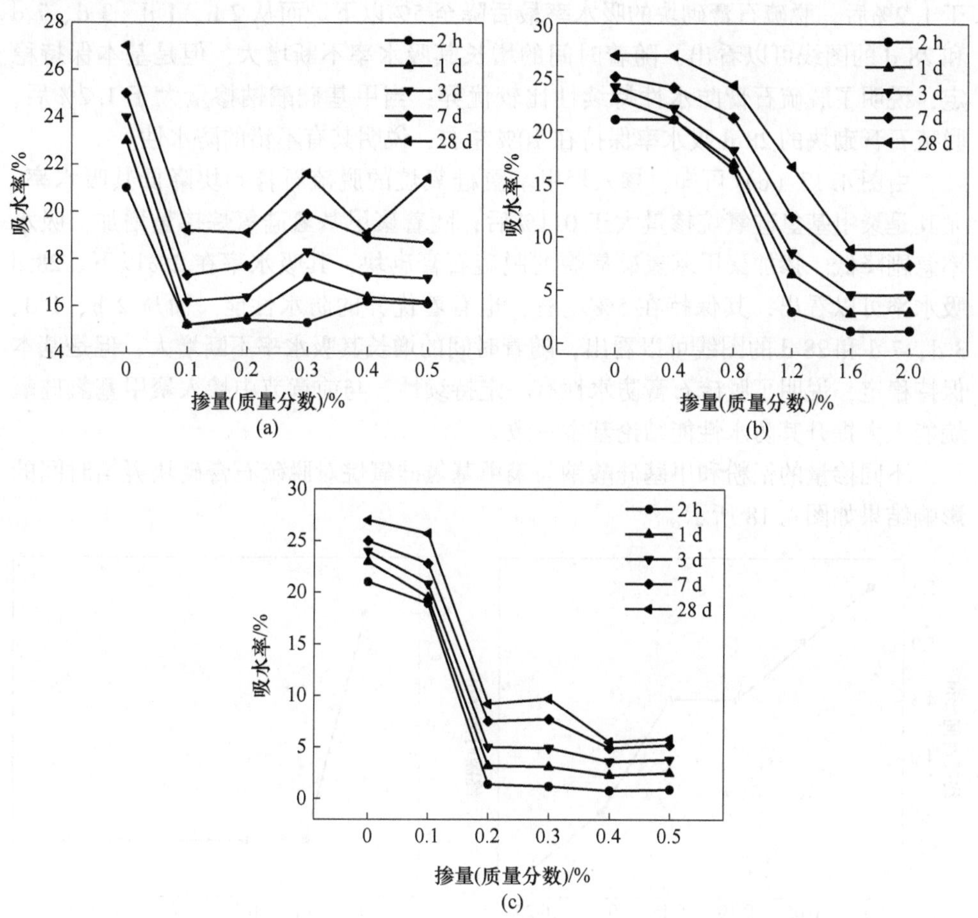

图4.17 不同掺量的排水防水剂对脱硫石膏砌块吸水率的影响
（a）掺二甲基硅油的试块吸水率；（b）掺甲基硅酸钠的试块吸水率；（c）掺聚甲基氢硅氧烷的试块吸水率

由图4.17（a）可知，掺入二甲基硅油的脱硫石膏砌块降低其吸水率。随着二甲基硅油掺量增加，脱硫石膏砌块吸水率变化不大。掺加二甲基硅油的脱硫石膏砌块，其吸水率在15%左右。对比可看出二甲基硅油掺量在0.1%~0.2%时比掺量在 0.3%~0.5%时，吸水率更低。而从 2 h、1 d、3 d、7 d 和 28 d 的曲线可以看出，随着时间的增长其吸水率不断增大，但是基本保持稳定，说明了脱硫石膏防水性有一定持续性；从 28 d 吸水率可以看出，其保持在 20%左右，说明其有一定的防水性，但是效果不是很明显，与前章节中掺入二甲基硅油主要增加其耐水性能结论一致。

由图 4.17（b）可知，掺入甲基硅酸钠的脱硫石膏砌块明显降低其吸水率。随着甲基硅酸钠掺量增加，脱硫石膏砌块吸水率逐渐降低。当甲基硅酸钠掺量大于 1.2%后，脱硫石膏砌块的吸水率最后降至 5%以下。而从 2 h、1 d、3 d、7 d 和 28 d 的图线可以看出，随着时间的增长其吸水率不断增大，但是基本保持稳定，说明了脱硫石膏防水性持续性比较优异；当甲基硅酸钠掺量大于 1.2%后，脱硫石膏砌块的 28 d 吸水率保持在 10%左右，说明其有不错的防水性。

由图 4.17（c）可知，掺入聚甲基氢硅氧烷的脱硫石膏砌块降低其吸水率。尤其是聚甲基氢硅氧烷掺量大于 0.1%后，随着聚甲基氢硅氧烷掺量增加，吸水率急剧降低。掺加聚甲基氢硅氧烷的脱硫石膏砌块，其吸水率在 2%以下。28 d 吸水率可以看出，其保持在 5%左右，也有着优异的防水性能。而从 2 h、1 d、3 d、7 d 和 28 d 的图线可以看出，随着时间的增长其吸水率不断增大，但是基本保持稳定，说明了脱硫石膏防水性有一定持续性，与前章节中掺入聚甲基氢硅氧烷能大大提升其防水性能结论基本一致。

不同掺量的铝粉和甲基硅酸钠与聚甲基氢硅氧烷对脱硫石膏砌块凝结时间的影响结果如图 4.18 所示。

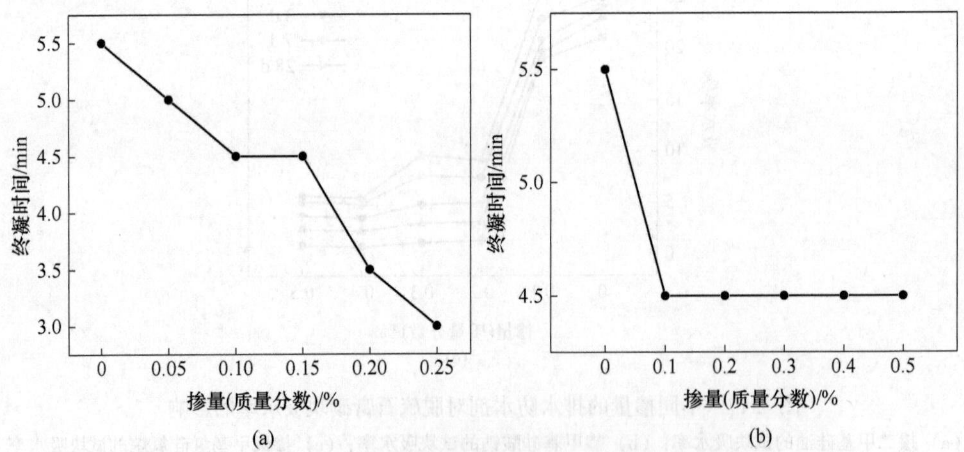

图 4.18 不同掺量的铝粉和甲基硅酸钠（a）与聚甲基氢硅氧烷（b）对脱硫石膏砌块的终凝时间的影响

由图 4.18（a）可知，当掺入甲基硅酸钠后，脱硫石膏砌块的终凝时间明显减小，随着甲基硅酸钠掺量的增加，脱硫石膏砌块的终凝时间逐渐减小。由图4.18（b）可知，掺入聚甲基氢硅氧烷后，脱硫石膏砌块的终凝时间缩短，随着聚甲基氢硅氧烷掺量的增加，终凝时间没有变化。这是排水的重要因素之一。

二甲基硅油掺量对脱硫石膏砌块泛霜程度的影响结果如图4.19所示。

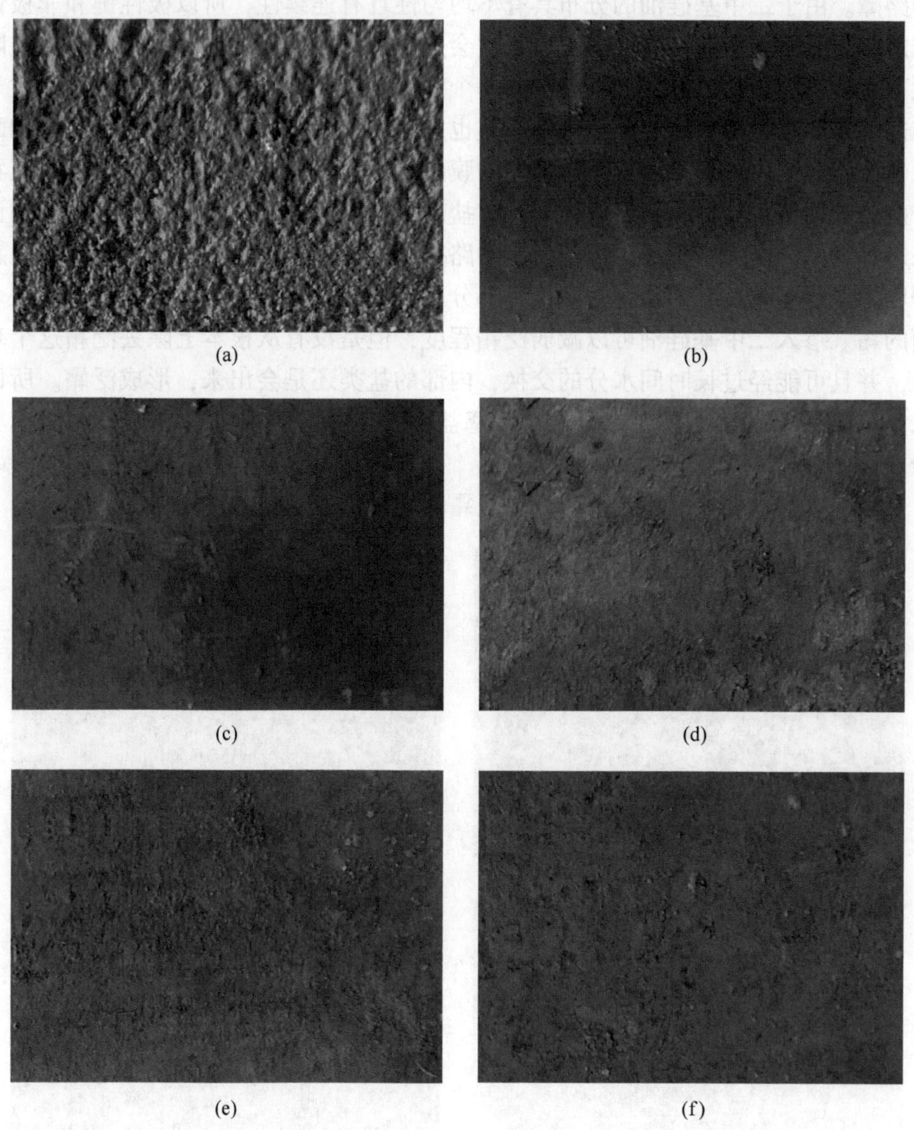

图4.19 不同二甲基硅油掺量下脱离石膏砌块泛霜情况
（a）空白样；（b）0.1%；（c）0.2%；（d）0.3%；（e）0.4%；（f）0.5%

由图4.19可知，当未掺加二甲基硅油时，脱硫石膏砌块其表面严重泛霜，可见泛出了厚厚的一层。当掺入二甲基硅油后，脱硫石膏砌块的泛霜程度减弱，部分试块上有着少量的霜或者薄薄一层霜，泛霜程度大大降低。这是由于加入的二甲基硅油属于表面活性剂，存在极性键和非极性键，经混合后分散在脱硫石膏砌块的空隙和表面，加大了霜从内部出来的困难程度，相当于霜在出来时有许多的路障。由于二甲基硅油的分布具有不均匀性且有连续性，所以极性键和非极性键的分布是不均衡的，水带着盐出来时会受到很多阻碍，在这过程中很多水被阻拦下来，又因为所有极性键没有形成一个整体，也没有统一的方向性，所以对于内部外部的水都有一定的阻挡作用。这也解释了二甲基硅油有一定的防水性和耐水性，但是因为没有致密连续有朝向的膜的阻挡，还会有水陆陆续续进入脱硫石膏砌块的内部；同样石膏砌块内部溶有盐离子的水，也会被阻挡一部分。换句话来解释就是，因为增加了盐离子析出的路径长度和困难程度，所以可以减少泛霜程度，但也不是所有的水都被阻挡，部分水带出来少部分的盐，形成石膏砌块表面的霜。掺入二甲基硅油可以减弱泛霜程度，但是没有从根本上除去泛霜这个现象，并且可能经过长时间水分的交换，内部的盐类还是会出来，形成泛霜。所以二甲基硅油和一般泛霜剂一样，以堵塞盐类出来路径的方式减弱泛霜，治标不治本。

甲基硅酸钠掺量对脱硫石膏砌块泛霜程度的影响结果如图 4. 20 所示。

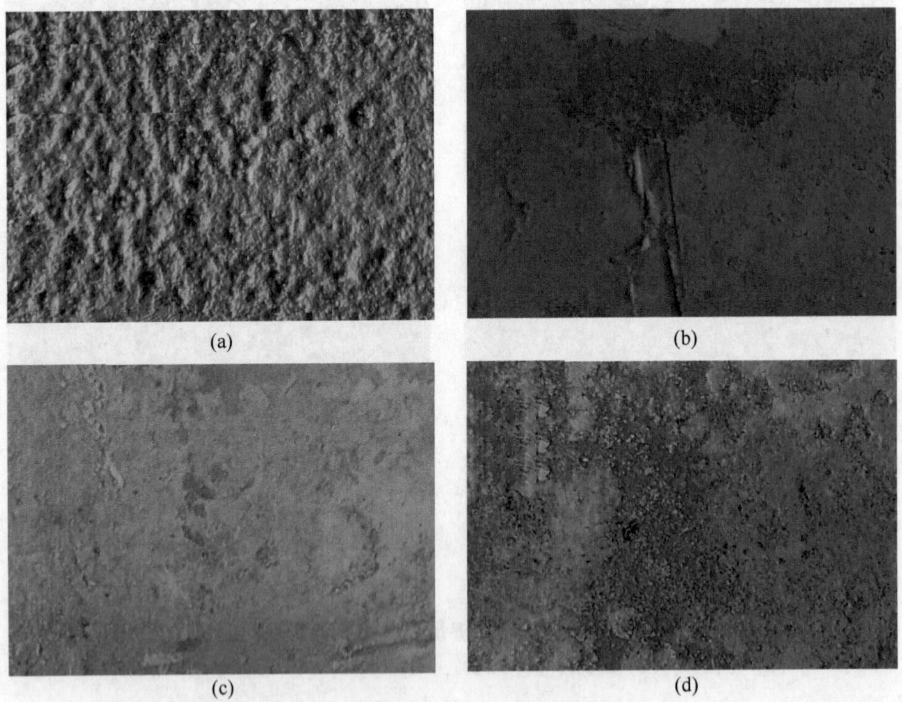

(a) (b) (c) (d)

(e)

(f)

图 4.20 不同甲基硅酸钠掺量下脱离石膏砌块泛霜情况
(a) 空白样；(b) 0.4%；(c) 0.8%；(d) 1.2%；(e) 1.6%；(f) 2.0%

由图 4.20 可知，当未掺加甲基硅酸钠时，脱硫石膏砌块其表面严重泛霜，可见泛出了厚厚的一层，这是由于实验中加入了无水硫酸钠，硫酸钠可溶于水，并且不与石膏中的粉煤灰反应，因此成型后会分布在石膏砌块内部，石膏砌块水化后经晾晒，内部多余的水则会蒸发，硫酸钠随水分迁移到石膏砌块表面，水分蒸发，留下硫酸钠晶体，即我们所看到的霜为析晶出来的硫酸钠晶体。实际生产中与此一样，水中以及熟石膏内的盐类杂质，当晾晒时或者下雨冲刷后，会在脱硫石膏砌块表面形成一层霜。当掺入甲基硅酸钠后，随着掺量的增加，脱硫石膏砌块的泛霜程度没有增加或减弱，依然厚厚的一层霜，证明甲基硅酸钠不能抑制石膏泛霜。

甲基硅酸钠掺量对加入铝粉的脱硫石膏砌块泛霜程度的影响结果如图 4.21 所示。

硫石膏砌块其表面严重泛霜，有厚厚的一层，这与前文中现象一致，其原因也相同，即为泛霜的最主要原因。当掺入甲基硅酸钠后，脱硫石膏砌块的泛霜程度没有减弱；当掺量加大时，泛霜程度大大降低至没有。当甲基硅酸钠掺量为 0.10%

(a)

(b)

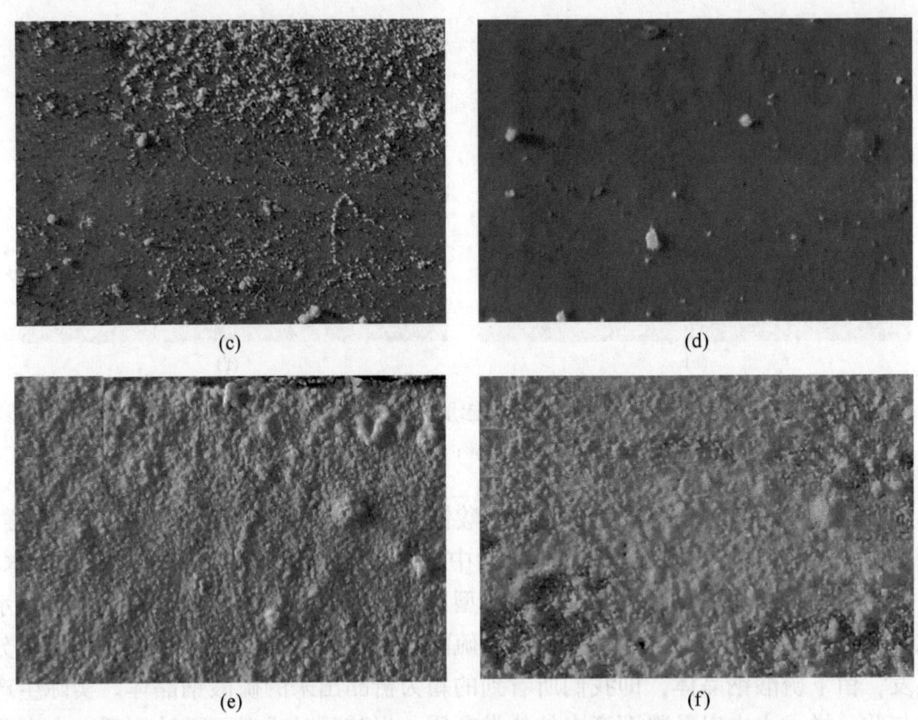

图 4.21 铝粉与不同甲基硅酸钠掺量下脱离石膏砌块泛霜情况
(a) 空白样；(b) 0.05%；(c) 0.10%；(d) 0.15%；(e) 0.20%；(f) 0.25%

时，脱硫石膏砌块表面有部分颗粒的霜；当甲基硅酸钠掺量为 0.15%时，几乎表面不泛霜，达到排水除霜剂的效果；当聚甲基氢硅氧烷掺量大于 0.20%以后，脱硫石膏砌块表面又开始有严重泛霜现象。

这主要有三个原因：首先是最主要的一点，当甲基硅酸钠烷掺量在 0.1%～0.15%时，在脱硫石膏砌块终凝后，会有水排出来，从而带出石膏砌块内部存在的盐类，根据研究表明，碱性环境下，铝粉和水反应生成氢气，会释放氢气，这是水从内部排出的动力之一。但是由于石膏砌块表面是亲水性的，依然有水会存在石膏砌块内部。其次，由于加入的甲基硅酸钠与水和二氧化碳反应生成硅氧烷，经混合后分散在脱硫石膏砌块的空隙和表面，由第 3 章可知，掺入适量的甲基硅酸钠后，可以改变石膏砌块表面的亲水性，这提供了水从石膏砌块内部流出的第二个条件。掺入适量甲基硅酸钠的脱硫石膏砌块，当其终凝后，石膏砌块晶型和孔隙基本定型，产生的气体作为动力把内部多余的附着水，沿着变成憎水的石膏砌块表面和孔隙表面，流出石膏砌块内部，从而带出石膏砌块内部的盐类，从根本上防止脱硫石膏砌块泛霜。第三，终凝时间的缩短为脱硫石膏砌块终凝后，铝粉和水继续反应提供了动力，有利于使用这个动力把水排出来。终凝太早反应不及时，像甲基硅酸钠掺量大于0.20%以后；终凝太迟，反应时脱硫石膏砌块还是塑性的，气体自己排出。所以掺加适量的甲基硅酸钠和铝粉时，脱硫石膏砌块表面泛霜极大减弱或者消失。而当甲基硅酸钠掺量过大或者过小，都无法实现排水现象，所以可以从最后结果看出，依旧泛霜明显。掺入适量的甲基硅酸钠和铝粉，可以从根本上除去泛霜现象，并且保持优异的防水性。所以甲基硅酸钠与铝粉和一般泛霜剂方式不同，不依靠堵塞盐类出来路径的方式，而是从根本上治理，把砌块内部盐类排除脱硫石膏砌块，防止泛霜产生。

聚甲基氢硅氧烷掺量对脱硫石膏砌块泛霜程度的影响结果如图4.22所示。

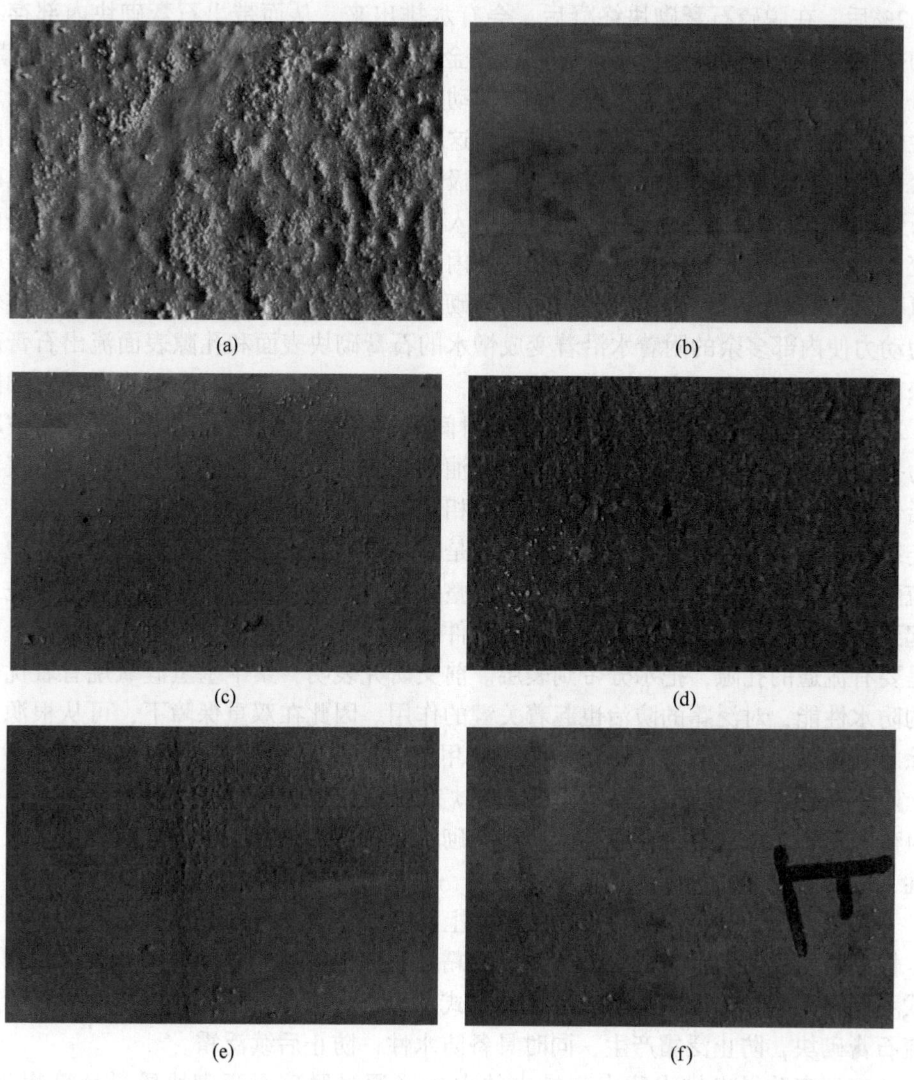

图4.22 不同聚甲基氢硅氧烷掺量下脱离石膏砌块泛霜情况

(a) 空白样；(b) 0.1%；(c) 0.2%；(d) 0.3%；(e) 0.4%；(f) 0.5%

由图 4. 22 可知，当未掺加聚甲基氢硅氧烷时，脱硫石膏砌块其表面严重泛霜，可见泛出了厚厚的一层，这与前面一致且原因相同，即泛霜的最主要原因。当掺入聚甲基氢硅氧烷后，脱硫石膏砌块的泛霜程度逐渐减弱，当掺量足够大时，泛霜程度大大降低至没有。当聚甲基氢硅氧烷掺量为 0. 1%时，脱硫石膏砌块表面有一层薄薄的霜；当聚甲基氢硅氧烷掺量为 0. 2%时，几乎没有成片薄薄白霜，只有零星的几粒；当聚甲基氢硅氧烷掺量大于 0. 3%以后，脱硫石膏砌块表面没有泛霜现象，达到排水除霜剂的效果。

这主要有四个原因。首先是最主要的一点，当聚甲基氢硅氧烷掺量大于 0. 2%后，在脱硫石膏砌块终凝后，会有水排出来，从而带出石膏砌块内部存在的盐类。研究表明，聚甲基氢硅氧烷在金属盐催化下反应，在氢键处交联成膜，从而有氢气逸出，这是水从内部排出的动力之一。但是由于石膏砌块表面是亲水性的，依然会有水存在石膏砌块内部，这就导致出现了第二个原因。由于加入的聚甲基氢硅氧烷属于表面活性剂，存在极性键和非极性键，经混合后散布在脱硫石膏砌块的空隙和表面，由前文可知掺入适量的聚甲基氢硅氧烷后石膏砌块表面变为憎水性，因此提供了水从石膏砌块内部流出的第二个条件。掺入适量聚甲基氢硅氧烷的脱硫石膏砌块初凝后，石膏砌块晶型和孔隙基本定型，产生的气体作为动力使内部多余的附着水沿着变成憎水的石膏砌块表面和孔隙表面流出石膏砌块内部，从而带出石膏砌块内部的盐类，从根本上防止脱硫石膏砌块泛霜，如图 4. 22 所示。第三个原因是合适的终凝时间提供了硬化的石膏砌块，使得水被动力挤压出来。第四个原因是与二甲基硅油相同的。聚甲基氢硅氧烷同样作为表面活性剂，也存在着极性键和非极性键，相比于二甲基硅油的分布不是很均匀且有连续性，所以极性键和非极性键的分布是不均衡的，聚甲基氢硅氧烷能很好地和硫酸钙结合，形成均匀致密极性键排列整齐的硅氧烷膜，这对于外界水分的进入起到关键作用。据研究表明，泛霜的条件一是存在盐，二是需要水作为载体，三是要有流通的孔隙，把水分带到表层。前文研究表明，聚甲基氢硅氧烷有着优异的防水性能，对泛霜的防治也起着关键的作用。因此在双重保障下，可从根源上除霜并防治泛霜，双管齐下。所以当聚甲基氢硅氧烷掺量大于 0. 2%以后，基本上防止了泛霜的出现。当聚甲基氢硅氧烷掺量小于 0. 1%时，因为少量的聚甲基氢硅氧烷不足以包覆住所有的脱硫石膏砌块晶型，所以存在着部分晶型还是亲水性，内部水分无法排除。

掺入聚甲基氢硅氧烷，可以从根本上除去泛霜现象，并且使砌块有优异的防水性，阻止长时间水分的交换，防治泛霜。所以聚甲基氢硅氧烷和一般泛霜剂方式不同，不依靠堵塞盐类出来路径的方式，而是从根本上把砌块内部盐类排出脱硫石膏砌块，防止泛霜产生，同时具备防水性，防止后续泛霜。

工厂实验得出排水防水剂排出的水量（通过脱硫石膏砌块质量计算得出）如表 4. 5 所示。

表 4.5 排水前后石膏砌块质量

标号	质量/kg	平均质量/kg	标号	质量/kg	平均质量/kg
W1	49.0	49.0	X1	46.0	46.0
W2	49.0		X2	46.0	
W3	49.0		X3	46.0	

计算结果表明，排出了大约18%的水分，可以带出多余的盐离子，证实了排水除霜剂可以排出足够量的水，从而把脱硫石膏砌块内部的盐类排出来，阻止泛霜的产生。

工厂实验得出另一组排水防水剂排出的水量如表4.6所示。

表 4.6 排水前后石膏砌块质量

标号	质量/kg	平均质量/kg	标号	质量/kg	平均质量/kg
Y1	31.0	30.7	Z1	29.0	28.7
Y2	31.0		Z2	28.0	
Y3	30.0		Z3	29.0	

计算结果表明，大约排出18%的水分，可以带出多余的盐离子。工厂实验结果表明，此方法从石膏内部排出大约18%的多余水分，用于把多余的盐分带出石膏砌块，从而防止泛霜的产生。

工厂实验中拌和水和排出水的碱含量如表4.7所示。

表 4.7 工厂实验中水里碱含量

试样	碱含量/($mg \cdot mL^{-1}$)
α	0.16
β	0.38
γ	0.15
σ	0.37

表4.7表明，从石膏砌块内部带出来的碱含量远大于加入的水的碱含量，可见可以带出大量的盐类，从根本上防止泛霜的产生，阻止泛霜现象。

不同掺量的甲基硅酸钠与铝粉对脱硫石膏砌块微观形貌的影响结果如图4.23所示。

由图4.23（a）可以看出，掺有0.15%甲基硅酸钠和铝粉的脱硫石膏砌块，其中存在更多的细棒状晶体与更多的碎片，这是因为甲基硅酸钠的加入会随机附着在石膏晶体外表面，抑制晶体生长。由于加入的聚甲基氢硅氧烷量非常少，只能附着在晶体两端或者侧面，不能完全包裹住晶体，晶体会向其他方向生长，这

(a) (b)

图 4.23 掺量 0.15%（a）和掺量 0.25%（b）的甲基硅酸钠与铝粉条件下脱硫石膏砌块的微观形貌

会破坏石膏晶体正常成型和组合，而硫酸钙就使石膏晶型变为细小的密集的针棒状结构，所以结构还是比较致密。此外，由图 4.23（b）可以看出，当甲基硅酸钠与铝粉掺量增加至 0.25%时，脱硫石膏砌块中具有更多细小密实的晶体，表明掺有 0.25%甲基硅酸钠和铝粉有利于石膏砌块的微观结构致密，增加了石膏砌块强度。

不同掺量的聚甲基氢硅氧烷对脱硫石膏砌块微观形貌的影响结果如图 4.24 所示。

由图 4.24（b）（c）可以看出，与图 4.24（a）空白样相比，掺有 0.1%~0.4%聚甲基氢硅氧烷的脱硫石膏砌块，其中存在更多的细棒状晶体与更多的碎片，这是因为聚甲基氢硅氧烷的加入会随机附着在石膏晶体外表面，抑制晶体生长，由于加入的聚甲基氢硅氧烷量非常少，只能附着在晶体两端或者侧面，不能完全包

(a) (b)

(c) (d)

图 4.24 不同聚甲基氢硅氧烷掺量下脱硫石膏砌块的微观形貌
(a) 空白样；(b) 0.1%；(c) 0.4%；(d) 0.5%

裹住晶体，晶体会向其他方向生长，这会破坏石膏晶体正常成型和组合，而硫酸钙就使石膏晶型变为细小的密集的针棒状结构，所以结构还是比较致密。这与图 4.2 中的结论一致。在此掺量下，聚甲基氢硅氧烷已经在砌块中形成完整的硅氧烷膜，因此砌块的 2 h 吸水率仅为 1%左右。

然而，当聚甲基氢硅氧烷掺量超过 0.4%后（见图 4.24（d）），过高的掺量会使脱硫石膏砌块中晶型发生很大变化，石膏晶体长度与直径减小，大量的石膏晶体结构受到破坏，大多呈针状或碎屑状，颗粒感较强。这是由于过量的聚甲基氢硅氧烷不均匀附着在石膏晶体表面，抑制了正常晶型的生成，破坏了石膏晶体结构，使得脱硫石膏砌块强度开始降低。与图 4.10 中相比，还是相对密实，所以参照图 4.24 可以看出，其抗压强度和抗折强度高于未掺加硫酸钙的脱硫石膏砌块的抗压强度和抗折强度。

4.4 防水剂对脱硫石膏基自流平砂浆的性能影响

相比于水泥基自流平砂浆，石膏基自流平砂浆具有性能稳定、流动性好、平整度高、施工效率高的优点，可以泵送施工，不需要人工压实、抹平与修面，粉料可以袋装销售。此外，在浇筑 24 h 后即可上人行走，其重量较轻，成本低廉。根据第 3 章的实验研究，本章节选择满足行业标准《石膏基自流平砂浆》（JC/T 1023—2021）的单掺 0.08%（质量分数）PE 缓凝剂的试样。

虽然石膏基自流平砂浆的优势很多，但由于石膏自身条件的限制，硫酸钙遇水后发生溶侵，基体强度下降率超过 60%，因此不能够在潮湿环境下使用。防水剂具有良好的化学稳定性、绝缘性、疏水性，其能够在表面形成一层厚厚的疏水层，长期发挥效果，同时可以阻止外界含盐液体的侵入而造成的性能劣化。然而，石膏材料表面疏水层发生损伤，将会显著影响材料的防水效果，如果能将防水剂均匀掺入石膏内部，在气孔壁上形成疏水层，则石膏材料的耐水效果会持续存在。针对防水剂不易分散在石膏浆体中的问题，研究者通常将乳化剂用于改性该类防水剂，因此本章以含氢硅油为防水剂，根据亲水亲油平衡值（HLB）以及其他相关资料，使用司盘 80、吐温 80 和 OP-10 作为乳化剂，将含氢硅油进行乳化，优选出性能优良的乳化防水剂，将最佳的乳化防水剂掺入第 3 章选择出的石膏基自流平砂浆中进行砂浆耐水性实验。

4.4.1 不同配比乳化剂对防水剂乳化效果的影响

利用三种乳化剂对含氢硅油进行乳化的实验方案见表 4.8 所示。司盘 80 分别与吐温 80 和 OP-10 进行双掺，防水剂乳化效果如图 4.25 所示。由图 4.25 可知，该 6 组试样在搅拌完毕后，肉眼可见这些乳液分散均匀，但是在 1-4、1-5 和 1-6 试样表面出现少量泡沫，然后很快消失，乳液颜色更加透明。这是由于乳化剂中含有疏水基，在搅拌过程中会包裹住空气形成气泡，在停止搅拌后疏水基与油类物质吸附，释放空气，因此会出现气泡。此外，1-1、1-2 和 1-3 试样制备的乳液颜色较白，这与乳化剂的种类有一定的关联。在 30 min 后，1-1 和 1-4 试样开始出现略微分层现象，而其他试样未出现明显分层，这表明司盘 80 含量较低，不利于含氢硅油的乳化。

表 4.8 复掺乳化剂实验方案

编号	含氢硅油质量/g	司盘 80 质量/g	吐温 80 质量/g	OP-10 质量/g	水质量/g	HLB 值	稳定性
1-1	20	4.5	5.5	0	100	10.19	5
1-2	20	5.5	4.5	0	100	9.12	5
1-3	20	6.5	3.5	0	100	8.05	4
1-4	20	4	0	6	100	9.82	5
1-5	20	5	0	5	100	8.90	5
1-6	20	6	0	4	100	7.98	3

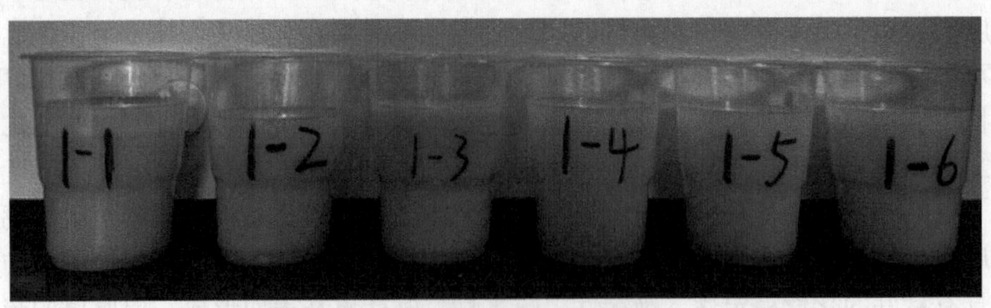

图 4.25 乳化完成后的含氢硅油

司盘 80 与吐温 80 双掺对防水剂进行乳化静置 1 d 后效果如图 4. 26 所示。

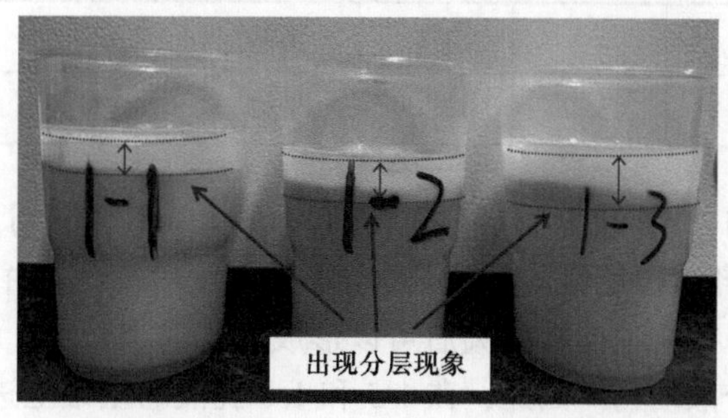

图 4. 26 静置 1 d 后的含氢硅油乳液

由图 4. 26 可知，在乳液静置 1 d 后，1-1、1-2 和 1-3 乳液出现明显的分层现象。其中 1-1 乳液的分层现象较其他两组不显著，且表面出现絮凝状物质，杯底部的颜色与刚搅拌完成时基本一致。此外，在离心机测试条件下，1-1 乳液出现了更加明显的分层。这是由于司盘 80 与吐温 80 复合使用后不能完全乳化含氢硅油，同时可能由于搅拌时间不充分，难以有效分散含氢硅油，存在大分子的水包油液滴，从而降低含氢硅油乳液的稳定性，因此在外力作用下，加速了乳液的分层。

司盘 80 与 OP-10 双掺对防水剂进行乳化静置 1 d 后效果如图 4. 27 所示。

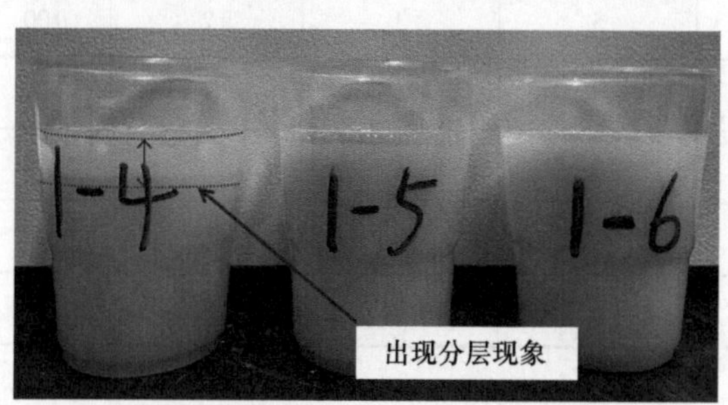

图 4. 27 静置 1 d 后的含氢硅油乳液

由图 4. 27 可知，在静置 1 d 后，1-4、1-5 和 1-6 乳液的分层现象没有司盘 80 与吐温 80 双掺时乳化的三组试样（1-1、1-2 和 1-3）明显。1-4 乳液的表面清液厚度占整体的 1/6 左右，表层可以看出更加透明，这是由于司盘 80 与 OP-10 复合使用后不能有效乳化含氢硅油，使得在乳化过程中形成了大分子的水包油液滴，其不能够稳定存在，因此在静置时间较长后出现分层现象。随着司盘 80 的占比增多，乳液分层现象得到了明显的控制，在 1-6 乳液中表面清液的厚度仅为整体的 1/15~1/10，这表明司盘 80 掺量的增多有助于提升乳液的稳定性。对三个试样进行离心稳定性测试，得出 1-5 和 1-6 的稳定性优于 1-4。

取制备的上述 6 组乳液进行表面张力测试，其结果见表 4. 9。

表 4.9 乳化后含氢硅油的表面张力

编号	1-1	1-2	1-3	1-4	1-5	1-6
表面张力/(mN · m^{-1})	18.46	18.55	18.92	18.53	19.32	19.43

由表 4.9 可知，1-5 和 1-6 乳液的表面张力最大，其值分别为 19.32 mN/m 和 19.43 mN/m，其乳液稳定性较其他实验组也是最优的。这是由于表面张力越大，乳液越能够团聚，被高速搅拌分离后可以形成无数的小颗粒，均匀分散在水中，宏观表现为乳液分散均匀。因此，在 1-5 和 1-6 乳液的基础上进行后续的乳化剂复掺研究，以期制备出性能优良的含氢硅油乳液。

在上述实验的基础上进行三种乳化剂复掺实验，控制 HLB 值为 8~10，此次编号为 2-1 至 2-7，共 7 组，如表 4.10 所示。

表 4.10 三掺乳化剂实验方案

编号	含氢硅油质量/g	司盘 80 质量/g	吐温 80 质量/g	OP-10 质量/g	水质量/g	HLB 值	稳定性
2-1	20	5	1	4	100	9.05	2
2-2	20	5	2	3	100	9.20	5
2-3	20	5	3	2	100	9.35	5
2-4	20	5	4	1	100	9.50	5
2-5	20	6	1	3	100	8.13	3
2-6	20	6	2	2	100	8.28	4
2-7	20	6	3	1	100	8.43	5

制备完成的含氢硅油乳液均有良好的稳定性，肉眼可见分散均匀，未见分层现象。在静置 30 min 后，2-1 肉眼未见变化，2-2、2-3、2-4 和 2-7 有略微分层，上层出现清液，所占高度为整体的 1/20~1/15。2-5 和 2-6 上清液的厚度仅有 2 mm 左右。在静置 2 d 后，除 2-1，均出现了明显的分层现象，如图 4.28 所示。

如图 4.28 所示，2-2、2-3、2-4、2-6 和 2-7 试样的分层现象最严重，上层出现絮凝状物质，占比接近整体的 1/4。2-5 的稳定性要优于上述其他几组，但是肉眼可见上层清液，未出现白色絮团状物质。2-1 的稳定性最好，未出现表层清液现象，与刚制备完成时的状态一致。在静置 3 d 后 2-1 的状态略微出现分层，有 2 mm 左右厚度的表层清液被观察到。其余试样分层情况略有加重。

对上述三种乳化剂复掺的含氢硅油乳液进行表面张力测试，其结果见表 4.11。

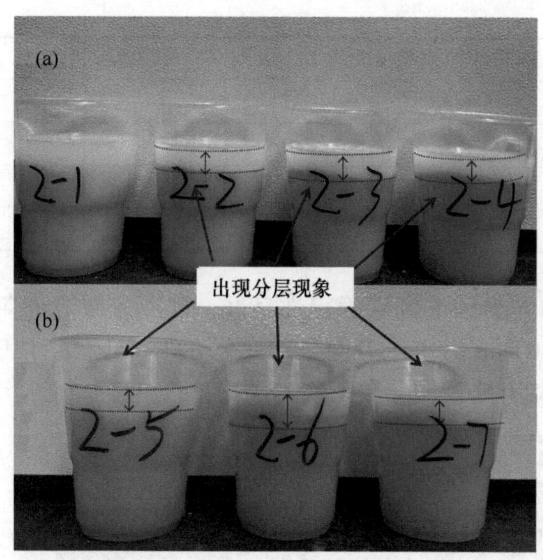

图 4.28 静置 2 d 后的乳化含氢硅油
(a) HLB 值为 9~10; (b) HLB 值为 8~9

表 4.11 乳化后含氢硅油的表面张力

编号	2-1	2-2	2-3	2-4	2-5	2-6	2-7
表面张力/($mN \cdot m^{-1}$)	23.44	22.07	21.38	20.64	21.57	21.13	20.71

由表 4.11 可知，2-1 试样表面张力最大，证明其具有良好的稳定性，与宏观测试结果一致。2-2、2-3、2-4 和 2-7 的表面张力虽略有差距，但宏观表现的分层现象相差不大。2-5 试样的表面张力大于 2-2、2-3、2-4 和 2-7 试样，稳定性也优于这四组试样，与宏观现象一致。因此后续实验在 2-1 试样的基础上继续开展研究，改变乳化剂与含氢硅油之间的比例进行实验。

以 2-1 试样为基础，调整乳化剂与含氢硅油的比例，按照 3-1 至 3-9 进行实验，如表 4.12 所示。

表 4.12 三掺乳化剂实验方案

编号	含氢硅油质量/g	司盘 80 质量/g	吐温 80 质量/g	OP-10 质量/g	水质量/g	HLB 值	稳定性
3-1	20	6	1.2	4.8	100	9.05	2
3-2	20	7	1.4	5.6	100	9.05	2
3-3	20	8	1.6	6.4	100	9.05	1
3-4	20	6	2.4	3.6	100	9.20	3
3-5	20	7	2.8	4.2	100	9.20	3

续表 4. 12

编号	含氢硅油质量/g	司盘 80 质量/g	吐温 80 质量/g	OP-10 质量/g	水质量/g	HLB 值	稳定性
3-6	20	8	3. 2	4. 8	100	9. 20	2
3-7	20	6	3. 6	2. 4	100	9. 35	5
3-8	20	7	4. 2	2. 8	100	9. 35	5
3-9	20	8	4. 8	3. 2	100	9. 35	3

刚制备完成的含氢硅油乳液稳定性良好，乳液各层之间匀质性良好，如图 4. 29 所示。静置 30 min 后也未有明显的变化。在离心稳定性中，除了 3-1、3-2 和 3-3，其余样品均有略微的分层现象。

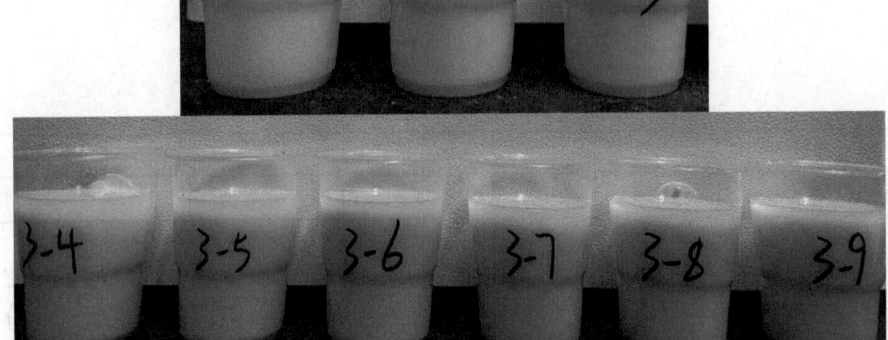

图 4. 29 刚制备完成的含氢硅油乳液

在静止 5 d 后，部分试样开始逐步出现分层现象，如图 4. 30 所示。

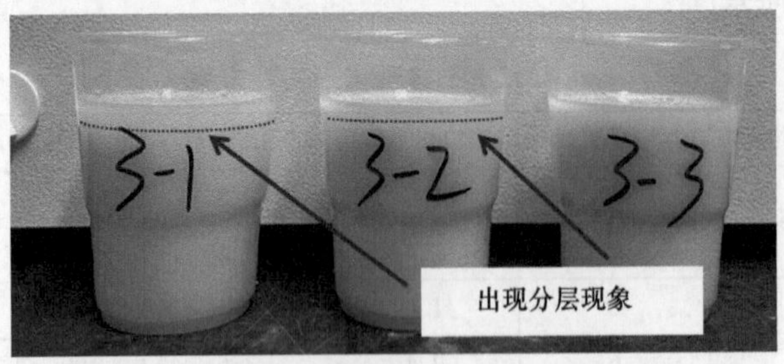

图 4. 30 静置 5 d 后稳定性良好的含氢硅油乳液

由图4.30能够明显看出，3-3未出现分层现象，稳定性等级为1，在离心机的作用下未有明显变化；3-1和3-2有表层清液出现，厚度仅为乳液的1/30左右，不足2 mm，稳定性等级为2，这表明调整乳化剂与含氢硅油的比例有助于提升乳液的稳定性。

在静止5 d后，部分试样开始出现轻微分层现象，如图4.31所示。

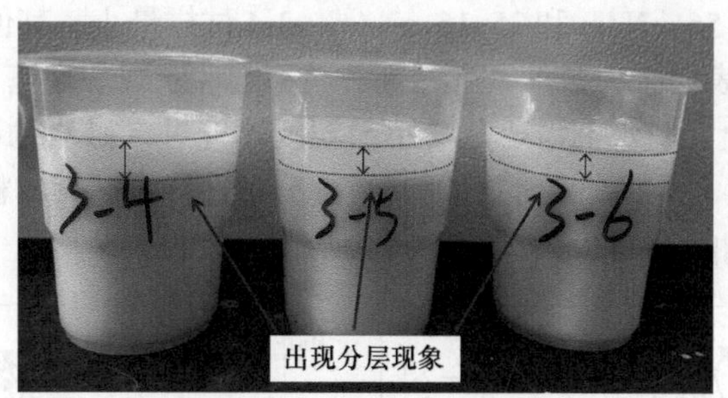

图4.31 静置5 d后略有分层的乳化含氢硅油

由图4.31可知，3-4、3-5和3-6试样出现了明显的分层，上层为透明状清液，下层为乳白色乳液，颜色较刚制备时更深，在分层处有少许絮团状物质出现，可能是乳化剂发生了絮凝现象。上层清液厚度为7~10 mm，为整体的1/5~1/4。

在静止5 d后，部分试样开始出现明显的分层现象，如图4.32所示。

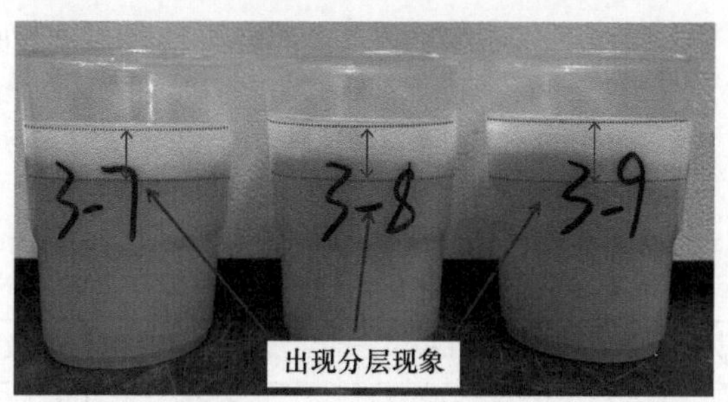

图4.32 静置5 d后分层明显的含氢硅油乳液

由图4.32可知，3-7、3-8及3-9的分层现象更加明显，从上到下依次是清液、絮凝状物质及乳液。三个样品中清液和絮团状物质所占的厚度基本相等，均为整体的1/4~1/3，但是3-9中的絮团状物质含量更多，分子之间的絮凝作用更强。

对上述改变乳化剂与含氢硅油比例的试样进行表面张力测试，结果见表4.13。

表 4.13 乳化后含氢硅油的表面张力

编号	3-1	3-2	3-3	3-4	3-5	3-6	3-7	3-8	3-9
表面张力/(mN · m^{-1})	23.05	24.56	25.16	21.92	22.24	23.35	22.19	22.01	22.59

由表 4.13 数据可以看出，3-1、3-2 和 3-3 试样的表面张力较大，其值分别为 23.05 mN/m、24.56 mN/m 和 25.16 mN/m；3-4 试样最小，其值为 21.92 mN/m。3-7 和 3-8 试样的表面张力数值基本相当，其稳定性宏观表现基本一致。

基于上述实验，防水剂需要足够小的粒度才能进入微小的孔径中发挥作用，因此选择 2-1、3-1、3-2 和 3-3 试样对其粒度分布进行测试。其粒度分布测试结果如图 4.33 所示，相关分布参数如表 4.14 所示。

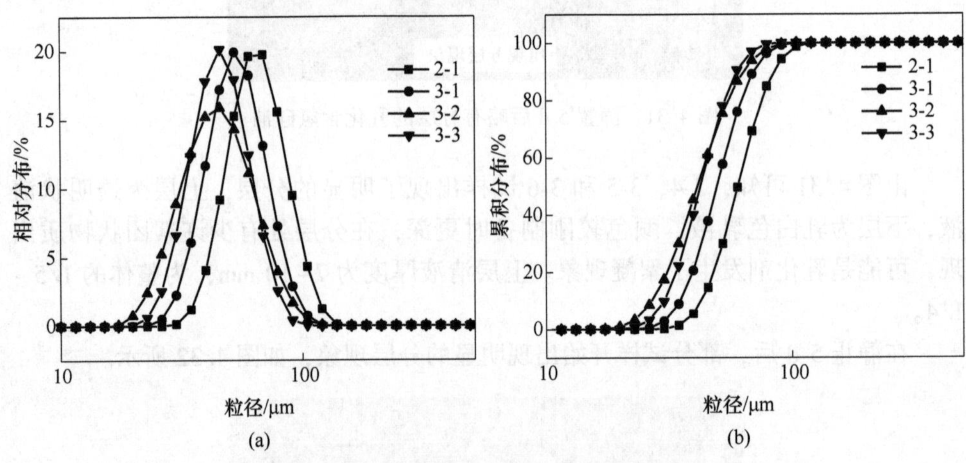

图 4.33 不同含氢硅油乳液的粒度分布

(a) 乳液粒径的相对分布；(b) 乳液粒径的累积分布

表 4.14 不同乳化含氢硅油的粒度分布参数

组别	D_{10}/nm	D_{50}/nm	D_{90}/nm	离散度 ((D_{90}-D_{10})/D_{50})
2-1	43.757	61.375	85.940	0.687
3-1	35.777	50.537	71.222	0.701
3-2	27.744	42.584	65.434	0.885
3-3	30.292	42.651	59.844	0.693

由图 4.33 可知，3-2 和 3-3 试样所制备含氢硅油乳液的主要粒径均分布在 20~80 nm之间。从表 4.14 的参数中也能够看出 3-2 和 3-3 试样的中值粒径分布约为 42 nm，3-1 试样的中值粒径则分布在 50 nm 左右。3-3 试样中 90%的颗粒粒径小于 60 nm，3-2 试样中 90%的粒径分布小于 65 nm。2-1 试样中粒径大部分分布

在60 nm 左右，有 90%的颗粒尺寸小于 86 nm，远大于 3-2 和 3-3 试样的粒径分布，2-1 试样是四组含氢硅油乳液中粒径最大的一组。

根据上述结果分析，后续实验选择 3-3 试样掺入石膏基自流平砂浆，并进一步研究其对砂浆耐水性能的影响。

4.4.2 乳化防水剂对脱硫石膏基自流平砂浆的性能影响

4.4.2.1 表观密度和气孔率

不同乳化防水剂掺量下石膏基自流平砂浆的表观密度和气孔率如图 4.34 所示。

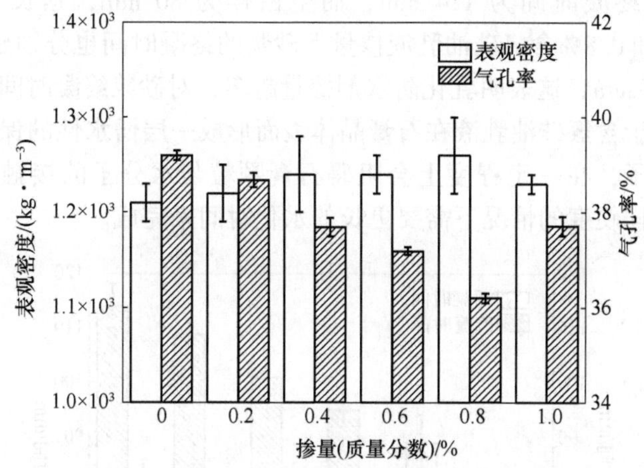

图 4.34 不同乳化防水剂掺量下石膏基自流平砂浆的表观密度与气孔率

由图 4.34 可知，随着含氢硅油乳液掺量的增加，石膏基自流平砂浆的表观密度有先增大再降低的趋势，但总体变化范围较小。当含氢硅油乳液掺量为 0.8%时，砂浆具有最大表观密度，其值为 1.26×10^3 kg/m^3，较未掺防水剂的空白样提升了 4.13%，加入含氢硅油乳液后砂浆的表观密度均大于空白样。随着含氢硅油乳液掺量的提升，砂浆的气孔率呈现先降低后提升的趋势，与表观密度的变化趋势正好相反，试件的气孔率基本为 36.20%~39.21%。当含氢硅油乳液掺量为 0.8%时，砂浆具有最小气孔率，其值为 36.20%，较空白样降低了 7.62%。加入含氢硅油乳液后砂浆的气孔率均小于空白样。上述结果说明含氢硅油乳液的加入会提升砂浆的表观密度并且降低气孔率。原因可能是含氢硅油乳液具有疏水性，其均匀地分布在试样内部的气孔中并对水分子有一定的排斥作用。同时含氢硅油乳液中也包含水分子，这会妨碍水分子与石膏晶体之间的接触，从而难以快速发生反应，这部分水分子在石膏后续水化过程中被消耗，晶体继续填充水分子留下的孔道，宏观表现为气孔率下降，表观密度增大。空白样中由于未添加含氢硅油乳液，在硬化过程中，可能存在大气泡以及反应过程中水分挥发留下孔道，因此砂浆的宏观表现为气孔率较大，表观密度较小。

4.4.2.2 凝结时间

不同乳化防水剂掺量下石膏基自流平砂浆的凝结时间如图 4.35 所示。由图 4.35 可知，砂浆的凝结时间随含氢硅油乳液掺量的增多呈现延长的趋势。在含氢硅油乳液掺量为 0.2%时，砂浆的初凝时间延长了 3 min。此外，在 1.0%含氢硅油乳液掺量下砂浆的初凝时间较空白样延长了 22 min，这表明含氢硅油乳液对试样的初凝时间有延长的作用，且掺量越多，延长的效果越明显。从终凝时间来看，0.2%含氢硅油乳液掺量下砂浆的终凝时间延长了 9 min，1.0%含氢硅油乳液掺量下砂浆的终凝时间为 114 min，而空白样为 80 min，延长了 34 min，在 0.4%、0.6%和 0.8%含氢硅油乳液掺量下砂浆的终凝时间也分别延长了 15 min、21 min 以及 29 min，这表明乳化防水剂掺量越多，对砂浆终凝时间的延长作用越明显。这是由于含氢硅油乳液在石膏晶体表面形成一层憎水性的保护层，同时包裹住部分水分子，在一定程度上会阻碍石膏颗粒与水分子的接触，减缓反应速率，在达到同样硬度的情况下需要更长的水化时间来完成。

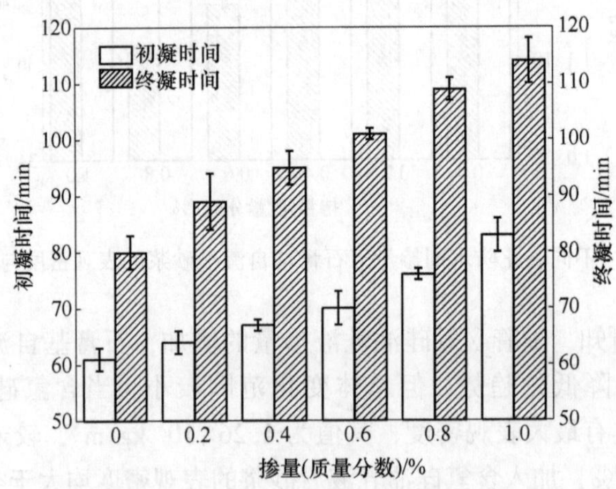

图 4.35 不同乳化防水剂掺量下石膏基自流平砂浆的凝结时间

4.4.2.3 流动性

不同乳化防水剂掺量下石膏基自流平砂浆的流动性如图 4.36 所示。由图可知，含氢硅油乳液对石膏基自流平砂浆的初始流动性和 30 min 流动性影响较小，其值均为 143~145 mm，在所有掺量下砂浆均满足《石膏基自流平砂浆》（JC/T 1023—2021）中对流动性大于 140 mm 的规范要求。

砂浆的初始流动性随含氢硅油乳液掺量的增多有先降低后增加再降低的趋势。含氢硅油乳液掺量在 0.2%时对砂浆初始流动性没有影响，其值为 145 mm，

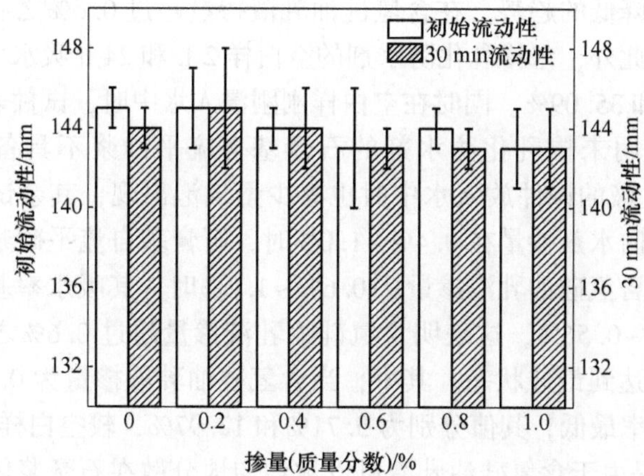

图 4.36 不同乳化防水剂掺量下石膏基自流平砂浆的流动性

但是增大了砂浆的 30 min 流动性，其值为 145 mm，这表明此掺量下会保持砂浆 30 min 内的流动性基本不发生变化。当含氢硅油乳液掺量增至 1.0%时砂浆的初始流动性最小，其值为 143 mm，此掺量下砂浆 30 min 流动性仍为 143 mm，这表明含氢硅油乳液能够保持石膏基自流平砂浆在 30 min 内的流动性基本不发生变化。这是由于含氢硅油乳液加入后对石膏基自流平砂浆的水化起到了延缓作用，也可从图 4.35 中不同乳化防水剂掺量对石膏基自流平砂浆凝结时间的作用规律看出，因此宏观上也表现出对砂浆短时间内的流动性几乎没有负面作用。

4.4.2.4 吸水率

不同乳化防水剂掺量下石膏基自流平砂浆的吸水率如图 4.37 所示。

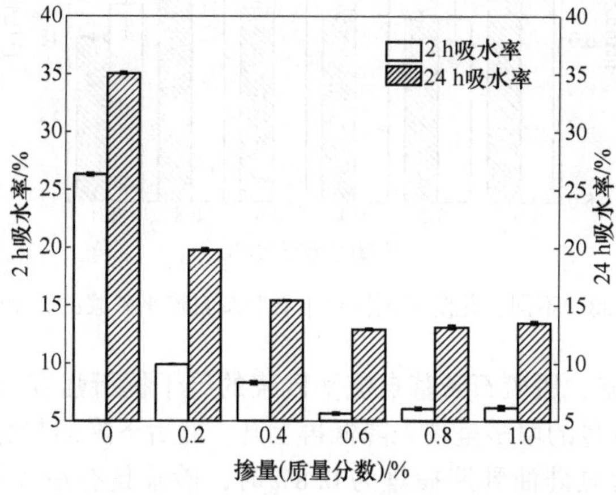

图 4.37 不同乳化防水剂掺量下石膏基自流平砂浆的吸水率

由图 4.37 可知，石膏基自流平砂浆的 2 h 和 24 h 吸水率随着含氢硅油乳液掺量的增加呈现降低的趋势。在含氢硅油乳液掺量超过 0.6%之后，砂浆的吸水率基本不变化。此外，未掺乳化防水剂的空白样 2 h 和 24 h 吸水率均最高，其值分别为 26.31%和 35.09%。同时在空白样刚刚浸入水中时，试件表面有较多的小气泡冒出，这说明未掺乳化防水剂的石膏基自流平砂浆不具备防水能力。掺 0.2%含氢硅油乳液的试件放入水中时也有少量气泡出现，其余试件未见气泡冒出，这说明乳化防水剂掺量在 0.4%~1.0%时，石膏基自流平砂浆具备一定的防水能力。此外，含氢硅油乳液掺量从 0.6%~1.0%时，其吸水率基本不变化，波动幅度为 0.49%~0.56%，这表明含氢硅油乳液掺量超过 0.6%之后对石膏基材料的防水性基本达到最佳状态。其中，当含氢硅油乳液掺量为 0.8%时，砂浆的 2 h 和 24 h 吸水率最低，其值分别为 5.71%和 12.97%，较空白样降低了 78.34%和 63.04%。这是由于含氢硅油乳液可以被均匀地分散在石膏浆体中，随着石膏的反应，含氢硅油乳液逐步吸附在反应后石膏颗粒的表面，逐渐形成一层保护膜，同时减缓二水石膏的生长速率，使得反应过程中的孔隙可以被逐步反应的石膏晶体填充，增大其密实度。同时具有疏水性的含氢硅油乳液可以在搅拌过程中将大气泡排出，降低了吸水速率。

4.4.2.5 力学性能

不同乳化防水剂掺量下石膏基自流平砂浆的力学性能如图 4.38 所示。

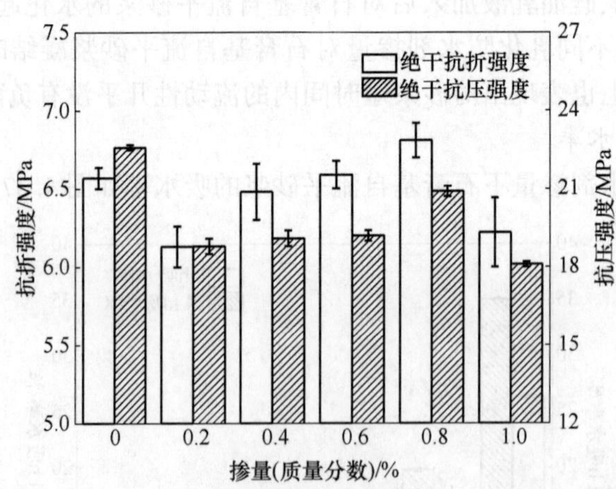

图 4.38 不同乳化防水剂掺量下石膏基自流平砂浆的力学性能

由图 4.38 可知，脱硫石膏基自流平砂浆的绝干抗折强度和绝干抗压强度随着含氢硅油乳液掺量的增多呈现先降低再上升，然后下降的趋势。从砂浆的绝干抗折强度来看，含氢硅油乳液掺量为 0.8%时，砂浆具有最大值且大于空白样，其值为 6.81 MPa，较空白样提升了 3.65%。然而，在含氢硅油乳液掺量为 1.0%时，砂浆具有最小值，较空白样降低了 5.33%。此外，从砂浆的绝干抗压强度来看，含氢硅油乳液掺量为 0.8%时，砂浆具有最大值但仍小于空白样，其值为

20.90 MPa，较空白样降低了7.52%，在含氢硅油乳液掺量为0.2%时，砂浆具有最小值，较空白样降低了16.81%。

根据以上砂浆的绝干抗折强度和绝干抗压强度结果分析，在含氢硅油乳液掺量为0.8%时，砂浆具有最佳力学性能，抗折强度较空白样略有提升，但抗压强度较空白样略有下降。结合气孔率来分析，含氢硅油乳液掺量为0.8%时，砂浆的气孔率较低，其应具有良好的力学性能，但是宏观表现为强度降低，这可能是由于含氢硅油乳液的加入在颗粒表面形成了防水膜，阻碍了晶体与水分的接触，降低了反应速率，同时也改变了晶体形貌。

4.4.2.6　软化系数

不同乳化防水剂掺量下石膏基自流平砂浆的软化系数如图4.39所示。

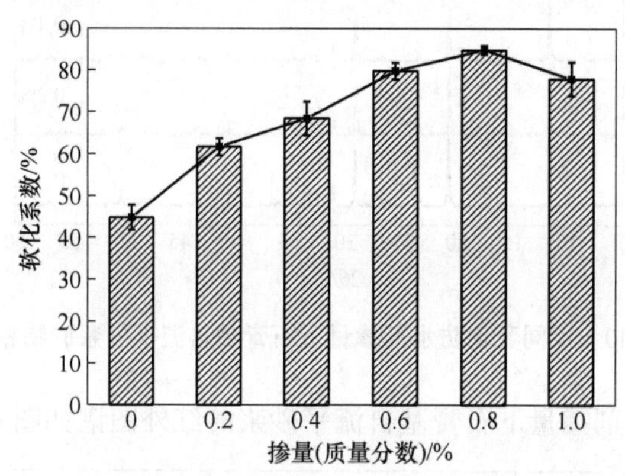

图4.39　不同乳化防水剂掺量下石膏基自流平砂浆的软化系数

由图4.39可知，随着含氢硅油乳液掺量的增加，石膏基自流平砂浆的软化系数呈现先提升后降低的趋势，但所有掺量下砂浆的软化系数均显著高于未添加含氢硅油乳液的空白样。在含氢硅油乳液0.8%掺量下砂浆的软化系数最大，其值为84.75%，空白样的软化系数为44.74%，表明掺入的含氢硅油乳液具备较强的防水性能。这与图4.37所示的吸水率存在一定的关联，也就是说空白样吸水率最大，其软化系数最小。在含氢硅油乳液掺量超过0.8%后，砂浆的吸水率增大，软化系数下降，进一步证明在实验范围内含氢硅油乳液的最佳掺量为0.8%。这是由于含氢硅油乳液可以有效地分散到每个石膏反应后的孔隙中，形成一层疏水性保护膜，同时对石膏晶体的生长没有过多的负面作用，使得反应过程的孔隙减小，密实度有一定程度的提升。当乳液掺量提升到1.0%之后，过量的含氢硅油乳液与石膏晶体接触吸附，影响石膏晶体的正常生长，并减缓其生长速率，致使二水石膏晶体生长不完全，最终降低软化系数。

4.4.2.7　物相组成

不同乳化防水剂掺量下石膏基自流平砂浆的物相组成如图4.40所示。由图可知，加入含氢硅油乳液的试样与未添加含氢硅油乳液的空白样水化产物的种类一致，均只有二水石膏，这表明半水石膏已完全反应，并且含氢硅油乳液的添加并不会对石膏基自流平砂浆水化产物的种类产生影响。在含氢硅油乳液掺量为0.8%时，试样的二水石膏衍射峰强度较高，并且高于其他组，证明其结晶度最好，从而也证明该试样的力学性能最佳，与图4.14中力学性能的变化规律基本一致。

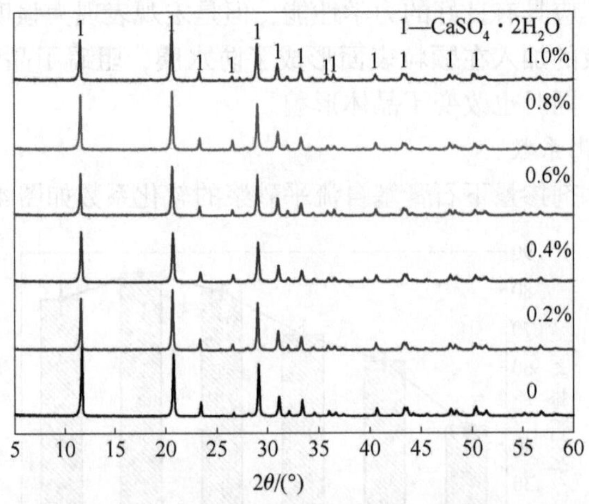

图4.40 不同乳化防水剂掺量下石膏基自流平砂浆的物相组成

不同乳化防水剂掺量下石膏基自流平砂浆的红外图谱如图4.41所示。

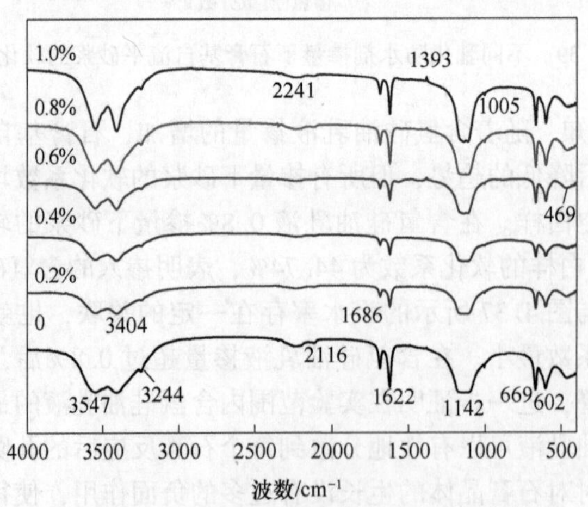

图4.41 不同乳化防水剂掺量下石膏基自流平砂浆的红外图谱

由图4.41可知，在所有试样中，在1142 cm^{-1}、669 cm^{-1}、602 cm^{-1}和469 cm^{-1}处均对应有二水石膏的特征峰。2116 cm^{-1}处有S—O键的伸缩振动特征峰；在1686 cm^{-1}和1622 cm^{-1}处有C—O伸缩振动特征峰；在3398~3408 cm^{-1}之

间为 H—O—H 键的伸缩振动峰，在 3547 cm^{-1}附近有石膏中 H_2O 的伸缩振动峰。1393 cm^{-1}处有 Si—C 伸缩振动特征峰，1005 cm^{-1}处有 Si—O 伸缩振动特征峰。乳化防水剂掺量越多，Si—C 伸缩振动特征峰与 Si—O 伸缩振动特征峰越明显，这与砂浆力学性能及其软化系数的变化规律基本一致。上述特征峰的变化表明含氢硅油乳液与石膏材料除了吸附作用外还有一定的化学反应，牢牢地与石膏基自流平砂浆表面及内孔壁建立相互作用，以此来实现长期有效防水。

4.4.2.8 接触角

不同乳化防水剂掺量下石膏基自流平砂浆的接触角如图 4.42 所示。

图 4.42 不同乳化防水剂掺量下石膏基自流平砂浆的接触角
(a) 空白样；(b) 0.2%；(c) 0.4%；(d) 0.6%；(e) 0.8%；(f) 1.0%

由图 4.42 可知，随着含氢硅油乳液掺量的增多，石膏基自流平砂浆的接触角呈现先增大后降低的趋势。含有乳化防水剂的试样表面接触角均大于空白样。

空白样的接触角为46.21°，当含氢硅油乳液掺量为0.2%时，试样表面接触角值的变化并不明显，仅仅为60.71°。也就是说含氢硅油乳液掺量小于0.4%时，试样表面的接触角与空白样基本一致。在含氢硅油乳液掺量为0.8%时，试样表面具有最大接触角，其值为126.39°。含氢硅油乳液的掺入显著提升了砂浆的疏水性，试样接触角的变化规律与图4.37的吸水率以及图4.39的软化系数变化基本一致。当含氢硅油乳液掺量为0.8%时，砂浆的吸水率最低，软化系数最大，表明所制备的石膏基自流平砂浆具有良好的防水性。

4.4.2.9 微观形貌

不同乳化防水剂掺量下石膏基自流平砂浆的SEM如图4.43所示。

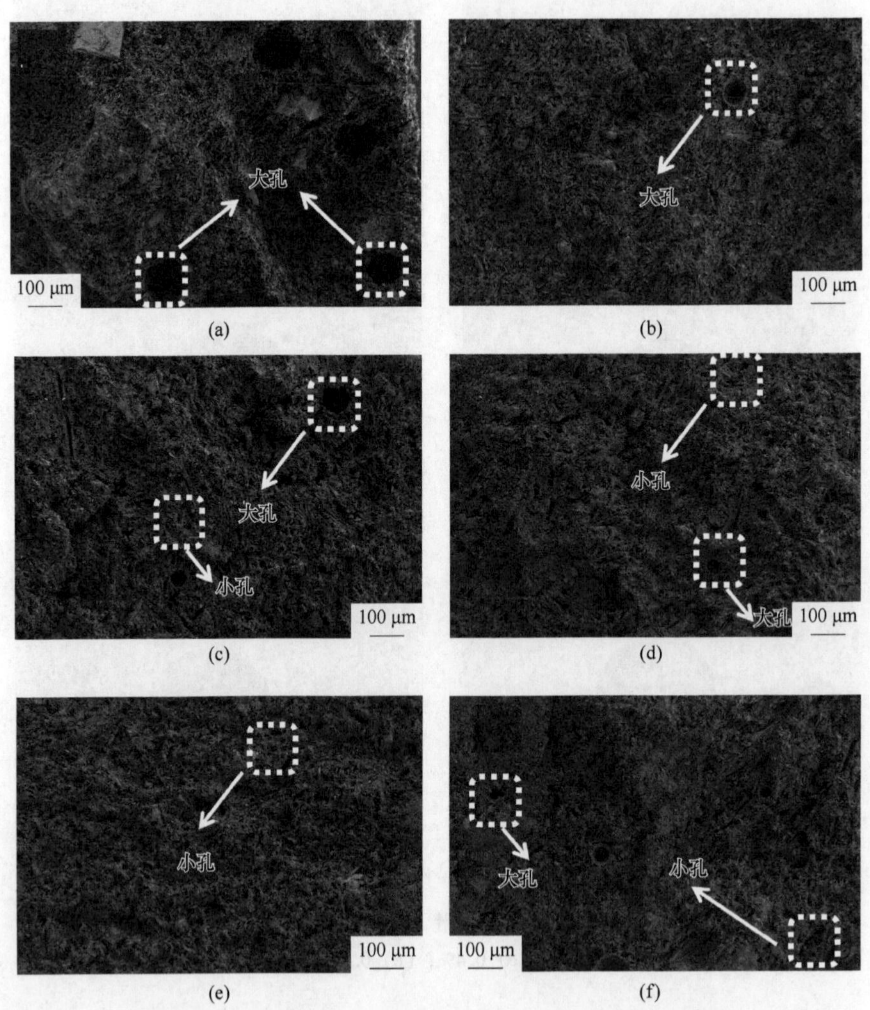

图4.43 不同乳化防水剂掺量下石膏基自流平砂浆的SEM
(a) 空白样；(b) 0.2%；(c) 0.4%；(d) 0.6%；(e) 0.8%；(f) 1.0%

由图 4. 43 可以看出，不掺含氢硅油乳液的空白样有大量明显的孔洞，这是过量的自由水挥发后留下的。加入含氢硅油乳液后，试样中大孔的数量明显减少，约为空白样的一半。当含氢硅油乳液掺量为 0. 6%时，试样中的大孔尺寸变化更加明显，仅为空白样的 1/4，具有一定量的小孔出现，这是因为含氢硅油乳液加入后在石膏水化硬化过程中不断有过量的水分被排出，因此留下这些微小的孔。同时，由于石膏基体硬化后试样内部没有大量的水分存在，也不会留下因后期水分挥发而产生的大孔。当含氢硅油乳液掺量为 0. 8%时，试样中观察不到大孔的存在，只有微小的孔，表明此时含氢硅油乳液掺量达到最佳掺量，能够协助石膏在硬化过程中排出过量的水。当含氢硅油乳液掺量为 1. 0%时，试样中出现少许大孔，可能是由于含氢硅油乳液掺量过多，影响了石膏晶体的水化，对水分子形成包围，进而不能完全排出过量的水。

不同乳化防水剂掺量下石膏晶体的 SEM 如图 4. 44 所示。

由图 4. 44 可知，随着含氢硅油乳液掺量的增加，试样中石膏晶体形貌由粗棒状向短柱状转变，层状结构占比开始增多。石膏晶体间的孔隙能够被短柱状晶体填充，致密性有增加的趋势，这与图 4. 34 中砂浆气孔率的变化规律相一致，同时说明含氢硅油乳液掺量为 0. 8%时，试件的力学性能最佳。然而，当含氢硅油乳液掺量增至 1. 0%时，虽然其石膏晶体形貌与 0. 8%掺量下的晶体形貌相类似，但是石膏晶体表面可以看到出现部分絮团状物质，这可能导致砂浆的力学性

图 4.44　不同乳化防水剂掺量下石膏晶体的 SEM

(a) 空白样；(b) 0.2%；(c) 0.4%；(d) 0.6%；(e) 0.8%；(f) 1.0%

能降低，这与图 4.38 不同乳化防水剂掺量下石膏基自流平砂浆的力学性能结果相一致。

4.4.2.10　微区元素分布

含氢硅油乳液掺量为 0.8%时样品的微区元素分布如图 4.45 所示。

图 4.45　0.8%含氢硅油乳液掺量下的微区元素分布

结合不同乳化防水剂掺量下石膏基自流平砂浆的物相组成结果和图 4.45 可知，在含氢硅油乳液掺量为 0.8%的试样中 Ca、S、O 和 Si 元素均匀分布，且占有试样面积的绝大部分。另外，根据 Si 元素分布可以看出，大量的硅元素在石膏晶体表面均匀分布，此处的 Si 来自含氢硅油乳液，说明含氢硅油乳液均匀分散在了石膏颗粒表面。这表明含氢硅油这种防水剂乳化效果较好，在一定程度上提升了脱硫石膏基自流平砂浆的耐水性。

5 相变储能型脱硫石膏基复合材料性能优化研究

5.1 直接掺入法制备石蜡/石膏复合材料

石膏具有大量微孔的结构和优良的隔声、防火和储能性能，经常被用作相变材料的基体。此外，硫酸钙晶须（CSW）是一种新型的高强度高韧性纤维，由于其近乎完美的晶体结构，具有优良的耐热性、绝缘性，以及比聚合物更高的拉伸强度和弹性模量。硫酸钙晶须不仅具有增强纤维和超细无机填料的优点，而且还具有与石膏基体相似的化学成分。本章研究了石蜡（PA）和硫酸钙晶须对直接掺入法制备的石膏基复合材料力学性能的影响并且获得了具有优异性能的储能石膏。

根据《建筑石膏　力学性能的测定》（GB/T 17669.3—1999），将石蜡与脱硫石膏和水混合，制备尺寸为 40 mm × 40 mm × 160 mm 的砌块。表 5.1 为石蜡/脱硫石膏复合材料的原材料配比。

表 5.1　石蜡/脱硫石膏复合材料的原材料配比

序号	FGDG 质量/g	PA 质量分数/%
1	1000	0
2	1000	5
3	1000	10
4	1000	15
5	1000	20
6	1000	25

注：用水量为 FGDG 的标准稠度需水量。

此外，将硫酸钙晶须与石蜡/脱硫石膏按固定质量比混合，硫酸钙晶须增强的石蜡/脱硫石膏复合材料的组成见表 5.2。为保证硫酸钙晶须能够被尽可能地分散，制备前将硫酸钙晶须与水混合并超声处理 3 min。然后，测试砌块的力学性能，并根据复合材料的力学性能和储热能力，确定了石蜡和硫酸钙晶须的最佳掺量。

表 5.2 硫酸钙晶须增强的石蜡/脱硫石膏复合材料的组成

序号	FGDG 质量/g	CSW 质量分数/%
1	1000	0.5
2	1000	1.5
3	1000	2.5
4	1000	3.5
5	1000	4.5

注：用水量为脱硫石膏的标准稠度需水量，石蜡用量为根据表 5.2 确定的石蜡最佳掺量。

选择上述最佳复合材料，并研究了石蜡受热相变后复合材料的力学性能变化。Ⅰ-F、Ⅱ-F 是以标准稠度需水量制备的对照试块，Ⅰ-PF、Ⅱ-PF 是由石蜡的最佳含量制备的石蜡/脱硫石膏复合材料，Ⅰ-CPF、Ⅱ-CPF 是由石蜡和硫酸钙晶须的最佳含量制备的硫酸钙晶须增强石蜡/脱硫石膏复合材料。试样的预处理方式如表 5.3 所示。所有砌块的表面都涂有防锈漆，以防止石蜡在相变后从脱硫石膏基体中漏出。

表 5.3 试样的预处理方式

试样编号	试样组成	养护条件	预处理方式
Ⅰ-F	FGDG	40 ℃, 7 d	—
Ⅱ-F	FGDG	40 ℃, 7 d	70 ℃保温 2 h 后冷却
Ⅰ-PF	PA + FGDG	40 ℃, 7 d	—
Ⅱ-PF	PA + FGDG	40 ℃, 7 d	70 ℃保温 2 h 后冷却
Ⅰ-CPF	CSW + PA + FGDG	40 ℃, 7 d	—
Ⅱ-CPF	CSW + PA + FGDG	40 ℃, 7 d	70 ℃保温 2 h 后冷却

5.1.1 石蜡与硫酸钙晶须对复合材料性能的影响

当 300 g 脱硫石膏的用水量为 207 g，即水膏比为 0.69 时，石膏净浆的坍落度符合《建筑石膏 净浆物理性能的测定》（GB/T 17669.4—1999）的要求。因此，在随后的实验中选择了 0.69 的水胶比。

不同石蜡掺量的石蜡/脱硫石膏复合材料的力学性能如图 5.1 所示。

复合材料的抗折和抗压强度随着石蜡掺量的增加呈现出先下降再上升再下降的趋势。此外，所有石蜡/脱硫石膏复合材料的力学性能都低于不含石蜡的脱硫石膏试块。

与不含石蜡的脱硫石膏试块相比，含有 10%石蜡的石蜡/脱硫石膏复合材料的抗折强度和抗压强度分别降低了 56.15%和 65.40%。当复合材料受到载荷时，材料中某些成分的塑性变形可以吸收部分能量，从而缓解了应力集中，提高了复

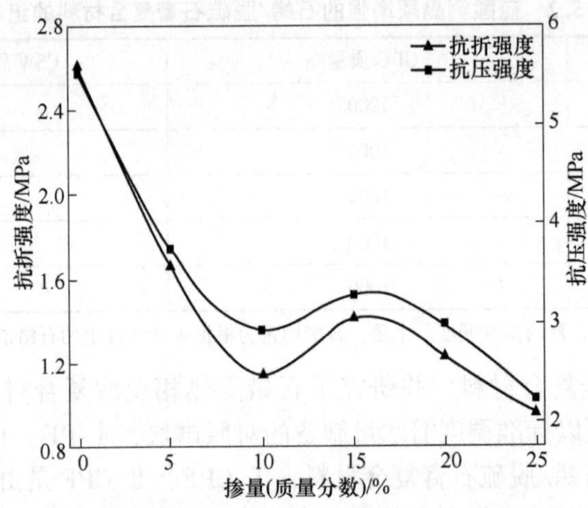

图 5.1　不同石蜡掺量的石蜡/脱硫石膏复合材料的力学性能

合材料的性能。当石蜡含量低于 10%时，石蜡的塑性变形对复合材料力学性能的积极影响要远远低于石蜡–脱硫石膏界面的消极影响。当石蜡含量为 10%～15%时，复合材料的力学性能得到改善。有足够的石蜡塑性变形来吸收断裂能量，而且由石蜡塑性变形产生的强度增长率高于引入弱的石蜡–脱硫石膏界面造成的强度降低率。当石蜡的含量为 15%时，复合材料的最佳抗折强度和抗压强度分别为 1. 43 MPa 和 2. 08 MPa。此外，在该掺量下，复合材料具有一定的蓄热能力。当石蜡含量大于 15%时，复合材料的抗折和抗压强度下降，因为石蜡颗粒容易相互聚集，导致石蜡颗粒之间的距离减小，裂纹容易在石蜡–石蜡界面延伸。

硫酸钙晶须增强的石蜡/脱硫石膏复合材料的力学性能影响如图 5. 2 所示。

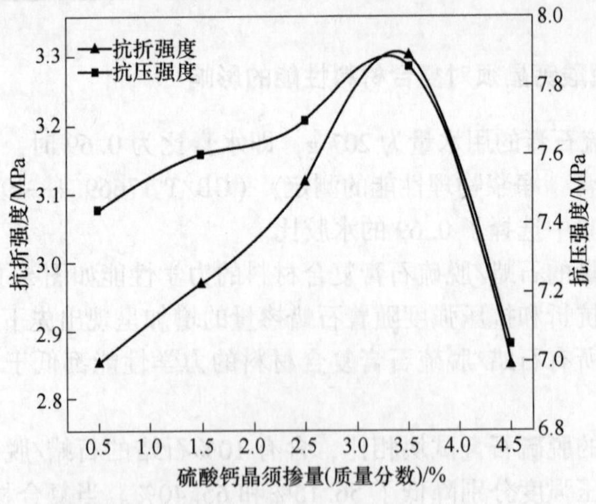

图 5. 2　硫酸钙晶须增强的石蜡/脱硫石膏复合材料的力学性能

随着硫酸钙晶须掺量的增加，硫酸钙晶须增强的石蜡/脱硫石膏复合材料的抗折强度和抗压强度呈现出先增加后降低的趋势。当硫酸钙晶须掺量为 3.5%时，复合材料具有最佳的力学性能。抗折强度和抗压强度值分别为 3.30 MPa 和 7.87 MPa，比不含硫酸钙晶须的最佳石蜡/脱硫石膏复合材料分别高 131%和 278%。此外，硫酸钙晶须对石膏增强的效果要比聚丙烯纤维对石膏的增强效果好。这是因为硫酸钙晶须是一种单晶体，具有近乎完美的晶体结构和高的强度。硫酸钙晶须的强度高于脱硫石膏的强度，因此引入硫酸钙晶须可以显著提高复合材料的强度。此外，硫酸钙晶须具有与石膏相似的化学结构和高的表面能，它被用作成核点以促进水化产物 $CaSO_4 \cdot 2H_2O$ 的非均匀成核。成核点细化了 $CaSO_4 \cdot 2H_2O$ 的晶粒，这反过来又提高了复合材料的强度。最后，硫酸钙晶须通过桥接效应连接水合产物 $CaSO_4 \cdot 2H_2O$ 晶体，增加了晶体接触点的数量，进一步提高了复合材料的强度。

不同放大倍数下的石蜡/脱硫石膏复合材料的 SEM 图像如图 5.3 所示。

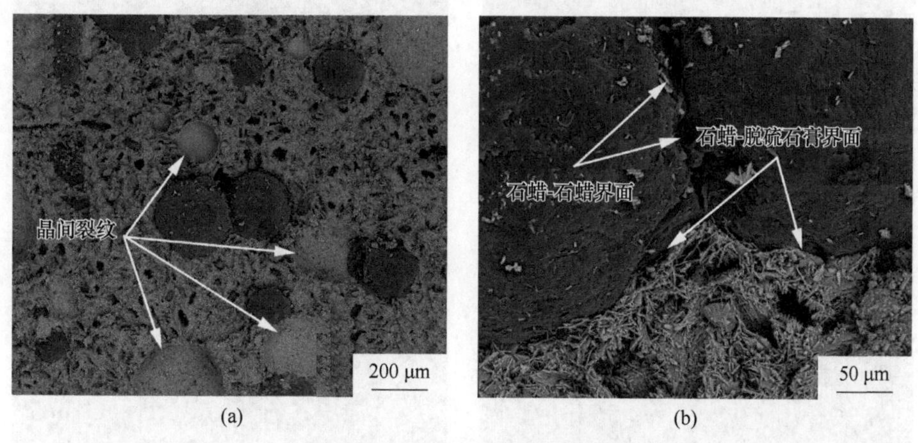

图 5.3 含有 15%石蜡的脱硫石膏基复合材料的 SEM 图像

由图 5.3 可知，复合材料中存在着石蜡-脱硫石膏和石蜡-石蜡界面。由于界面效应，石蜡-脱硫石膏和石蜡-石蜡界面成为复合材料内部的薄弱环节，在复合材料的受力过程中，界面处容易产生裂纹。

硫酸钙晶须增强的石蜡/脱硫石膏复合材料的 SEM 图像如图 5.4 所示。

在图 5.4（a）~（d）中，发现硫酸钙晶须可以很好地分散在脱硫石膏基体中。此外，图 5.4（e）表明，过多的硫酸钙晶须出现了聚集。因此，当硫酸钙晶须含量从 3.5%增加到 4.5%时，硫酸钙晶须不能很好地分散在基体中而结块，导致强度下降，这与图 5.3 的结果一致。

石蜡/脱硫石膏和硫酸钙晶须增强的石蜡/脱硫石膏复合材料的相组成通过 XRD 进行了表征，如图 5.5 所示。

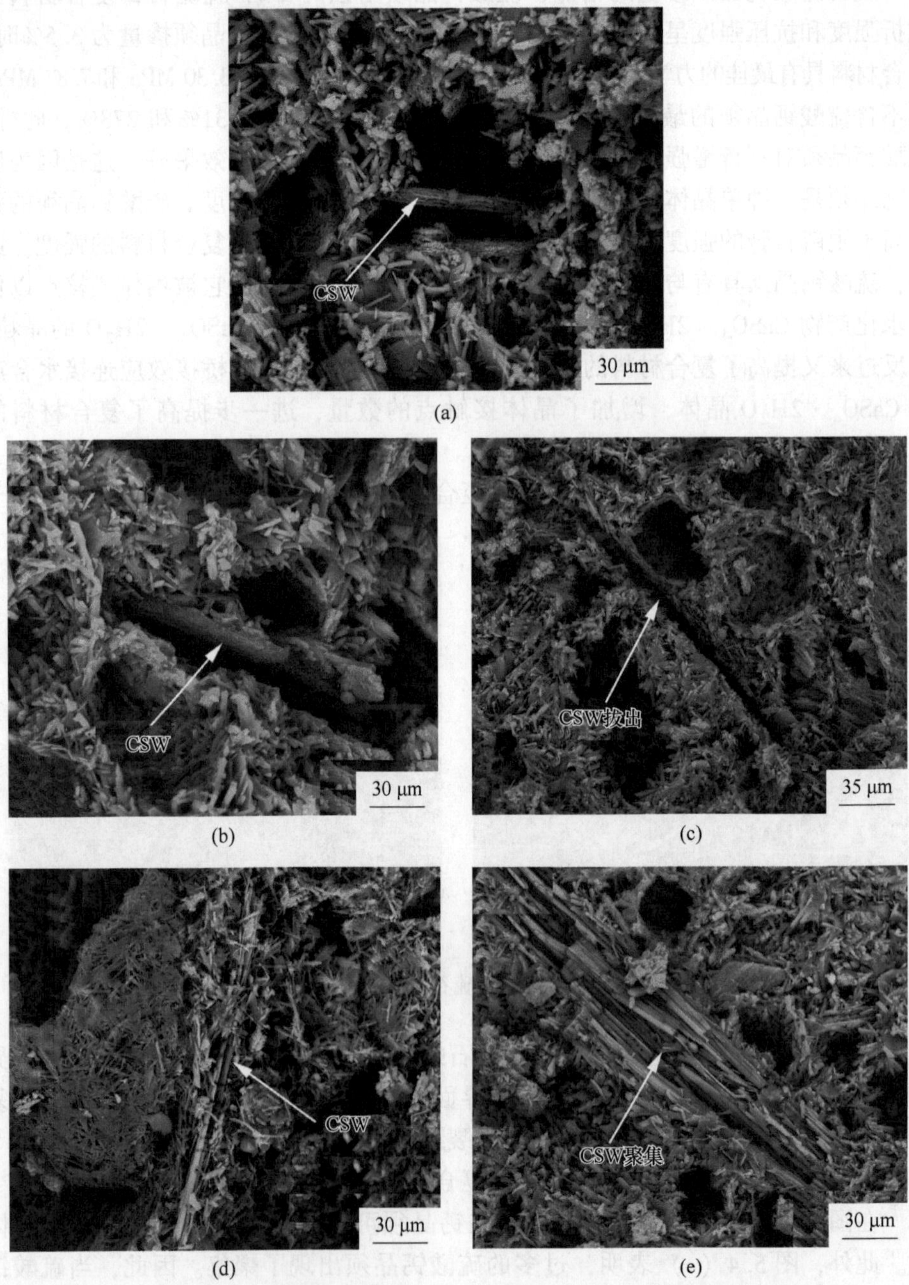

图 5.4 硫酸钙晶须增强的石蜡/脱硫石膏复合材料的 SEM 图像

(a) 硫酸钙晶须掺量为 0.5%；(b) 硫酸钙晶须掺量为 1.5%；(c) 硫酸钙晶须掺量为 2.5%；(d) 硫酸钙晶须掺量为 3.5%；(e) 硫酸钙晶须掺量为 4.5%

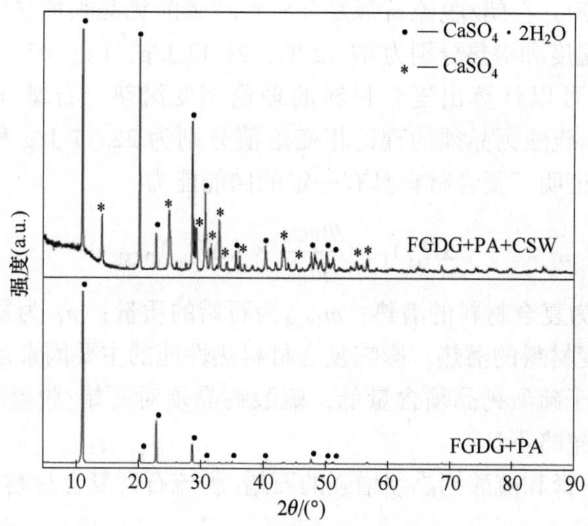

图 5.5 石蜡/脱硫石膏和硫酸钙晶须增强的石蜡/脱硫石膏复合材料的 XRD 图

由图 5.5 可以看出，石蜡/脱硫石膏复合材料的 XRD 图谱与 $CaSO_4 \cdot 2H_2O$ 的图谱相同，表明没有产生新的物质，硫酸钙晶须和脱硫石膏没有相互反应。对于硫酸钙晶须增强的石蜡/脱硫石膏复合材料的 XRD 图，除了水化产物 $CaSO_4 \cdot 2H_2O$ 的衍射峰，有明显的 $CaSO_4$ 的衍射峰，这是由于存在晶体结构程度高的硫酸钙晶须。复合材料的 XRD 图中没有其他衍射峰，所以硫酸钙晶须和脱硫石膏基体没有发生反应，化学上是相容的。

石蜡/脱硫石膏复合材料的热分析如图 5.6 所示。

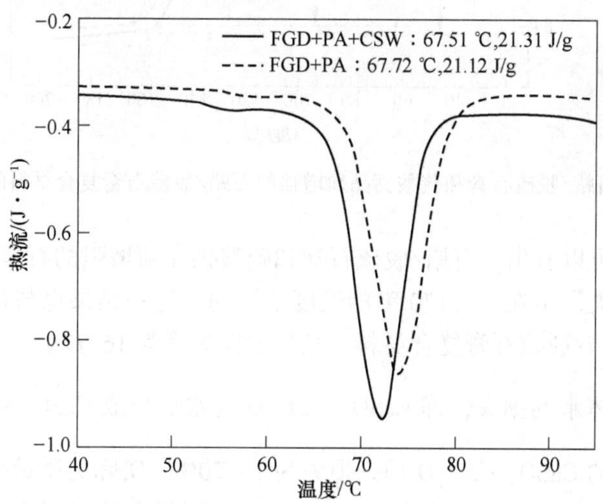

图 5.6 石蜡/脱硫石膏和硫酸钙晶须增强的石蜡/脱硫石膏复合材料的 DSC 曲线

由图 5.6 可知，石蜡/脱硫石膏复合材料和硫酸钙晶须增强的石蜡/脱硫石膏复合材料的相变温度和潜热分别为 67.72 ℃，21.12 J/g，以及 67.51 ℃，21.31 J/g。根据式（5.1），可以计算出复合材料的理论相变潜热，石蜡 + 脱硫石膏和石蜡 + 脱硫石膏 + 硫酸钙晶须的理论相变焓值分别为 22.17 J/g 和 22.13 J/g，与实验结果一致，证明了复合材料具有一定的储能能力。

$$(\Delta H_m)_C = \frac{m_{PCM}}{m_C} \times (\Delta H_m)_{PCM} \tag{5.1}$$

式中，$(\Delta H_m)_C$ 为复合材料的潜热；m_{PCM} 为石蜡的质量；m_C 为复合材料的质量；$(\Delta H_m)_{PCM}$ 为相变材料的潜热。影响复合材料热性能的主要因素是复合材料中 PA 的有效含量，由于硫酸钙晶须含量低，硫酸钙晶须对石蜡/脱硫石膏复合材料热性能的影响可以忽略不计。

石蜡/脱硫石膏和硫酸钙晶须增强的石蜡/脱硫石膏复合材料的热重曲线如图 5.7 所示。

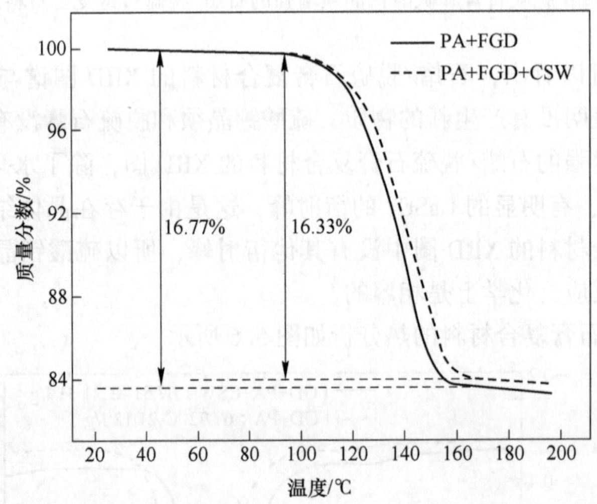

图 5.7 石蜡/脱硫石膏和硫酸钙晶须增强的石蜡/脱硫石膏复合材料的热重曲线

由图 5.7 可以看出，石蜡/脱硫石膏和硫酸钙晶须增强的石蜡/脱硫石膏复合材料的质量损失发生在 90~170 ℃的温度范围内，这一结果也与现有的研究结果相同。对于石蜡/脱硫石膏复合材料，其质量损失率为 16.77%。复合材料的质量损失主要是晶体水的损失，即 $CaSO_4 \cdot 2H_2O$ 脱水后形成 $CaSO_4 \cdot \frac{1}{2}H_2O$。然而，按分子量计算的 $CaSO_4 \cdot 2H_2O$ 理论损失为 15.70%。实际的质量损失略高于理论值，这是因为即使温度没有达到 $CaSO_4 \cdot 2H_2O$ 的脱水温度，试样中仍有少量的自由水和晶体水失去。硫酸钙晶须增强的石蜡/脱硫石膏复合材料的 TG 曲线与石蜡/脱硫石膏复合材料大致相同，因此可以说明硫酸钙晶须的引入并不影响复合材料的热稳定性，即石蜡/脱硫石膏和硫酸钙晶须增强的石蜡/脱硫石膏复合材料在 90 ℃以下是稳定的。

5.1.2 热循环对石蜡/石膏复合材料力学性能的影响

不同预处理后石蜡/脱硫石膏复合材料的力学性能如图 5.8 所示。

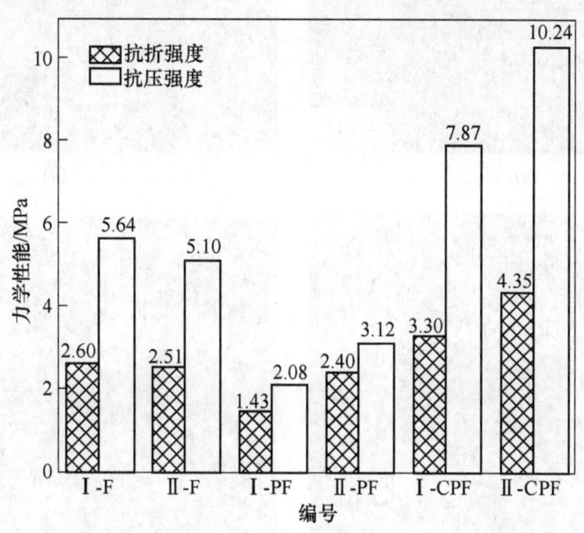

图 5.8 复合材料在不同预处理后的力学性能

Ⅰ-F 和Ⅱ-F 作为对照样品，表明了纯脱硫石膏试块在热循环后的力学性能损失。当脱硫石膏在 70 ℃下保持 2 h，抗折强度从 2.60 MPa 下降到 2.51 MPa，抗压强度从 5.64 MPa 下降到 5.10 MPa，抗折和抗压强度的损失率分别为 3.85% 和 9.57%。这是由于尽管 $CaSO_4 \cdot 2H_2O$ 的理论脱水温度为 90 ℃，但仍有一定数量的 $CaSO_4 \cdot 2H_2O$ 在低于理论脱水温度的环境中脱水成 $CaSO_4 \cdot \frac{1}{2}H_2O$，这也导致了脱硫石膏内部结晶接触点数量的减少，进而造成强度的降低。对于Ⅰ-PF 和Ⅱ-PF，与Ⅰ-PF 相比，Ⅱ-PF 的抗弯和抗压强度有所提高，这一结果与现有研究相似。这是由于石蜡受热相变为液相后，在重力和毛细管力的共同作用下发生迁移，整个过程可以看作是复合材料中微孔向大孔的转变。具有无序孔隙结构的微孔变成了均匀分布的大孔，而微孔数量的减少导致了复合材料中裂纹传播路径和断裂能量的增加。对于Ⅰ-CPF 和Ⅱ-CPF，力学性能的增长趋势与Ⅰ-PF 和Ⅱ-PF 一致。

图 5.9 为不同预处理方式下的石蜡/脱硫石膏复合材料的 SEM 图。

从图 5.9（a）（b）中可以看出，当石蜡与脱硫石膏直接混合时，石蜡均匀地分散在基体中。此外，当石蜡受热相变后，液态石蜡相在重力和毛细管力的共

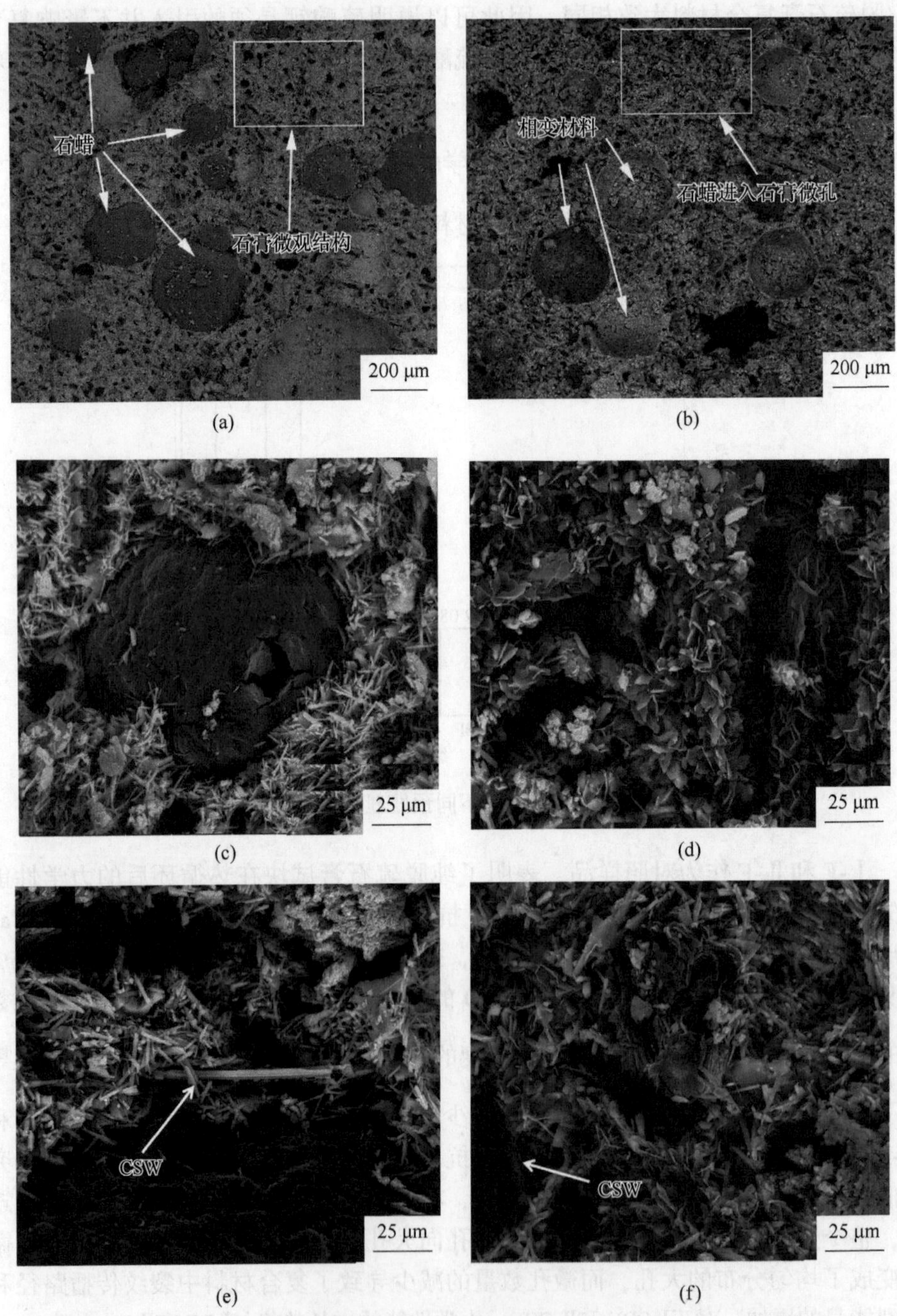

图 5.9 石蜡/脱硫石膏和硫酸钙晶须增强的石蜡/脱硫石膏复合材料经过不同方式预处理后的 SEM 图

(a)~(d) 石蜡/脱硫石膏复合材料；(e)(f) 硫酸钙晶须增强的石蜡/脱硫石膏复合材料

同作用下迁移到微孔中时，在原来石蜡颗粒的位置留下了大孔。如图 5.9（c）~（f）所示，复合材料加热后，内部的石蜡转化为液态相，液态石蜡相随着脱硫石膏基体中的开放孔隙迁移，不断黏附在 $CaSO_4 \cdot 2H_2O$ 晶体表面，固化的石蜡形成了三维网络结构。三维网络结构的存在可以有效地改善复合材料的力学性能。因此，石蜡的三维网络结构在提高复合材料的强度方面起到了很大的作用。

5.2 定形石蜡对脱硫石膏基复合材料性能的影响

近些年，研究学者采用天然多孔材料（沸石、硅藻土、膨胀石墨等）或自制多孔材料作为载体对相变材料进行吸附并制备定形相变材料，结果表明具有良好孔径分布与孔径大小的多孔材料可以在不影响相变潜热和相变温度的前提下有效地防止相变材料的泄漏。将定形相变材料与建筑材料通过直接混合法制备得到储能建筑材料，对其研究发现相变材料的引入能够有效改善建筑材料的热性能，但随着相变材料掺量的增加会使储能建筑材料的力学性能有较大损失。然而当选用的定形相变材料与建筑基体材料具有较好的相容性时，定形相变材料对于建筑材料的力学性能影响相对较小。当以储能建筑材料作为墙体材料时，随着相变材料含量的增大，墙体材料的热惯性有明显改善。因此相变材料的引入可以减少建筑能耗，对于建筑节能是一种有效的方法。

定形二元石蜡/脱硫石膏复合材料的制备过程如图 5.10 所示。

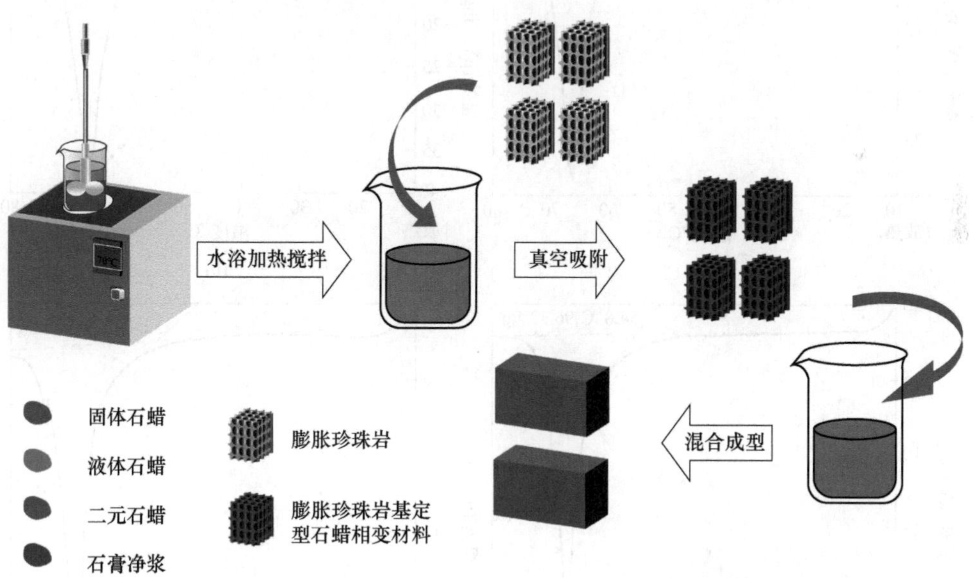

图 5.10 定形二元石蜡/脱硫石膏复合材料的制备过程

为降低固态石蜡的相变温度，采用复配方法制备二元共晶化合物。按固体石蜡与液体石蜡质量比分别为 1∶1、1∶1.5、1.5∶1、1∶2 及 2∶1 称取，加入 4%（质量分数）乳化剂，置于 70 ℃ 水浴锅中搅拌 10 min，使两种石蜡充分共熔，即得到不同质量比的二元石蜡（binary paraffin，BP）。将二元石蜡装入烧杯置于烘箱内加热到 70 ℃，以二元石蜡与膨胀珍珠岩（expanded perlite，EP）质量比分别为 2∶1、3∶1、3.5∶1、4∶1 及 5∶1 称取加入烧杯内，真空负压 2 h 后取出，即制得定形二元石蜡（shape stabilized binary paraffin，SSBP）。将制得的 SSBP 直接与脱硫建筑石膏混合均匀，并以水膏比为 0.7 加水拌和均匀后，浇筑到 40 mm × 40 mm × 160 mm 砂浆标准试模中成型制得定形二元石蜡/脱硫石膏复合材料。

图 5.11 为不同固态石蜡/液体石蜡质量比的二元石蜡 DTA 图。

由图 5.11 可知，随着固态石蜡的质量比增大，二元石蜡的相变潜热呈现出上升趋势，这是由于固态石蜡中长链烷烃分子较多，二元石蜡的熔程增大，同时二元石蜡的相变温度也呈现上升的趋势。由图 5.11（d）（e）可以看出，热分析曲线均出现两个峰，这说明两种石蜡共熔效果不好，因此在图 5.11（a）~（c）所

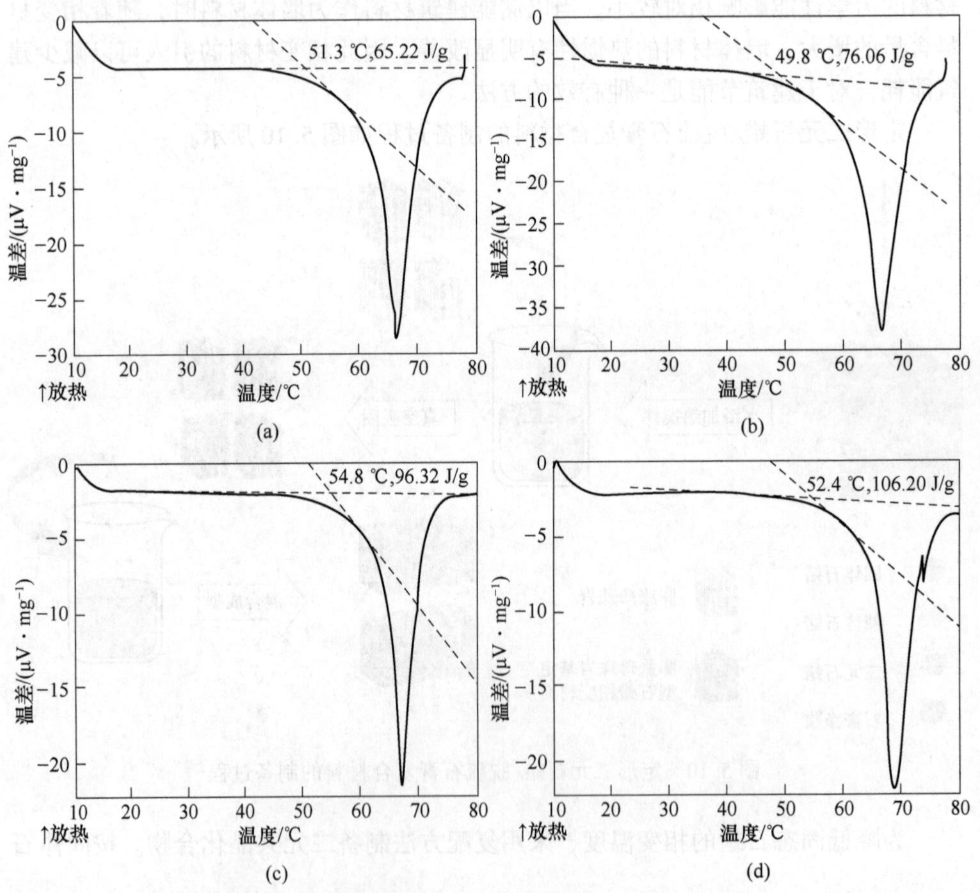

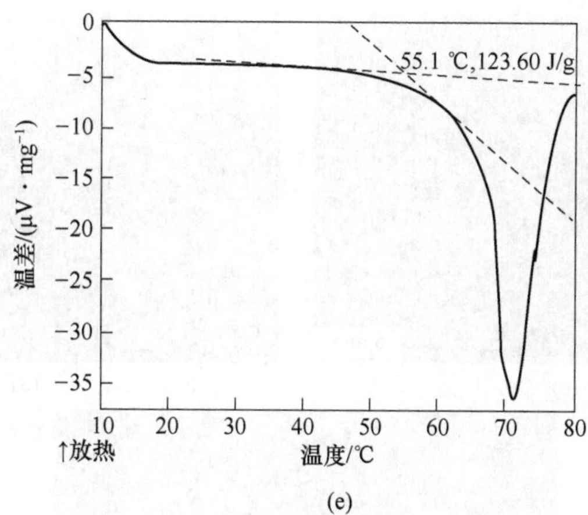

(e)

图 5.11 不同固态石蜡/液体石蜡质量比时二元石蜡的 DTA 图
(a) 1∶2；(b) 1∶1.5；(c) 1∶1；(d) 1.5∶1；(e) 2∶1

示的试样中选取相变温度适合且相变潜热较大的试样。对比可知这三种试样的相变温度相差都不大，其值分别为 51.3 ℃、49.8 ℃和 54.8 ℃，但图 5.11（c）所示的试样相变潜热最大，其值为 96.32 J/g。将二元石蜡装入烧杯置于烘箱内加热到 70 ℃，以二元石蜡与膨胀珍珠岩质量比分别为 2∶1、3∶1、3.5∶1、4∶1 及 5∶1 称取加入烧杯内，真空负压 2 h 后取出，即制得定形二元石蜡。

二元石蜡与膨胀珍珠岩不同质量比复合制备得到的定形二元石蜡如图 5.12 所示。由图 5.12（a）（b）可知，当二元石蜡/膨胀珍珠岩质量比小于 3∶1 时，定形二元石蜡的表面不存在黏附的石蜡，颗粒分散性良好。

由图 5.12（c）~（e）可知，当二元石蜡/膨胀珍珠岩质量比大于等于 3∶1 时，由于二元石蜡过量，膨胀珍珠岩吸附石蜡达到饱和，定形二元石蜡颗粒表面上附着多余石蜡，颗粒间相互黏附团聚，因此会导致定形二元石蜡在脱硫建筑石膏浆体中分散性不好。当二元石蜡/膨胀珍珠岩质量比为 2.5∶1 时，定形二元石蜡基本达到饱和吸附状态。

(a)

(b)

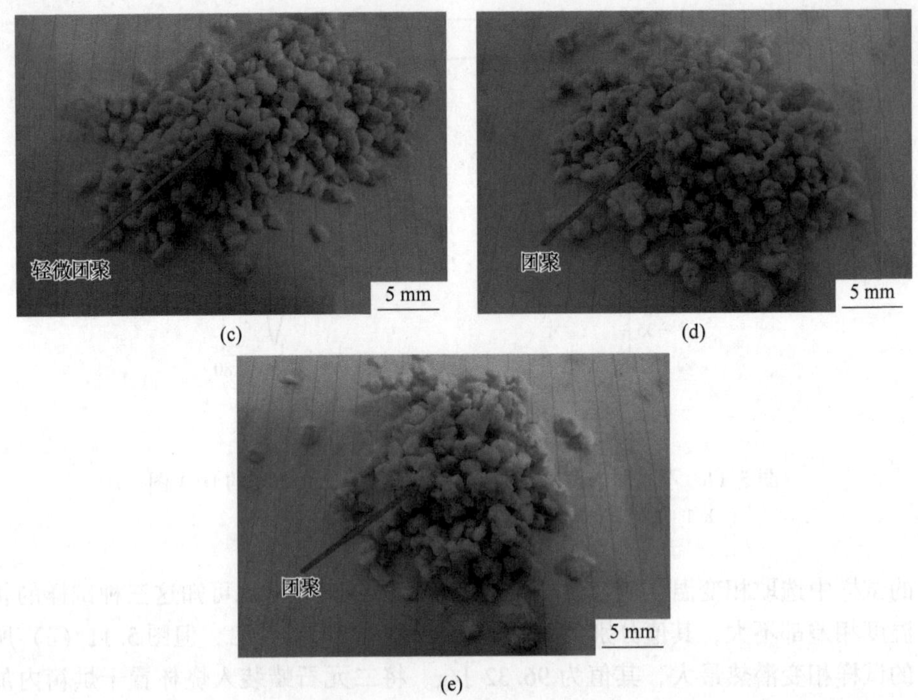

(c) (d) (e)

图 5.12 不同二元石蜡/膨胀珍珠岩质量比制得的定形二元石蜡相变材料

(a) 2∶1；(b) 2.5∶1；(c) 3∶1；(d) 3.5∶1；(e) 4∶1

为进一步研究膨胀珍珠岩对于二元石蜡的吸附作用，使用扫描电镜对定形二元石蜡的微观形貌进行分析，如图 5.13 所示。

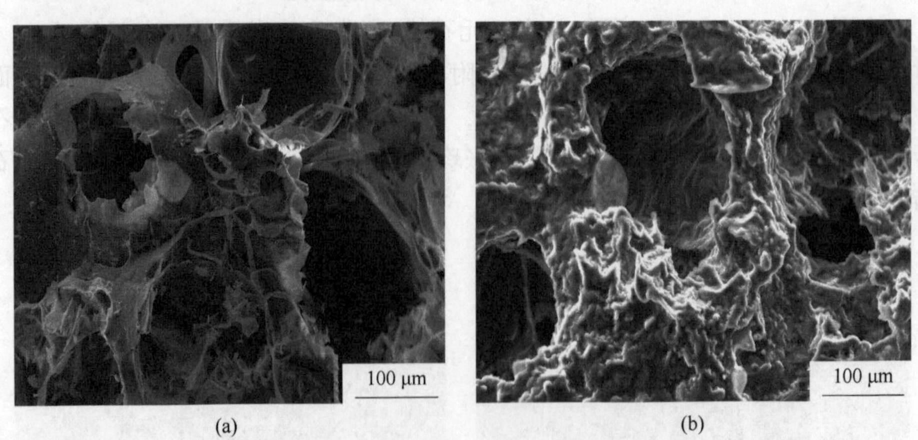

(a) (b)

图 5.13 膨胀珍珠岩吸附二元石蜡前后的微观结构

(a) 膨胀珍珠岩；(b) 定形二元石蜡（二元石蜡/膨胀珍珠岩质量比为 2.5∶1）

由图 5.13（a）可知，膨胀珍珠岩的微观表面光滑，内部存在许多微孔，其直径大约为 100 μm。大量微孔的存在使得二元石蜡在毛细管力的作用下被膨胀珍珠岩所吸附。由图 5.13（b）可以发现，二元石蜡均匀地吸附在膨胀珍珠岩微孔中，使得孔壁变厚，微孔直径变小。此外，在膨胀珍珠岩内部有少量的空隙未被填满，这是由于膨胀珍珠岩含有大量的钠、钙等离子，增大了膨胀珍珠岩表面的极性，使其更易于吸附极性分子。二元石蜡主要由非极性烷烃组成，因此膨胀珍珠岩对其吸附是不饱满的。

不同二元石蜡/膨胀珍珠岩质量比的定形二元石蜡的热稳定性如图 5.14 所示。

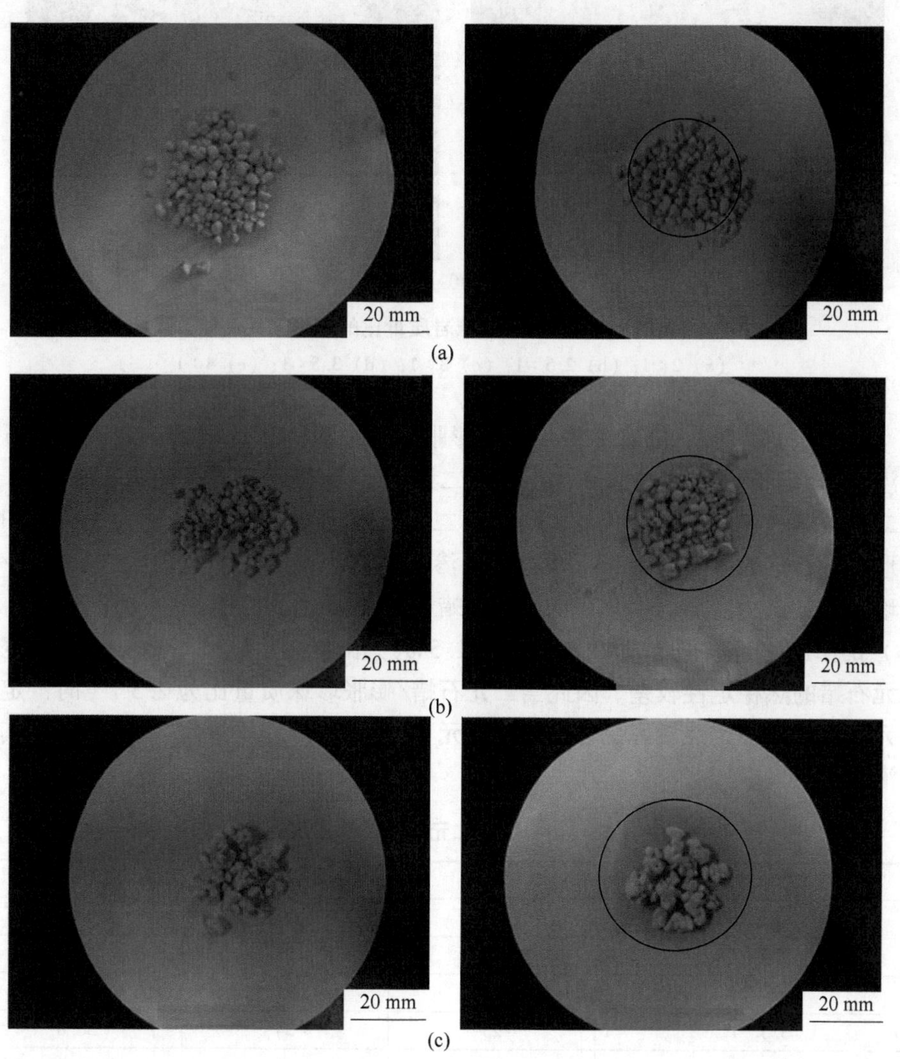

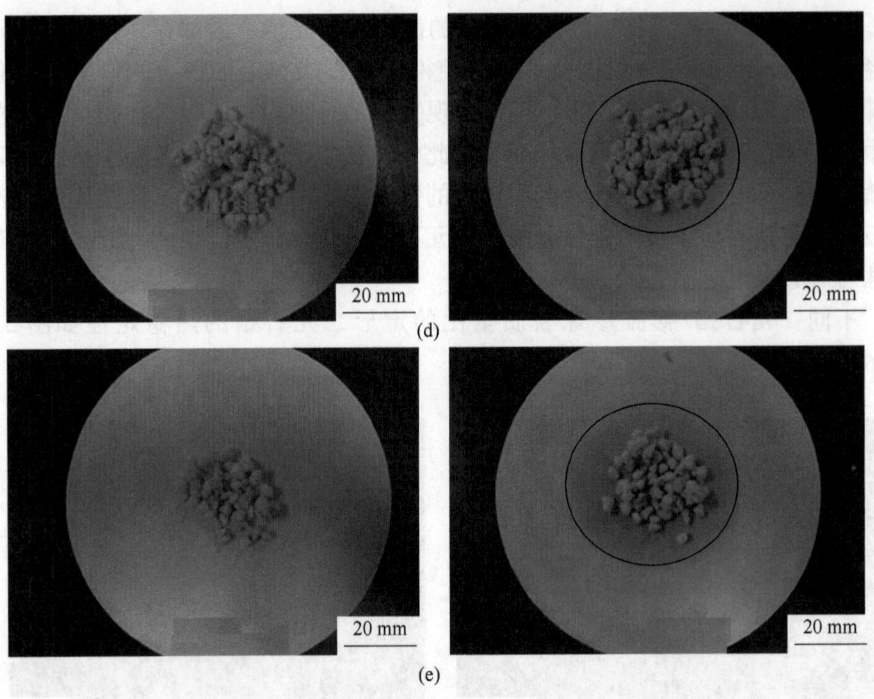

图 5.14 不同二元石蜡/膨胀珍珠岩质量比的定形二元石蜡热稳定性

(a) 2∶1; (b) 2.5∶1; (c) 3∶1; (d) 3.5∶1; (e) 4∶1

由图 5.14 可知，随着二元石蜡在膨胀珍珠中吸附量的增加，定形二元石蜡的渗出率也不断提高。由表 5.4 得到当二元石蜡/膨胀珍珠质量比为 3∶1 时，定形二元石蜡的渗出率为 45.5%，同时当二元石蜡/膨胀珍珠质量比为 3.5∶1 时，定形二元石蜡的渗出率为 36.0%，表明渗出率有小幅降低，但是当二元石蜡/膨胀珍珠质量比为 4∶1 时，定形二元石蜡的渗出率达到 90.0%。与图 5.14（a）（b）的渗出率（其值分别为 8.0%和 11.5%）相比，图 5.14（c）~（e）中定形二元石蜡的热稳定性较差。因此当二元石蜡/膨胀珍珠质量比为 2.5∶1 时，定形二元石蜡的热稳定性较好，并且相比二元石蜡/膨胀珍珠质量比为 2∶1 时，其相变潜热也较大。

表 5.4 定形二元石蜡的渗出率

二元石蜡/膨胀珍珠岩质量比	R_0/mm	R_1/mm	渗出率/%
2∶1	25	27	8.0
2.5∶1	25	28	11.5
3∶1	22	32	45.5
3.5∶1	25	34	36.0
4∶1	20	38	90.0

将二元石蜡/膨胀珍珠质量比为 2.5：1 的定形二元石蜡分别以体积掺量为 0、5%、10%、15%、20%、25%和 30%与脱硫建筑石膏以直接混合法制备定形二元石蜡/脱硫石膏复合材料，其抗压强度和抗折强度如图 5.15 所示。

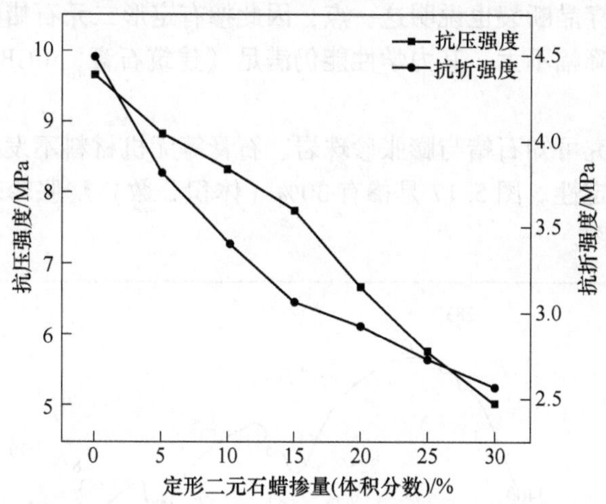

图 5.15　掺有不同体积比定形二元石蜡的脱硫石膏基复合材料抗压强度和抗折强度

由图 5.15 可以看出，随着定形二元石蜡掺量的增加，定形二元石蜡/脱硫石膏复合材料的抗压强度和抗折强度均呈现下降趋势，抗压和抗折强度分别由不掺定形二元石蜡的 9.64 MPa 和 4.49 MPa 降至掺 30%定形二元石蜡的 5.05 MPa 和 2.5 MPa，强度损失率分别达到 47.61%和 42.98%。虽然定形二元石蜡的掺入降低定形二元石蜡/脱硫石膏复合材料的力学性能，但是与直接掺入石蜡导致复合材料力学性能降低程度相比，其降幅要低得多。

掺 30%定形二元石蜡的脱硫石膏基复合材料断面形貌如图 5.16 所示。

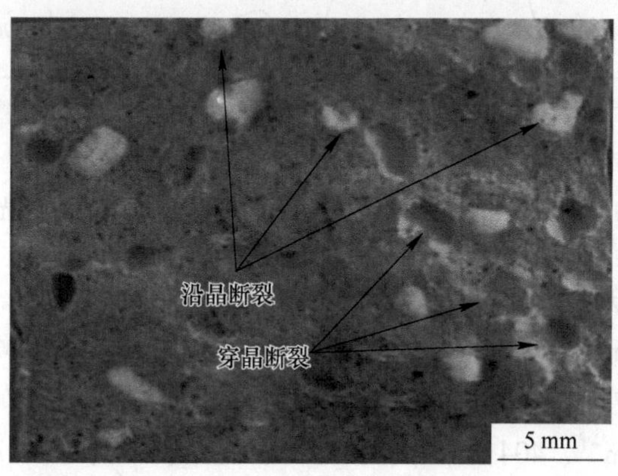

图 5.16　掺 30%定形二元石蜡的脱硫石膏基复合材料断面形貌

由图 5.16 可知，定形二元石蜡/脱硫石膏复合材料的断裂方式主要为穿晶断裂和沿晶断裂，表明定形二元石蜡与石膏基体界面结合良好。由于定形二元石蜡与脱硫石膏的热膨胀系数值在同一级别，复合材料界面处不会形成应力集中，从定形二元石蜡的穿晶断裂也说明这一点，因此掺有定形二元石蜡的脱硫石膏基复合材料力学性能降幅不大，其力学性能仍满足《建筑石膏》（GB/T 9776—2022）中 2.0 等级要求。

根据已有研究可知石蜡与膨胀珍珠岩、石膏等无机材料不发生化学反应，具有良好的化学稳定性。图 5.17 是掺有 30%（体积分数）膨胀珍珠岩的石膏基复合材料红外光谱图。

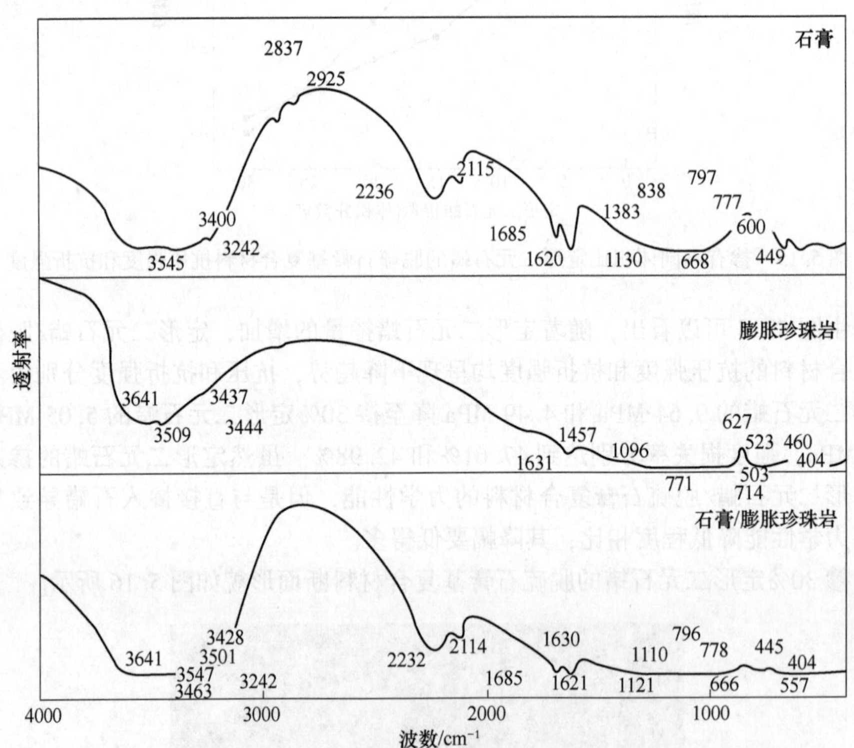

图 5.17 掺有 30%膨胀珍珠岩的石膏基复合材料的红外光谱图

由图 5.17 可知：3545 cm^{-1}、3400 cm^{-1}、2236 cm^{-1}、2115 cm^{-1}、1685 cm^{-1}、1620 cm^{-1}、668 cm^{-1}处均对应二水石膏的特征峰；EP 的特征峰包括石英（特征峰为 1096 cm^{-1}、771 cm^{-1}）、白云石（特征峰为 1457 cm^{-1}、714 cm^{-1}）、方解石（特征峰为 3641 cm^{-1}、404 cm^{-1}）、斜绿泥石（特征峰为 1631 cm^{-1}、523 cm^{-1}）、钠长石（特征峰为 1096 cm^{-1}、523 cm^{-1}、460 cm^{-1}）。通过对比掺有 30%膨胀珍珠岩的石膏基复合材料的红外光谱结果，发现未出现新的特征峰，说明脱硫石膏

与膨胀珍珠岩之间仅为物理混合并未发生化学反应，因此二者间化学相容性良好。

储能建筑材料的导热性能是判断其在调节室内温度中所起作用的一项重要指标。导热系数的减小使室内温度受外界温度变化影响较小，即提高了建筑物的热惯性。定形二元石蜡/脱硫石膏复合材料的导热系数如图 5.18 所示。

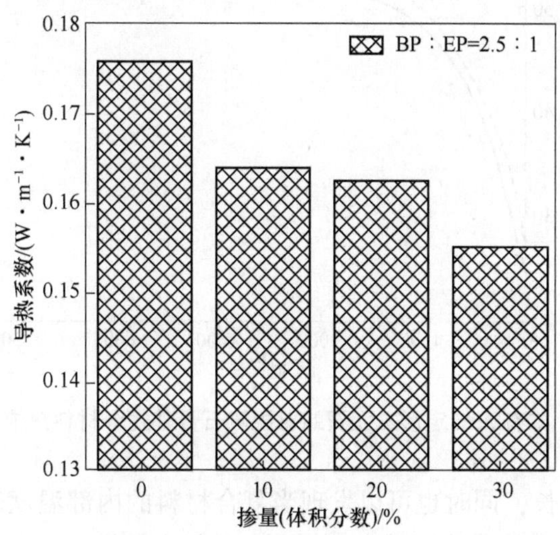

图 5.18 不同掺量 SSBP 对脱硫石膏基复合材料导热性能的影响

由图 5.18 可知，随着定形二元石蜡掺量的增加，定形二元石蜡/脱硫石膏复合材料的导热系数逐渐减小，这是由于二元石蜡和膨胀珍珠岩属于低导热材料，其导热系数分别为 0.558 W/(m·K) 和 0.056 W/(m·K)。这两种材料的引入一方面增加定形二元石蜡/脱硫石膏复合材料的传热路径；另一方面二元石蜡作为相变材料在传热过程中发生相变吸收部分热量，从而减缓了热流在试样中的传递。当定形二元石蜡的掺量由 10%增加到 20%时，复合材料导热系数的变化较小，而掺量从 20%增至 30%时，复合材料导热系数的降幅较大，这是因为当定形二元石蜡的掺量较小时，其在脱硫石膏基体中的分散度较大，颗粒间距较大，热流在脱硫石膏基体中的传递主要以避开定形二元石蜡的路径为主，使得热流在试块中的传递相对较为容易；而随着掺量由 20%增至 30%时，定形二元石蜡颗粒间距较小，热流为绕开定形二元石蜡而传递的距离相对较长。另外，石蜡的有效含量增大，发生相变时吸收的热量增多，整体上表现出热流在试块中的传递受定形二元石蜡的影响较大，因此在宏观上表现为导热系数降低。

图 5.19 为在实验温度为 60 ℃时，掺有 30%定形二元石蜡对脱硫石膏基复合材料热惯性的影响。

由图 5.19 可知，复合材料内部温度升至实验温度所需时间（7431 s）较脱

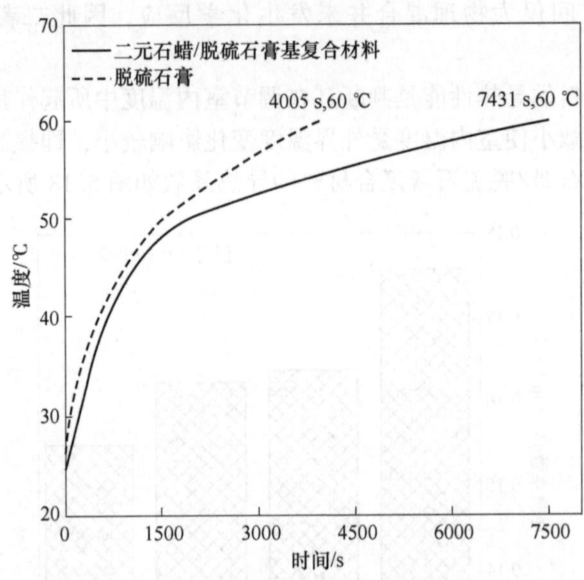

图 5.19　掺有 30%定形二元石蜡对脱硫石膏基复合材料热惯性的影响

硫石膏（4005 s）长，同时也可以发现当复合材料的内部温度升至二元石蜡相变温度时，其升温速率较脱硫石膏小，这是由于复合材料中二元石蜡在温度达到相变点时发生相变，吸收了一部分热量，增大了复合材料的热惯性。

5.3　定形共晶盐相变材料的制备与性能研究

三水醋酸钠（SAT）的相变焓较高（210 J/g 以上），是理想的相变材料，但由于其具有较高的相变温度（58 ℃左右）、严重的相分离与过冷现象以及差的循环稳定性，限制了其在建筑领域中的应用。适宜质量比的尿素（urea）与 SAT 混合可以形成低共熔体系，即共晶盐（EPCM）。共晶盐可以一定程度上解决单一相变材料存在的过冷、相分离、相变温度高等现象，但仍需进一步优化。已有研究表明在相变材料中引入成核剂与增稠剂是解决过冷与相分离的有效方法。此外，使用多孔材料对相变材料进行定形是防止其泄漏和提高耐久性的有效方法。本次实验中选用十二水磷酸氢二钠（DSP）作为成核剂，羧甲基纤维素（CMC）为增稠剂，采用均匀设计法设计实验，探究了十二水磷酸氢二钠和羧甲基纤维素掺量对共晶盐性能的影响。采用颗粒活性炭（AC）作为吸附材料，并对活性炭进行表面改性得到亲水改性活性炭（MAC）以提高其对共晶盐的吸附率。

采用 DSC 热分析法以及合成目视法确定了三水醋酸钠与尿素二元体系的相图，相图表明当三水醋酸钠-尿素质量比为 6∶4 时，此时该体系为低共熔型，低共熔点为 31.41 ℃，如图 5.20 所示。

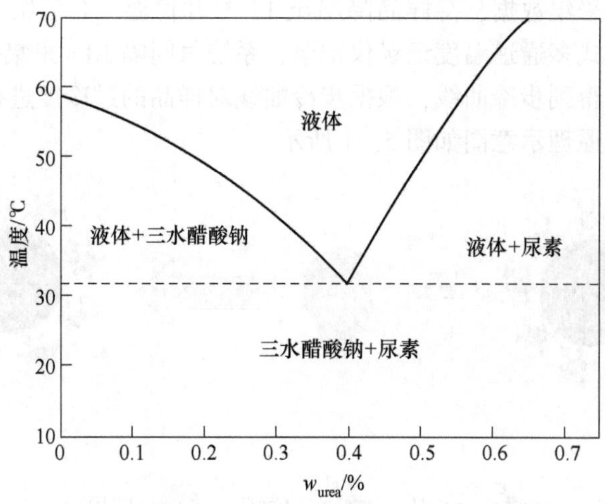

图 5.20 三水醋酸钠-尿素体系相图

考虑到原材料纯度的不同以及实验误差的存在，在相图的基础上取质量比为 6∶4 的三水醋酸钠-尿素制备共晶盐，将称好的三水醋酸钠和尿素置于烧杯中均匀混合并将烧杯口封闭，在 50 ℃水浴加热环境中采用高速搅拌机以 800 r/min 的转速搅拌 30 min，后将其置于冰箱中冷却结晶从而得到共晶盐。通过对共晶盐进行 DSC 测试，进一步确定后续实验所选配比。

为解决共晶盐的过冷问题，以十二水磷酸氢二钠为成核剂（掺量分别为 0、1%、1.5%、2%、2.5%、3%），羧甲基纤维素为增稠剂（掺量分别为 0、0.75%、1.5%、2.25%、3%），以共晶盐为基体，采用熔融共混法制备改性共晶盐（MEPCM）。均匀设计法设计的改性共晶盐配比如表 5.5 所示。

表 5.5 均匀设计结果

序号	成核剂质量分数/%	增稠剂质量分数/%
1	1	0.75
2	1.5	2.25
3	2	0
4	2.5	1.5
5	3	3
6	0	0

将首先将 20 g 熔融的样品装入带有橡胶塞的广口烧瓶中，再将热电偶分别插入熔融的样品中，并保持热电偶探头底部处于距离玻璃瓶底部 10 mm 处，然后将样品放入恒温 45 ℃的电鼓风干燥箱中，待样品恒温 15 min 后将烧瓶转入 15 ℃

恒温环境中开始采集数据，待样品降温至 15 ℃并恒温 1 h 后结束实验。整个测试过程采用数显式多通道温度记录仪记录，系统每间隔 10 s 采集一次温度，最终将所测数据绘制得到步冷曲线，根据步冷曲线对样品的过冷度进行分析。

活性炭改性原理示意图如图 5.21 所示。

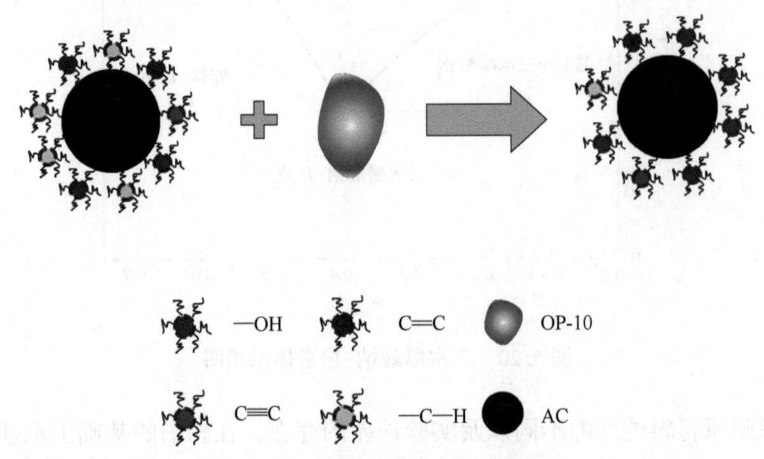

图 5.21　活性炭改性原理示意图

将分别占活性炭质量 0、0.1%、0.2%、0.3%、0.4%和 0.5%的 OP-10 溶解于 5 g 去离子水中，后将 OP-10 水溶液与定量的乙二醇（EG）混合得到改性液，配比见表 5.6。将改性溶液与活性炭在锥形瓶中混合并密封，在恒温振荡器中以 250 r/min 振荡 2 h，过滤清洗后得到改性活性炭。

表 5.6　改性液配比

序号	EG 质量/g	水质量/g	AC 质量/g	OP-10 质量/g
1	35	5	40	0
2	35	5	40	0.04
3	35	5	40	0.08
4	35	5	40	0.12
5	35	5	40	0.16
6	35	5	40	0.20

对于共晶盐，亲水性的多孔载体可以更好地将其结合在孔隙中，从而提高热稳定性。接触角是表征材料亲疏水性的一个非常直观的方法。在本实验中，将用不同配比改性剂改性的改性活性炭和空白对照组活性炭磨成肉眼看不到颗粒的状态，然后用压片机压成直径为 13 mm、厚度为 2 mm 的片状，分别测试其与水和共晶盐的接触角。

称取经高温处理后的改性活性炭 30 g 并置于抽滤瓶中，在−0.1 MPa 的负压环境中抽真空 30 min 以除去空气，待其中空气基本抽尽后在抽滤瓶中加入改性共晶盐，保持负压吸附 2 h 后泄压取出并放于抽滤纸上。在 45 ℃烘箱中保存，每隔 10 min 更换滤纸直至改性活性炭表面无明显液体。按式（5.2）计算改性活性炭对改性共晶盐的吸附率：

$$\gamma = \frac{m_0 - m_1}{m_0} \times 100\% \tag{5.2}$$

式中，γ 为改性活性炭对改性共晶盐的吸附率；m_0、m_1 分别为吸附前、后改性活性炭的质量。

将待测试样放入高低温循环测试箱中，采用图 5.22 所示工作制度进行循环实验。

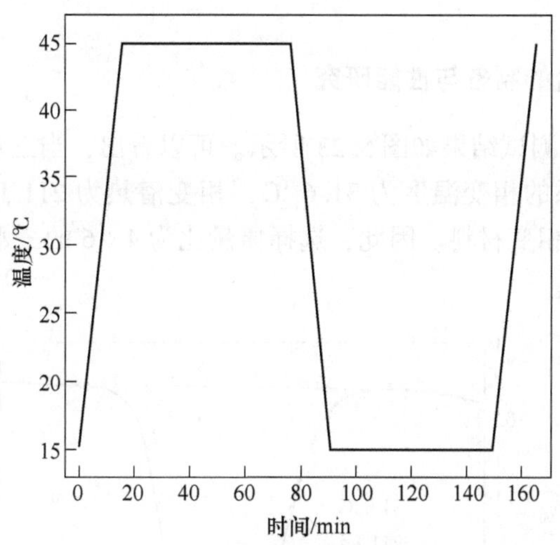

图 5.22　热循环工作制度

根据图 5.22 所示工作制度分别对相变材料进行 0 次、50 次、100 次的热循环，分别对不同循环次数后的相变材料进行 DSC 测试，根据式（5.3）计算热焓损失率 λ，并评价其热循环稳定性。

$$\lambda = \frac{\Delta H_{after} - \Delta H_{before}}{\Delta H_{after}} \times 100\% \tag{5.3}$$

式中，ΔH_{before}为循环后热焓；ΔH_{after}为循环前热焓。

考虑到拌和过程中拌和水可能会进入改性活性炭基体的孔隙中，与改性共晶盐发生直接接触而造成改性共晶盐的失效。因此，定形共晶盐防水涂层的主要作用在于拌和过程中防止水分的侵入。基于此，将融化后的硬脂酸均匀地包裹在定形共晶盐的表面，进而得到了能够在拌和过程中防水的涂层。

将经过表面防水处理后的定形共晶盐分别以石膏质量的5%、15%、25%、35%、45%、55%和65%与石膏进行混合。养护7 d后进行强度测试。选取硫酸钙晶须用于石膏中时的最佳掺量3.5%，选择2.5%，3.5%和4.5%作为本次实验中CSW的掺量用于制备试块。养护7 d后进行力学性能测试。选用定形共晶盐掺量分别为0、5%、25%和45%的定形共晶盐/石膏复合材料以同配比制备成300 mm × 300 mm × 4 mm的试块，并测试其导热系数。在相同水灰比的条件下，制备纯石膏试块用作对比。

为表征硫酸钙晶须增强定形共晶盐石膏复合材料的热惯性，将试块制备成尺寸为100 mm × 100 mm × 100 mm的立方体，将热电偶预置于试块中心。此外，制备纯石膏试块用作对比。将试块放置于50 ℃的恒温环境中，使用多通道温度记录仪分别记录硫酸钙晶须增强定形共晶盐（SSEPCM）/石膏复合材料、纯石膏内部的温度变化。

5.3.1 改性共晶盐的制备与性能研究

共晶盐的DSC测试结果如图5.23所示。可以看出，当三水醋酸钠/尿素质量比为6∶4时，体系的相变温度为31.6 ℃，相变潜热为211 J/g，该体系是一种非常理想的建筑用相变材料。因此，选择质量比为4∶6的三水醋酸钠-尿素共晶盐进行下一步实验。

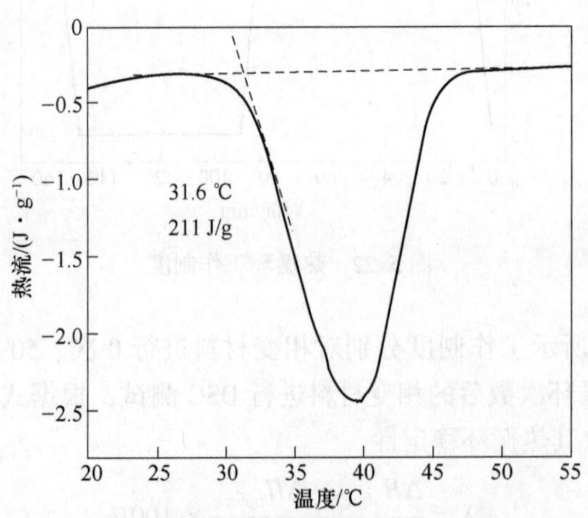

图5.23 三水醋酸钠/尿素质量比为6∶4的DSC图

图5.24为不同配比改性共晶盐的DSC图。

由图5.24可知，十二水磷酸氢二钠和羧甲基纤维素的引入对改性共晶盐的相变温度影响较小，但对潜热的影响较大。当对比2号和3号样品时，此时十二水磷酸氢二钠含量对相变温度的影响较小，而羧甲基纤维素含量对相变温度的影

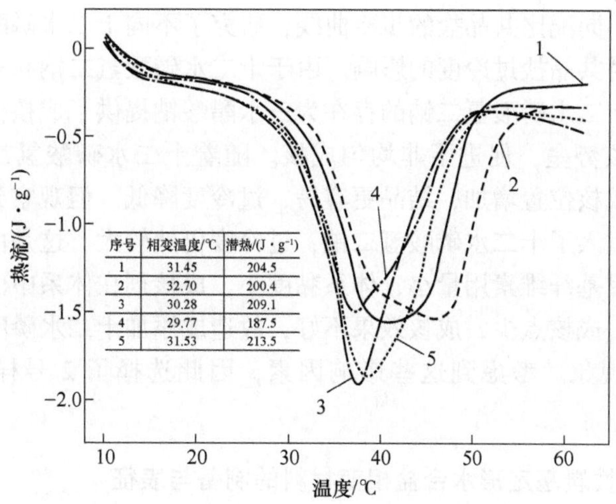

序号	相变温度/℃	潜热/(J · g^{-1})
1	31.45	204.5
2	32.70	200.4
3	30.28	209.1
4	29.77	187.5
5	31.53	213.5

图 5.24　不同配比改性共晶盐的 DSC 图

响较大。原因是羧甲基纤维素的存在使液相的黏度较高，热传导率不一致，样品受热不均匀，导致吸热过程中不同部位的吸热量不同。此外，羧甲基纤维素的含量对改性共晶盐的潜热有较大的影响，这可能是由于羧甲基纤维素的吸水性较强。羧甲基纤维素在与熔融共晶盐的混合过程中吸收了少量的结合水，导致部分三水醋酸钠出现向醋酸钠的变化，这导致了改性共晶盐潜热的下降和相变温度的滞后。在其他样品中（除了没有添加羧甲基纤维素的 3 号样品），由于引入羧甲基纤维素造成吸热不一致而导致相变温度的滞后，但与对过冷现象的抑制相比，引入羧甲基纤维素而导致的焓值损失是可以接受的。

图 5.25 为不同比例改性共晶盐的步冷曲线。

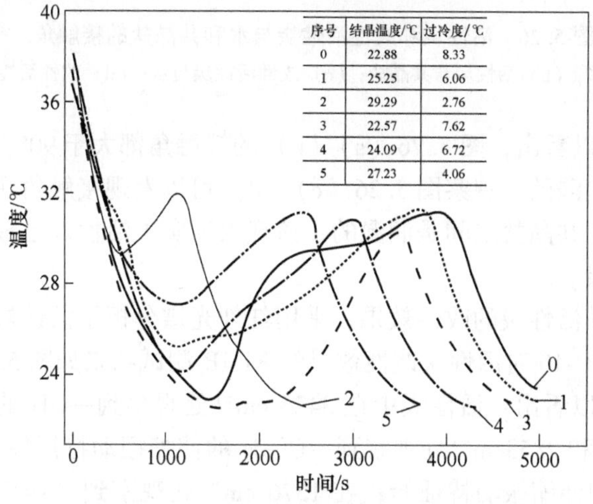

序号	结晶温度/℃	过冷度/℃
0	22.88	8.33
1	25.25	6.06
2	29.29	2.76
3	22.57	7.62
4	24.09	6.72
5	27.23	4.06

图 5.25　不同比例改性共晶盐的步冷曲线

通过分析不同配比共晶盐的步冷曲线，研究了不同十二水磷酸氢二钠和羧甲基纤维素掺量对共晶盐过冷度的影响。由于十二水磷酸氢二钠和三水醋酸钠的晶体结构相似，十二水磷酸氢二钠的存在为三水醋酸钠提供了成核位点，降低了三水醋酸钠的成核势垒，促进了非均匀成核。随着十二水磷酸氢二钠掺杂量的增加，共晶盐的成核位置增加，结晶更容易，过冷度降低。但观察到，即使在1号和3号样品中引入了十二水磷酸氢二钠，过冷度仍然较大，这是由于未引入羧甲基纤维素或羧甲基纤维素用量小，体系黏度小，成核剂在体系中由于重力作用易于沉降在底部，成核点少，成核效果不好，故造成添加十二水磷酸氢二钠但过冷度仍然较大的现象。考虑到这些影响因素，因此选择了2号样品进行下一步实验。

5.3.2 改性活性炭基定形水合盐相变材料的制备与表征

活性炭和改性活性炭与水和共晶盐的接触角如图5.26所示。

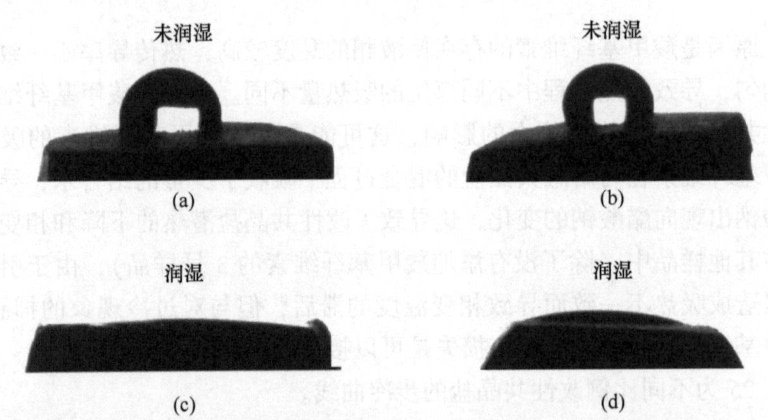

图5.26 活性炭和改性活性炭与水和共晶盐的接触角

(a) 活性炭与水；(b) 活性炭与共晶盐；(c) 改性活性炭与水；(d) 改性活性炭与共晶盐

由图5.26可以看出，图5.26（a）（b）的接触角都大于90°，说明水和共晶盐对活性炭是不润湿的。观察图5.26（c）（d）可以发现接触角几乎为0°，说明改性活性炭与水和共晶盐之间是润湿的。该现象证实了活性炭已成功改性，成功制备了亲水活性炭。

为进一步表征活性炭的改性效果，采用红外光谱分析了活性炭改性前后表面官能团的变化，OP-10对活性炭改性效果的FT-IR测试结果如图5.27所示。

由图5.27可以看出：活性炭中在3425 cm^{-1}处观察到—OH的伸缩振动特征峰；在2922 cm^{-1}和2853cm^{-1}处观察到—C—H的伸缩振动特征峰；在1969 cm^{-1}处观察到C═O的伸缩振动特征峰；在1576 cm^{-1}处观察到C ═C的伸缩振动特

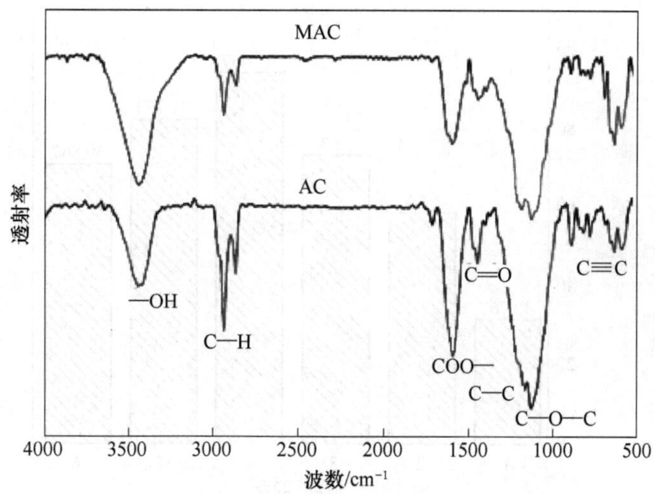

图 5.27 活性炭和改性活性炭的 FT-IR 光谱

征峰；在 1431 cm^{-1}、1385 cm^{-1}和 1360 cm^{-1}处观察到—C—H 的面内弯曲振动特征峰；在 1151 cm^{-1}处观察到 C—C 的伸缩振动特征峰；C—O—C 的伸缩振动特征峰出现在 1115 cm^{-1}处；在 880 cm^{-1}、810 cm^{-1}和 770 cm^{-1}处观察到 C ═C 的面内弯曲振动的特征峰；在 621 cm^{-1}和 577 cm^{-1}处观察到 C—C 的面内振动特征峰。

与活性炭的 FT-IR 曲线相比，改性活性炭中—OH 的特征峰强度增加，表明改性后—OH 的数量增加。此外，疏水基团如 C—H 和 C═C 的峰值强度降低，表明改性活性炭中疏水基团的数量减少。活性炭表面的 C—C 和 C═C 基团被—OH 基团取代，C—C 和 C═C 基团溶解在乙二醇中并被带走。该结果与接触角测试结果一致，表明 OP-10 成功地将 AC 的疏水表面改性为亲水表面。此外，改性活性炭表面的—OH 可以与共晶盐结合形成氢键，将共晶盐牢固地结合在改性活性炭的孔隙中，进一步提高了共晶盐的热稳定性。

不同配比改性活性炭基定形共晶盐相变材料的吸附率如图 5.28 所示。

由图 5.28 可以看出，随着 OP-10 用量的增大，改性活性炭对改性共晶盐的吸附率呈现先增大后减小的趋势。分析原因为在 OP-10 与环己烷的共同作用下，活性炭表面的疏水基团被 OP-10 所携带的亲水性基团取代，疏水性基团被置换于环己烷中；随着 OP-10 掺量的增大，活性炭表面的疏水性基团被置换得更彻底，因此表现为吸附率的提升。但当 OP-10 掺量增大至 0.4%时，部分 OP-10 大分子被填充至活性炭的孔隙中，此时亲水性的提高对吸附率的影响小于 OP-10 大分子填充部分孔隙对吸附率的影响，因此在宏观上表现为当 OP-10 掺量大于 0.4%后改性活性炭的吸附率呈下降趋势。

改性共晶盐和定形共晶盐相变材料的 DSC 测试结果如图 5.29 所示。

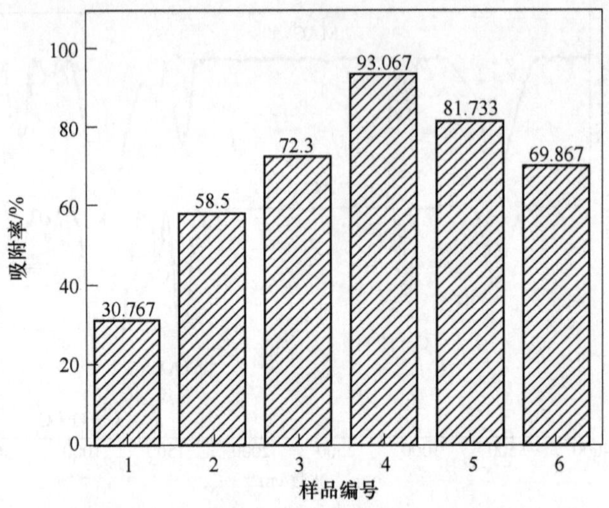

图 5.28 不同配比改性剂改性后活性炭的吸附率

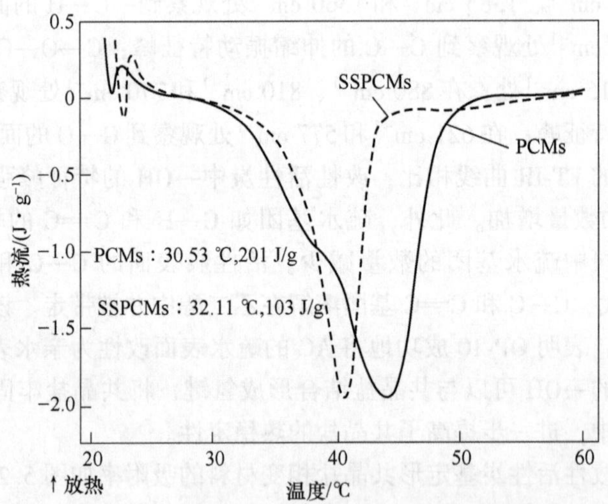

图 5.29 改性共晶盐和定形共晶盐相变材料的 DSC 测试结果

可以发现，通过真空负压吸附法制备的改性活性炭基定形共晶盐材料的相变温度出现了滞后。根据式（5.4）计算：

$$\Delta H_{\mathrm{C}} = \frac{m_{\mathrm{PCM}}}{m_{\mathrm{C}}} \times \Delta H_{\mathrm{PCM}} \tag{5.4}$$

可以得到，当改性活性炭吸附量为 100%时，即改性活性炭与改性共晶盐质量比为 1∶1 时，定形共晶盐相变材料理论焓值应为 100 J/g。改性共晶盐和定形共晶盐的相变温度和潜热分别为 30.53 ℃，201 J/g，以及 32.11 ℃，103 J/g，这一结果也与图 5.28 中的吸附率一致。此外，根据 DSC 结果可以发现定形共晶盐的相变温度出现滞后现象，这种现象被称为"熔化舱底反应"。当定形共晶盐被加热时，定形在改性活性炭孔中的共晶盐固相转变为液相，根据式（5.5），即 Clapeyron 方程：

$$\ln\left(\frac{T_2}{T_1}\right) = \frac{\Delta V_m}{\Delta H_m} \times (p_2 - p_1) \tag{5.5}$$

式中，T_1 和 T_2 分别为改性共晶盐和定形共晶盐的相变温度，K；ΔV_m 为相变过程中 EPCM 单位质量的体积变化，m^3；ΔH_m 为共晶盐的潜热，J/g；p_1 和 p_2 分别为相变期间改性活性炭孔隙中的环境压力，MPa。当共晶盐发生相变，由固相转化为液相，共晶盐的体积增加（$\Delta V_m > 0$），环境压力由于改性活性炭中的孔隙限制而增加（$p_2 > p_1$）。因此，共晶盐的 ΔH_m 增加，定形共晶盐的相变温度 T_2 增加。

同时，定形共晶盐的 DSC 曲线的峰宽比改性共晶盐的窄，这归因于活性炭作为吸附基体的优良导热性，如图 5.30 所示。

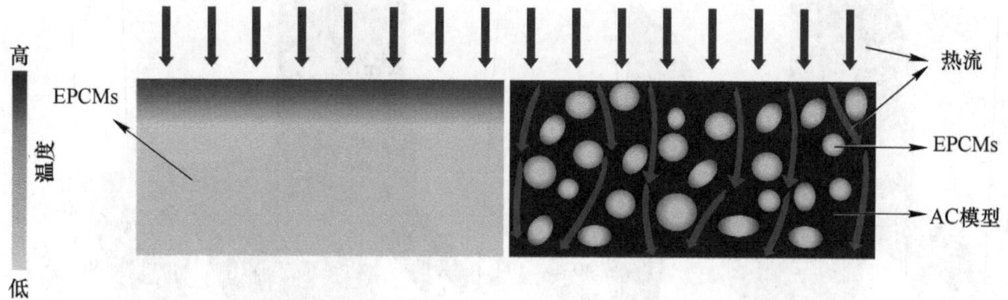

图 5.30 改性共晶盐和定形共晶盐中的热流传导示意图

分散在基体孔隙中的改性共晶盐具有更大的热面积，可以更快地受到外部热作用而发生相变，使整个相变过程所需时间更短。这一结果也与 Yu Kunyang 等人关于相变支撑材料的建议是一致的。

为表征定形共晶盐的热稳定性，对其进行原位红外测试。定形共晶盐的原位 FT-IR 结果如图 5.31 所示。

图 5.31（a）（b）显示了共晶盐和定形共晶盐在 20 ℃下的 FT-IR 测试结果。在图 5.12（a）中，804 cm^{-1}、925 cm^{-1}、1021 cm^{-1}、1049 cm^{-1}、1340 cm^{-1}、1410 cm^{-1}、1555 cm^{-1}、1627 cm^{-1}、1679 cm^{-1}、2251 cm^{-1}和 3452 cm^{-1}处的衍射峰对应于 SAT 的特征峰；1157 cm^{-1}、1464 cm^{-1}、1627 cm^{-1}、1679 cm^{-1}、3261 cm^{-1}、3359 cm^{-1}和 3452 cm^{-1}处的衍射峰对应于尿素的特征峰。在 EPCM 中，除了三水醋酸钠和尿素的特征峰外，没有其他衍射峰，这表明两者之间没有化学反应，且相容性好。在图 5.31（b）中，除三水醋酸钠和尿素的特征峰外，在 2850 cm^{-1}

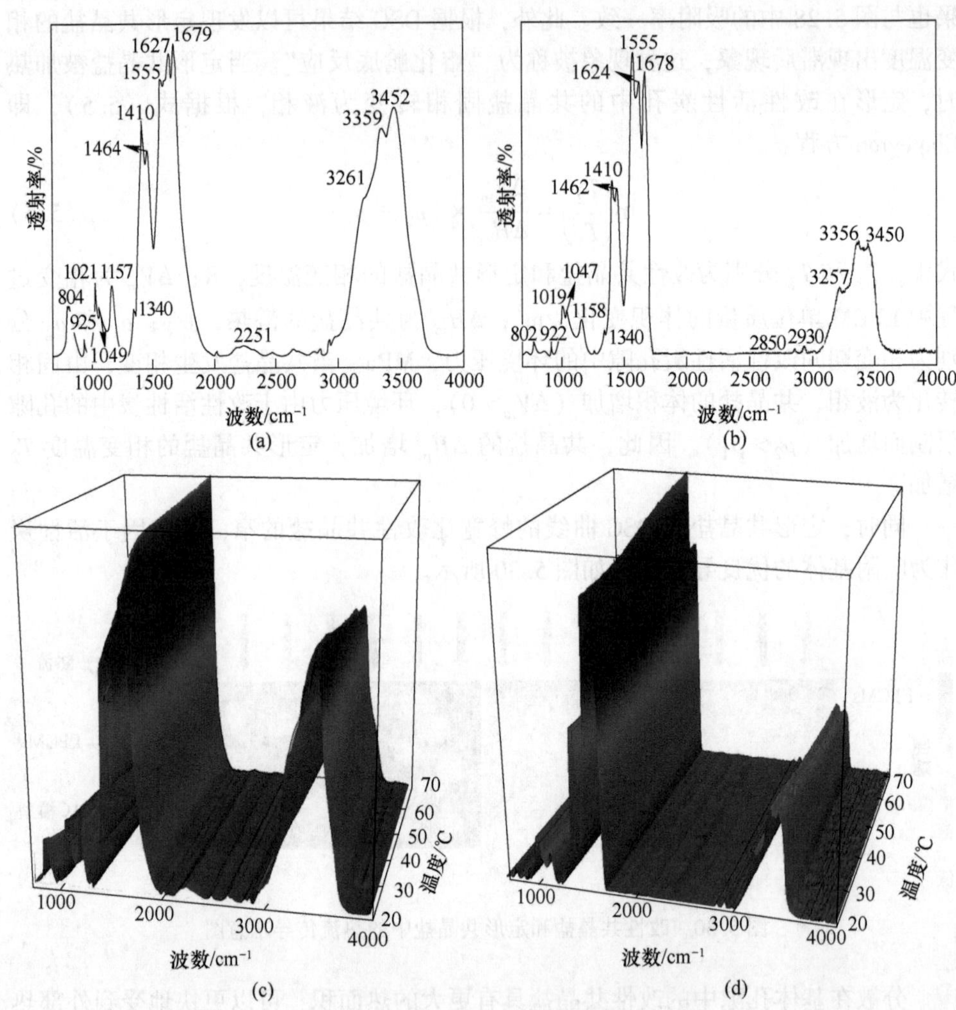

图 5.31 共晶盐和定形共晶盐的红外结果

(a) 共晶盐的 FT-IR 结果；(b) 定形共晶盐的 FT-IR 结果；(c) 共晶盐的原位 FT-IR 结果；(d) 定形共晶盐的原位 FT-IR 结果

和 2930 cm^{-1} 处存在 C—H 的特征峰，这是由改性活性炭所携带的。此外没有新的衍射峰，表明在定形共晶盐中改性活性炭和共晶盐之间没有化学反应，且它们之间的相容性良好。

根据图 5.31（c），随着温度的升高，COO—的特征峰略有增加，这可能是相变后三水醋酸钠的电离所致。此外，在三水醋酸钠相变后，随着温度的升高，少量的自由水被蒸发，导致—OH 的特征峰的强度下降。此外，在图 5.31（b）中，定形共晶盐中没有出现新的特征峰，这表明共晶盐在改性活性炭上的吸附是物理的，而不是化学的。在图 5.31（d）中，观察到 COO—的特征峰的强度在 34 ℃

开始增加，这一现象可能是由三水醋酸钠的电离引起的。此外，—OH 特征峰的强度并没有随着温度的升高而降低，这证明改性活性炭对改性共晶盐有良好的结合作用。综上所述，定形共晶盐具有良好的热稳定性。

图 5.32 分别为改性共晶盐和定形共晶盐分别经过 0 次、50 次和 100 次循环后的 DSC 图。

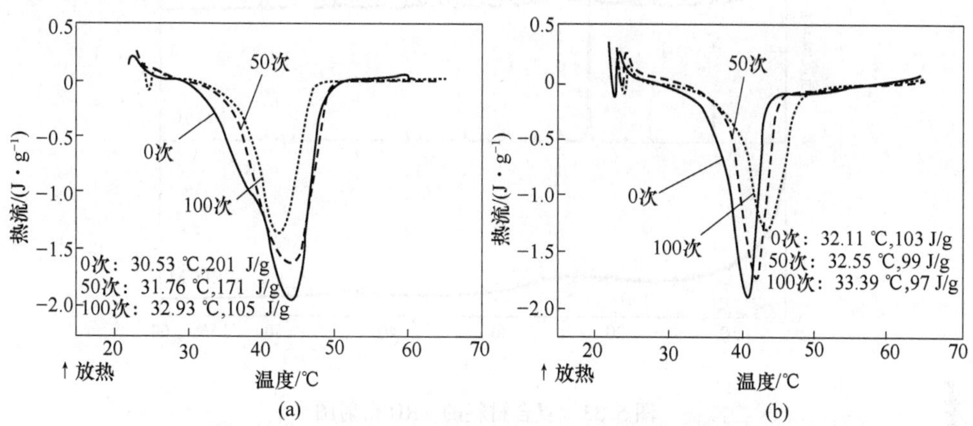

图 5.32 分别经历 0 次、50 次、100 次循环后的 DSC 图

(a) 改性共晶盐；(b) 定形共晶盐

从图 5.32 可以看出，改性共晶盐在循环 50 次和 100 次后分别损失了 14.57%和 49.75%的潜热，而且相变温度逐渐推迟。分析原因是当改性共晶盐受热转化为液相时，三水醋酸钠中的结合水变成自由水，三水醋酸钠和尿素溶解在自由水中，自由水受热不断蒸发，三水醋酸钠和尿素低共溶体系的实际比例不再是6∶4，三水醋酸钠的实际含量不断减少。由图 5.20 可知，当三水醋酸钠含量∶尿素含量 ≤ 6∶4 时，相变温度升高，相变焓降低，这与图 5.32（a）的结果一致。定形共晶盐在 50 次与 100 次循环后的潜热损失极小，这是由于活性炭中发达的毛细孔可以降低液体的饱和蒸气压，将液相改性共晶盐中的自由水牢牢地锁在孔隙中，从而表现出优异的循环稳定性。

为了表征活性炭和改性活性炭之间的化学相容性，用 XRD 检测了样品。图 5.33 显示了活性炭、改性共晶盐和定形共晶盐的 XRD 衍射光谱。

由图 5.33 可以看出，共晶盐中的三水醋酸钠和尿素没有发生化学反应，只是物理混合。观察定形共晶盐的 XRD 图可以发现，除了活性炭的馒头峰和共晶盐的特征峰外，没有其他衍射峰出现，因此可以认为活性炭和共晶盐之间没有发生化学反应，它们之间的化学相容性良好。

改性活性炭和定形共晶盐的照片如图 5.34 所示。

从图 5.34 可以看出，虽然在实验过程中用滤纸除去了吸附后的改性活性炭表面多余的改性共晶盐，但仍有少量的改性共晶盐附着在改性活性炭的表面。同

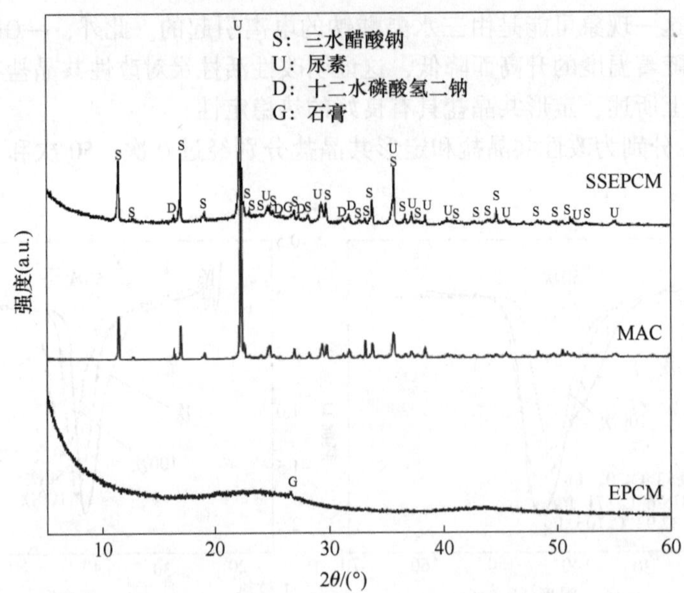

图 5.33 复合材料的 XRD 衍射图

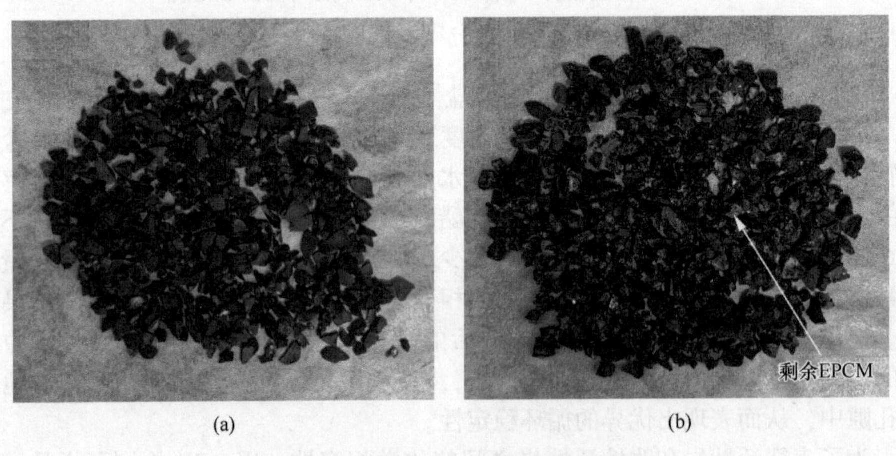

图 5.34 改性活性炭和定形共晶盐的照片
(a) 改性活性炭；(b) 定形共晶盐

时，从图中可以看出，定形共晶盐颗粒之间是相互独立的，具有良好的分散性。颗粒状的定形共晶盐也有利于表面防水处理，用于防止在施工过程中因自由水和共晶盐直接接触而造成的失效。此外，良好的分散性也有利于将定形共晶盐作为骨料用于制备储能建筑材料。

图 5.35 展示了改性活性炭和定形共晶盐的 SEM 图像，分别放大了 3000 倍和 6000 倍。

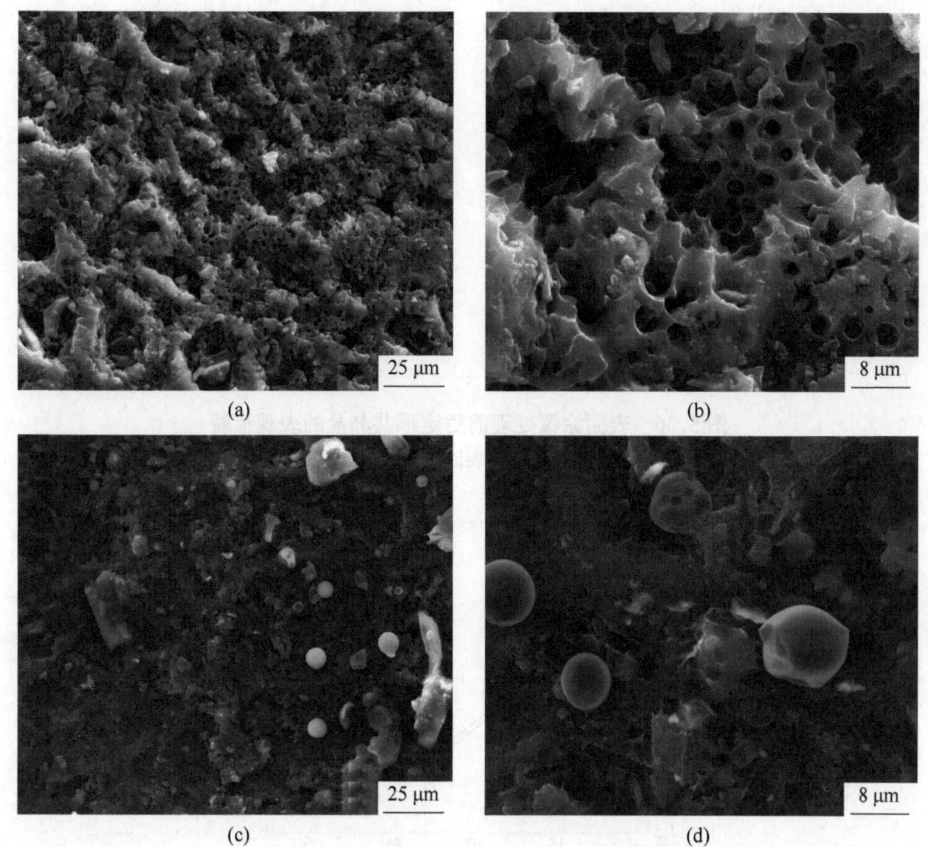

(a) (b) (c) (d)

图 5.35 改性活性炭和定形共晶盐的 SEM 图像

(a) 改性活性炭，3000×；(b) 改性活性炭，6000×；(c) 定形共晶盐，3000×；(d) 定形共晶盐，6000×

由图 5.35（a）（b）可知，活性炭具有极其发达的孔隙，是一种吸附相变材料的优良材料。图 5.35（c）（d）表明，改性后的活性炭对共晶盐有很强的吸附作用，原来的孔隙已经被共晶盐填充。可以判断，改性后的活性炭的孔隙已经被共晶盐填充，定形效果良好。

5.3.3 定形共晶盐/石膏复合材料的表征

使用切片石蜡进行表面涂覆的定形共晶盐的表观形貌如图 5.36 所示。

由图 5.36 可以发现，使用切片石蜡进行涂覆的定形共晶盐表面均匀地附着着一层石蜡膜，该层石蜡膜的存在可以有效地防止在拌和过程中拌和水对改性共晶盐的侵蚀。

不同掺量下定形共晶盐/石膏复合材料的力学性能如图 5.37 所示。

观察图 5.37（a）可以发现，随着定形共晶盐掺量的不断增大，复合材料的

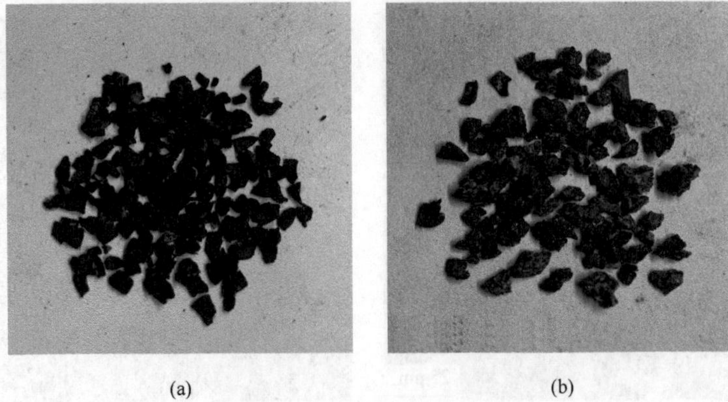

图 5.36 表面涂覆处理前后定形共晶盐的表观形貌

(a) 定形共晶盐；(b) 表面涂覆处理后定形共晶盐

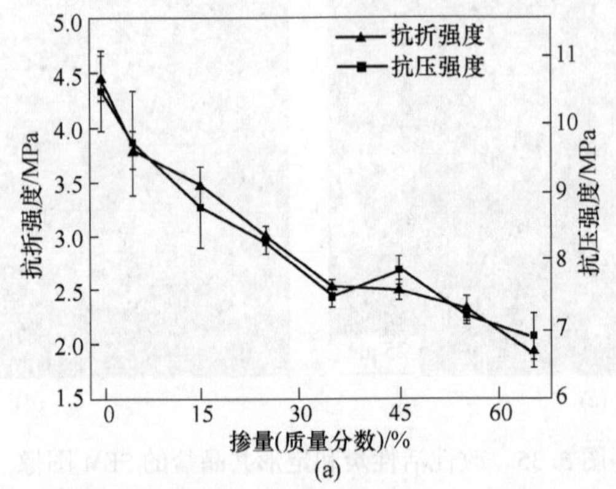

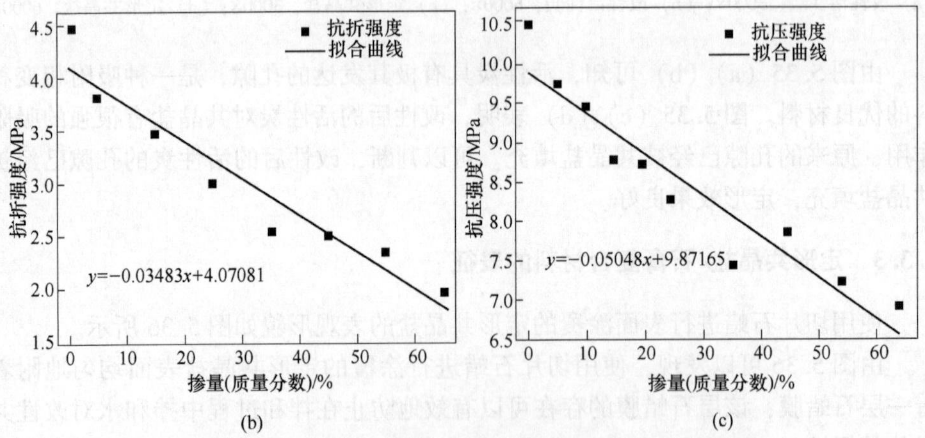

图 5.37 不同掺量下定形共晶盐/石膏复合材料的力学性能

(a) 不同定形共晶盐掺量下定形共晶盐/石膏复合材料的力学性能；(b) 抗折强度的拟合曲线；(c) 抗压强度的拟合曲线

力学强度呈现持续降低的趋势。当定形共晶盐的掺量达到65%时，抗折强度和抗压强度较纯石膏的损失率分别为56.72%和34.16%，即定形共晶盐的引入对基体抗折强度的影响更为明显。当定形共晶盐的掺量达到55%时，仍能满足《建筑石膏》（GB/T 9776—2022）中2.0等级要求。与本章中的直接掺入石蜡相比，定形共晶盐对于石膏基复合材料力学性能的影响较小。根据这个结论不难发现，本次使用改性活性炭作为改性共晶盐的支撑材料，从力学性能方面来说是非常有优势的。此外，根据图5.37（b）（c）中所得到的定形共晶盐/石膏复合材料抗折强度与抗压强度拟合曲线，可以根据不同的应用场景与应用要求选择相适应的定形共晶盐掺量。在本次实验中，选用定形共晶盐掺量为45%的复合材料进行下一步的实验。

不同硫酸钙晶须掺量下定形共晶盐/石膏复合材料的力学性能图如图5.38所示。由图可以发现，随着硫酸钙晶须掺量的提高，复合材料的抗折强度、抗压强度呈现出先上升后下降的趋势。观察不同硫酸钙晶须掺量下复合材料的抗折强度曲线，可以发现当硫酸钙晶须的掺量为2.5%时，复合材料的抗折强度达到最优。观察不同硫酸钙晶须掺量下复合材料的抗压强度曲线，可以发现当硫酸钙晶须的掺量为3.5%时，抗压强度达到最优。综合考虑，当硫酸钙晶须的掺量为2.5%时，复合材料的抗折和抗压强度分别为3.13 MPa和8.17 MPa，满足《建筑石膏》（GB/T 9776—2022）中3.0等级要求。

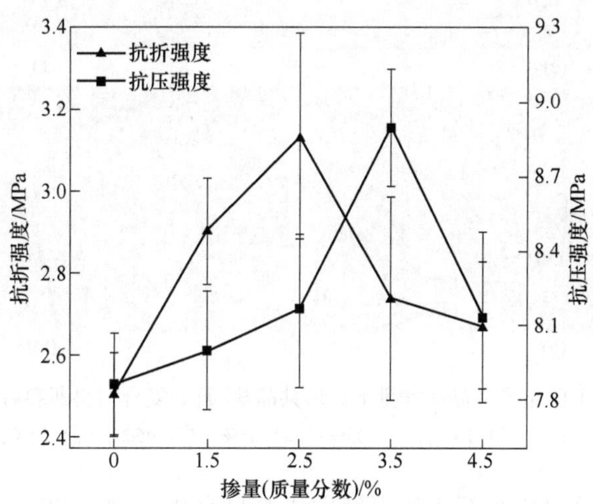

图5.38 不同硫酸钙晶须掺量下定形共晶盐/石膏复合材料的力学性能

不同定形共晶盐掺量下定形共晶盐/石膏复合材料断裂后裂纹形貌如图5.39所示。

由图5.39可以发现，当定形共晶盐的掺量小于25%时，复合材料的断裂形

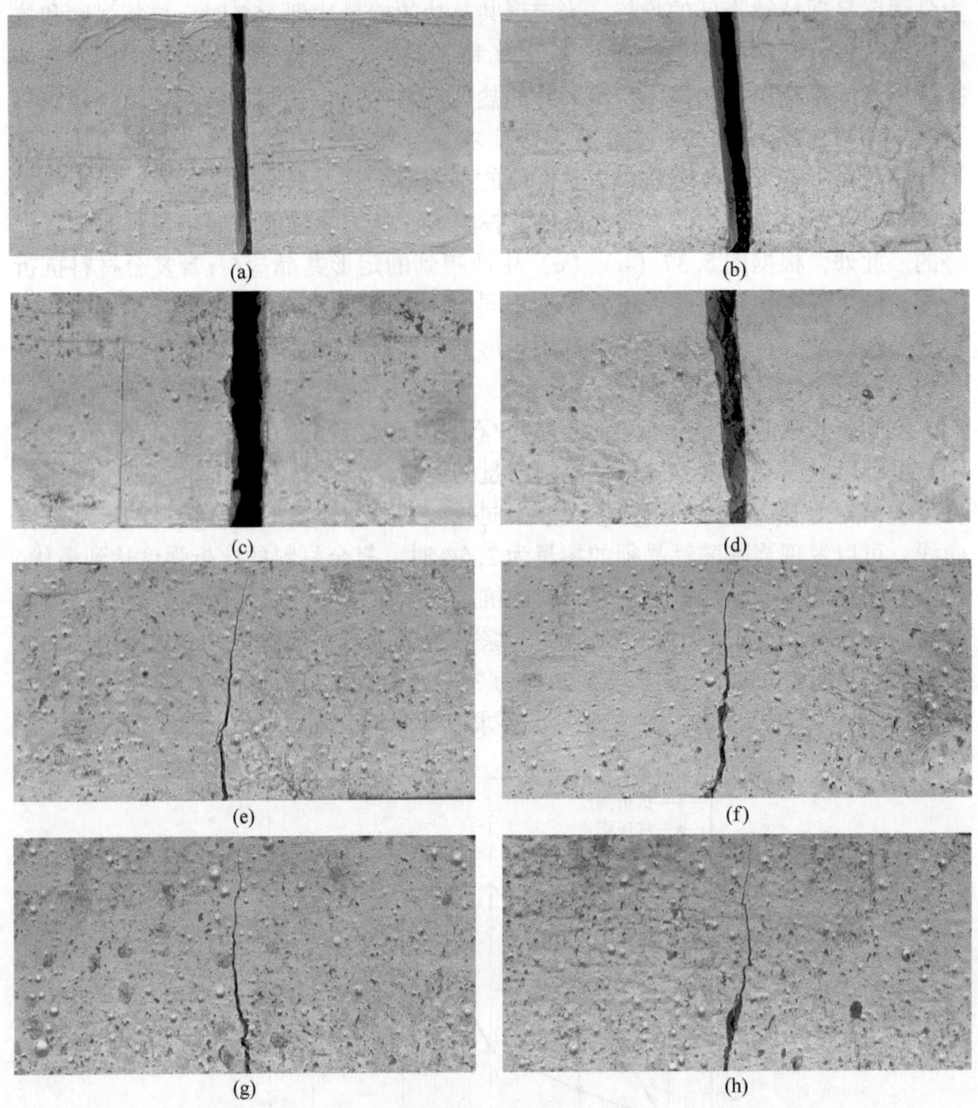

图 5.39 不同定形共晶盐掺量下定形共晶盐/石膏复合材料断裂后裂纹形貌
(a) 0；(b) 5%；(c) 15%；(d) 25%；(e) 35%；(f) 45%；(g) 55%；(h) 65%

式为脆性断裂。这是因为石膏的强度主要源自水化产物 $CaSO_4 \cdot 2H_2O$ 之间的相互搭接，这种搭接形式也导致了石膏断裂前几乎不产生塑性变形。当掺有表面涂覆有石蜡的定形共晶盐后，由于石蜡与石膏间较大的化学性质差异而导致二者间界面结合能力较差，且定形共晶盐和石膏间所形成的界面数量相对较少，裂纹的扩展路径主要集中在界面上，因此复合材料的断裂主要以沿晶断裂为主。这也是当定形共晶盐的掺量低于 25%时，复合材料的断裂形式为脆性断裂且断面平整的主要原因。当定形共晶盐的掺量大于35%时，发现复合材料未出现直接断裂的情况，而是在断面处仍保持着一定程度的连接。分析原因为定形共晶盐掺量增大导致界面增多，断面间通过定形共晶盐互相咬合在一起，进而出现这种现象。

不同定形共晶盐掺量下定形共晶盐/石膏复合材料断面形貌如图5.40所示。

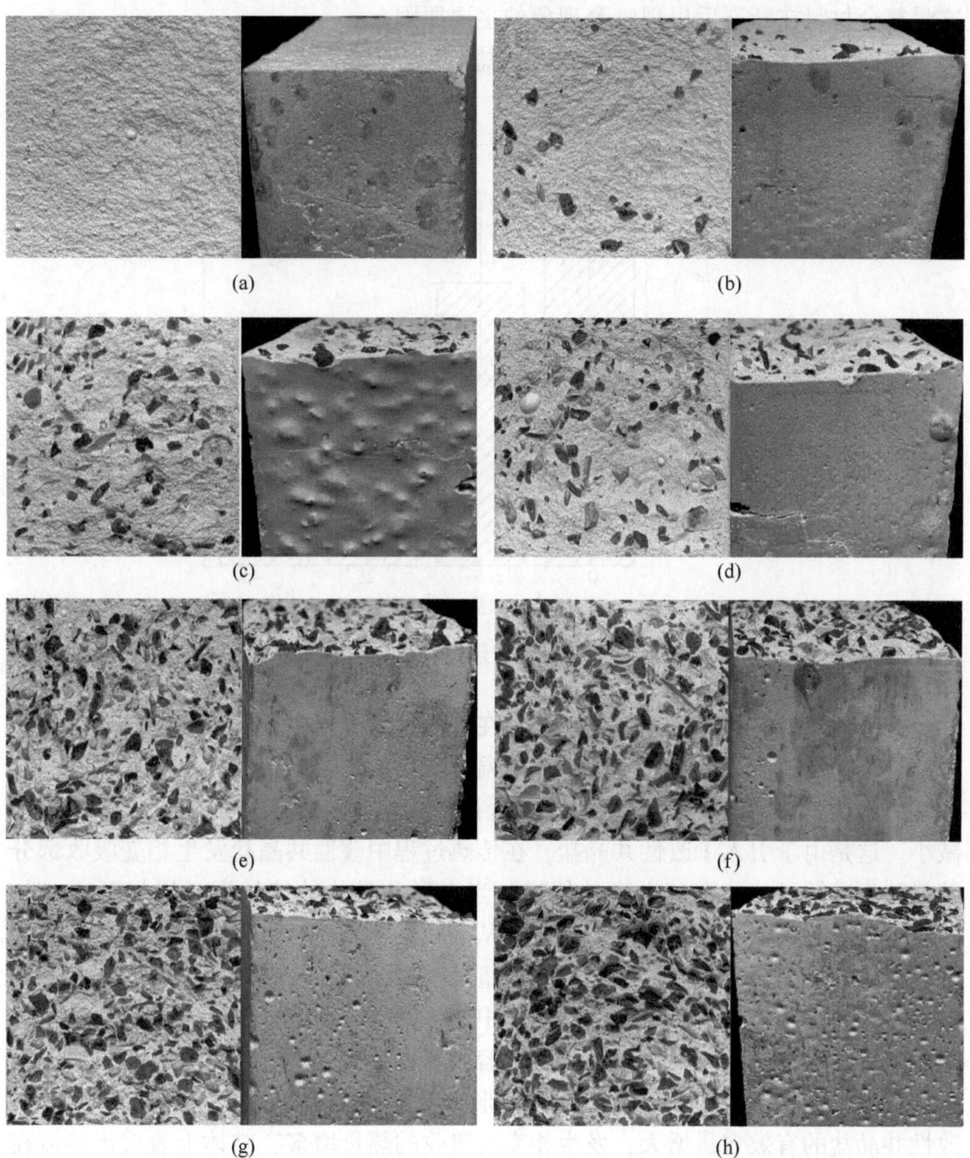

图5.40 不同定形共晶盐掺量下定形共晶盐/石膏复合材料断面形貌
(a) 0；(b) 5%；(c) 15%；(d) 25%；(e) 35%；(f) 45%；(g) 55%；(h) 65%

由图 5. 40 可知，定形共晶盐在石膏基体中的分布是均匀的，这说明定形共晶盐具有良好的分散性。此外，观察到复合材料的断裂形式以沿晶断裂为主，这是表面包覆有石蜡的定形共晶盐和石膏间较大的化学性质差异导致的。当定形共晶盐的掺量大于 35%时，可以从图中发现大量定形共晶盐在断裂过程中被拔出，这是复合材料在断裂后出现咬合现象的主要原因。

不同定形共晶盐掺量下定形共晶盐/石膏复合材料的导热系数如图 5. 41 所示。

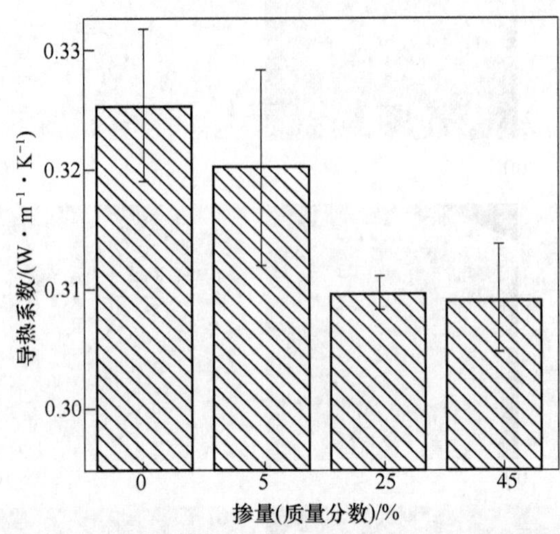

图 5. 41 不同定形共晶盐掺量下定形共晶盐/石膏复合材料的导热系数

储能建筑材料的导热性能是判断其在调节室内温度中所起作用的一项重要指标。导热系数的减小使室内温度受外界温度变化影响较小，即提高了建筑物的热惯性。由图 5. 41 可知，随着定形共晶盐掺量的增加，复合材料的导热系数逐渐减小。这是由于引入了改性共晶盐，在传热过程中改性共晶盐发生相变吸收部分热量从而减缓了热流在试样中的传递。当定形共晶盐的掺量由 0 增加到 5%时，复合材料导热系数的变化较小，而掺量从 5%增至 25%时，复合材料导热系数的降幅较大，这是因为当定形共晶盐的掺量较小时，其在脱硫石膏基体中的分散度较大，颗粒间距较大，热流在石膏基体中的传递主要以避开定形共晶盐的路径为主，使得热流在试块中的传递相对较为容易。而随着掺量由 5%增至 25%时，定形共晶盐颗粒间距较小，热流为绕开定形共晶盐而传递的距离相对较长。另外，改性共晶盐的有效含量增大，发生相变时吸收的热量增多，整体上表现出热流在试块中的传递受定形共晶盐的影响较大，因此在宏观上表现为导热系数降低。

图 5. 42 为石膏空白样和掺有 35%定形共晶盐的石膏基复合材料温度变化曲线图。

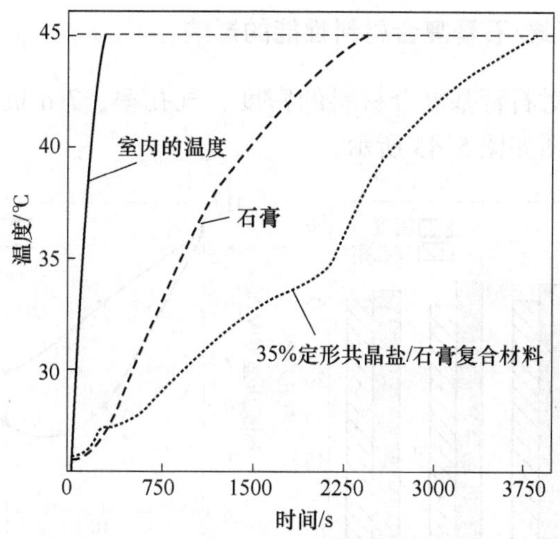

图 5.42 石膏和 35%定形共晶盐/石膏复合材料的温度变化曲线

由图 5.42 可知，复合材料内部温度升至实验温度所需时间（3844 s）较石膏（2410 s）长，同时也可以发现当复合材料的内部温度升至改性共晶盐相变温度时，其升温速率较石膏小，这是由于复合材料中改性共晶盐在温度达到相变点时发生相变，吸收了一部分热量，增大了复合材料的热惯性。

5.4 导热体对有机相变材料/石膏复合材料性能的影响

石膏因其低廉的价格、大量的微孔结构、良好的隔声、防火和储能性能，以及作为建筑材料使用频率高，是重要的建筑材料之一。在建筑中以石膏为基础的材料，如黏合剂、石膏砌块构件、墙板、天花板和地板覆盖物的使用逐年增加。石膏是用于建筑围护结构热管理应用的新型绿色建筑材料的理想候选材料。当在石膏基体中加入相变材料时，由于石膏导热系数低（0.33 W/(m · K)），对于相变材料石膏基复合材料，热量首先从石膏向相变材料传递，而石膏导热系数低导致外界热量无法及时传递给相变材料，因此其储能效率降低。

本章在前人研究的导热增强材料二元复合相变材料的基础上，以石蜡、硬脂酸为相变材料，石膏为基体材料，采用直接掺入法分别制备了石蜡/石膏复合材料和硬脂酸/石膏复合材料，以提高石膏的储热性能。采用扫描电子显微镜、差示扫描量热仪、热重分析仪和弯曲试验机对复合相变材料的形貌、导热系数、热稳定性和力学性能等进行了分析。采用微米铜粉、微米铁粉和膨胀石墨作为导热增强材料，解决了石蜡/石膏复合材料、硬脂酸/石膏复合材料导热系数低的问题，提高了石蜡/石膏复合相变材料和硬脂酸/石膏复合材料的导热性能，使其更好地应用于建筑节能领域。

5.4.1 导热体对石蜡/石膏复合材料性能的影响

不同石蜡掺量对石膏基复合材料的密度、气孔率、7 d 抗压强度和 7 d 抗折强度影响变化趋势图如图 5.43 所示。

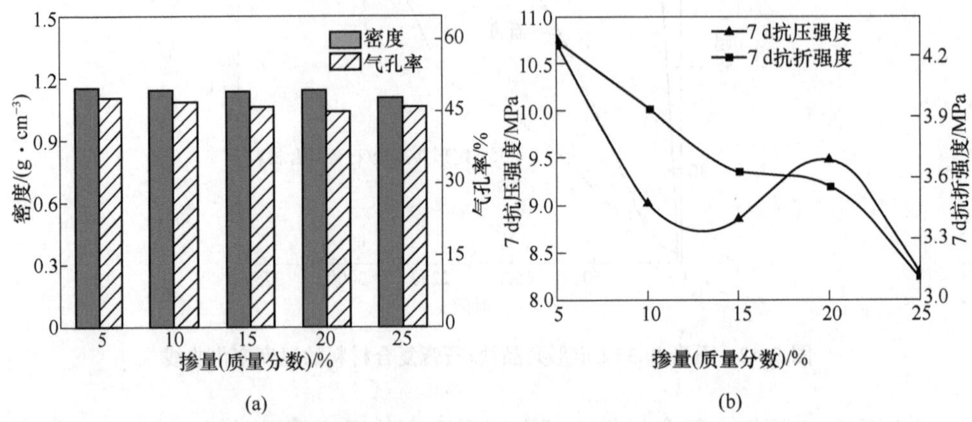

图 5.43 不同石蜡掺量的石膏基复合材料的密度、气孔率、7 d 抗压强度和 7 d 抗折强度
(a) 密度和气孔率；(b) 7 d 抗压强度和抗折强度

从图 5.43 (a) 可以看出，随着石蜡掺量从 5%增加到 25%，石蜡/石膏复合材料的密度变化不大。当石蜡的掺量为 25%时，其密度最小值为 1.11 g/cm^3。气孔率先减小后增大，当石蜡掺量为 20%时，气孔率最小为 45%。随着 PA 掺量的增加，理论上石蜡/石膏复合材料的密度应逐渐减小，但当石蜡掺量为 20%时石膏基复合材料的气孔率最低，此时密度为 1.15 g/cm^3。此外，当 PA 掺量为 25%时，其气孔率相对于掺量为 20%时有所增加，因此当石蜡掺量为 25%时，石膏基复合材料的密度最小。

根据图 5.43 (b)，当石蜡掺量从 5%增加到 25%时，7 d 抗压强度先降低后增加，然后再降低；7 d 的抗折强度在 5%~15%之间下降，15%~20%之间的抗折强度保持不变，然后再次下降。结合石膏基复合材料的密度和气孔率的结果分析，石蜡掺量为 20%时，在尽可能满足相变材料的整体相变焓高的情况下，石蜡/石膏基复合材料的强度最佳，此时的抗压强度和抗折强度分别为 9.48 MPa 和 3.57 MPa。

不同导热体对掺有 20%石蜡的石膏基复合材料密度、气孔率、7 d 抗压强度和 7 d 抗折强度影响变化趋势图如图 5.44 所示。

由图 5.44 (a) (b) 可以看出，随着微米铁粉掺量从 2%增大到 10%，微米铁粉/石蜡/石膏复合材料的密度先增大后减小再增大；当铁粉掺量为 10%时，微米铁粉/石蜡/石膏复合材料的密度最高，其值为 1.20 g/cm^3，气孔率为 45%，

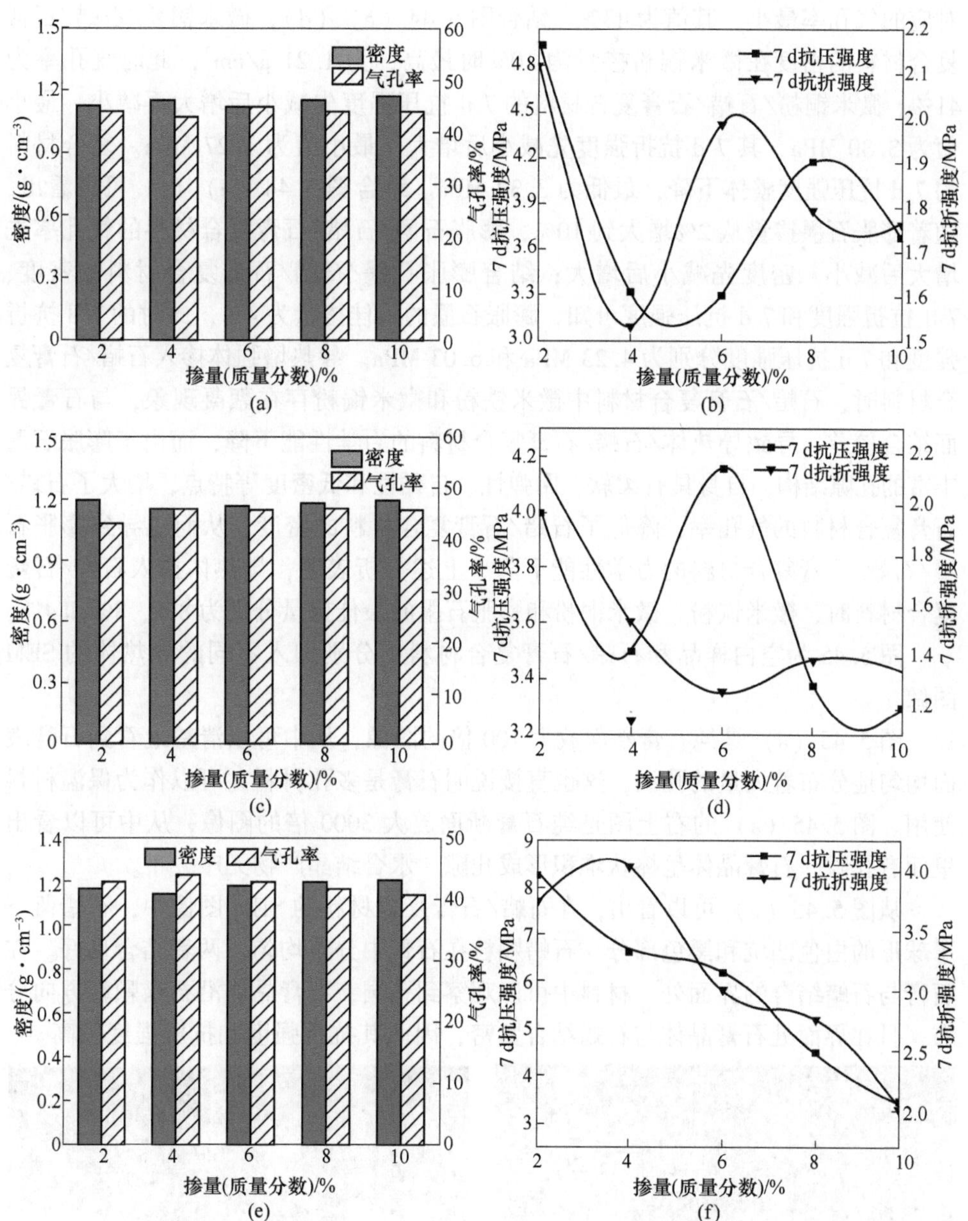

图 5.44 导热体/石蜡/石膏复合材料的物理和力学性能变化趋势图

(a)(b) 石蜡/石膏基体中掺入铁粉；(c)(d) 石蜡/石膏基体中掺入铜粉；(e)(f) 石蜡/石膏基体中掺入膨胀石墨

7 d 抗压强度和抗折强度均先减小后增大再减小，且微米铁粉/石蜡/石膏复合材料的 7 d 抗压强度最大值为 3. 31 MPa，7 d 抗折强度最小值为1. 53 MPa，此时其对应的气孔率最小，其值为43%。结合图5.44（c）（d），微米铜粉/石蜡/石膏复合材料的密度在微米铜粉掺量为10%时最高，为1.21 g/cm^3，此时气孔率为41%。微米铜粉/石蜡/石膏复合材料的7 d抗压强度先减小后增大再减小，最小值为3.30 MPa，其7 d抗折强度先减小后增大，最小值为1.27 MPa。复合材料的7 d抗压强度整体下降，最低为3.32 MPa。结合图5.44（e）（f）可以看出，随着膨胀石墨掺量从2%增大到10%，膨胀石墨/石蜡/石膏复合材料的气孔率先增大后减小，密度先减小后增大；结合膨胀石墨/石蜡/石膏复合材料的密度、7 d抗折强度和7 d抗压强度可知，膨胀石墨的最佳掺量为4%，此时的7 d抗折强度和7 d抗压强度分别为4.23 MPa和6.03 MPa。导热增强体掺入石蜡/石膏复合材料时，石蜡/石膏复合材料中微米铁粉和微米铜粉存在絮凝现象，与石膏界面结合较差，导致导热体/石蜡/石膏复合材料的力学性能下降，而由于膨胀石墨丰富的孔隙结构，自身具有柔软、回弹性、自黏性和低密度等特点，增大了石蜡/石膏复合材料的气孔率，降低了石蜡/石膏复合材料的密度，从而也导致膨胀石墨/石蜡/石膏复合材料的力学性能下降。上述分析表明，导热体掺入石蜡/石膏复合材料时，微米铁粉、微米铜粉和膨胀石墨的最佳掺量分别为8%、8%和4%。

图5.45为空白样品和石蜡/石膏复合材料中分别加入不同的导热体的SEM图像。

图5.45（a）是纯石膏断面放大100倍的图像，从中可以清楚地看到石膏表面均匀地分布着大量的孔洞，这也直接说明石膏是多孔材料，可以作为保温材料使用。图5.45（a）的右上图是纯石膏断面放大3000倍的图像，从中可以看出里面有孔隙，石膏晶体呈棒状堆积形成孔隙，水合结晶产物无序分布。

从图5.45（b）可以看出，在石蜡/石膏复合材料的SEM图像中，石蜡留下了球形的白色凹坑和黑色部分。石蜡颗粒在石膏中分布均匀，两者结合良好。在石膏与石蜡结合的界面处，材料中可以观察到孔洞，石膏晶体沿石蜡颗粒方向分布，且在界面处石膏晶体与石蜡结合紧密，因此其抗折强度和抗压强度较高。

(a)

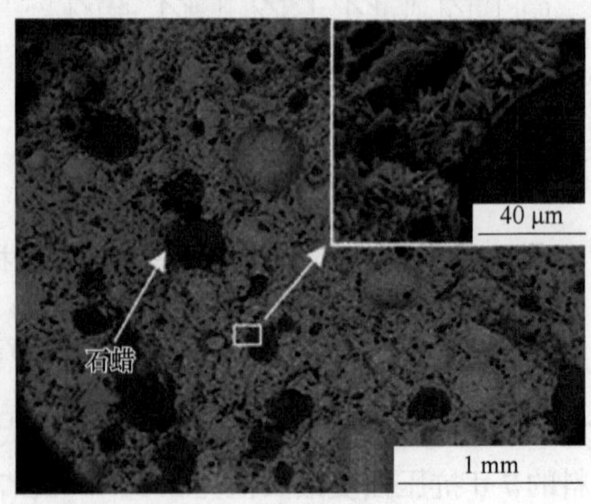

(b)

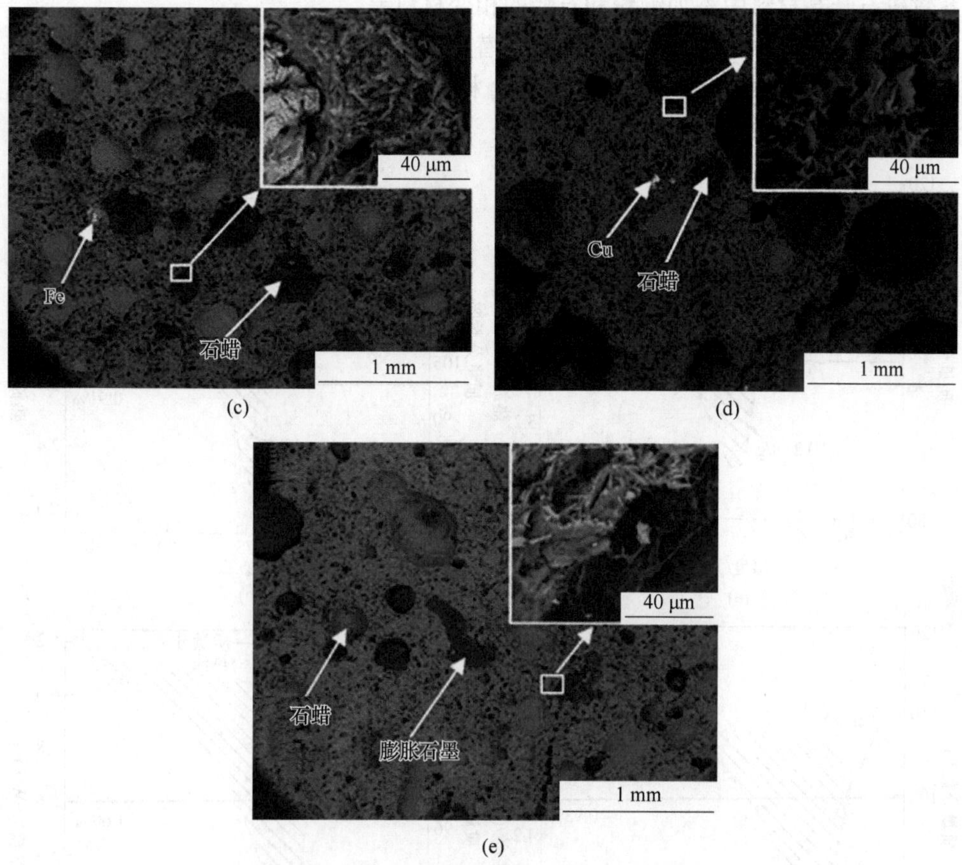

图 5.45 空白样品和石蜡/石膏复合材料中分别加入不同的导热体的 SEM 图像
（a）对照样品；（b）单掺石蜡；（c）石蜡/石膏基体中掺入铁粉；（d）石蜡/石膏基体中掺入铜粉；（e）石蜡/石膏基体中掺入膨胀石墨

从图 5.45（c）（d）两种复合相变材料的 SEM 图像可以看出，高亮的部分是金属粉末，分别在石蜡/石膏复合材料中加入导热增强体微米铜粉和微米铁粉之后，可以观察到金属粉末在石蜡/石膏复合材料中由于团聚发生絮凝，形成较大的颗粒，石膏晶体由棒状结构变为絮凝结构，导热增强剂的加入破坏了石膏晶体原有的棒状结构，使石蜡/石膏复合材料的力学性能降低。此外，金属粉末、石蜡和石膏之间的相对分布（内部也有孔洞），以及传热时导热系数高的金属将热量传给石蜡和石膏，从而加快了传热过程，提高了相变储热效率，可达到快速储存和释放热能的目的。在图 5.45（e）中，膨胀石墨为片状结构，片状膨胀石墨嵌入到石蜡/石膏复合材料中，由于膨胀石墨的多孔碳骨架结构，相变材料可以被有效包裹在其中，其结合比金属粉末与石蜡/石膏复合材料更紧密，因此其力学性能优于金属粉末与石蜡/石膏复合材料。但由于膨胀石墨的内部孔隙较多，导热系数较石膏基材料中添加铜粉和石蜡的相变材料差。

导热体/石蜡/石膏复合材料的相变潜热决定了相变材料的储能换热能力的大小。采用 DSC 对导热体/石蜡/石膏复合材料的相变温度和相变焓值进行测试，测试结果如图 5.46 所示。

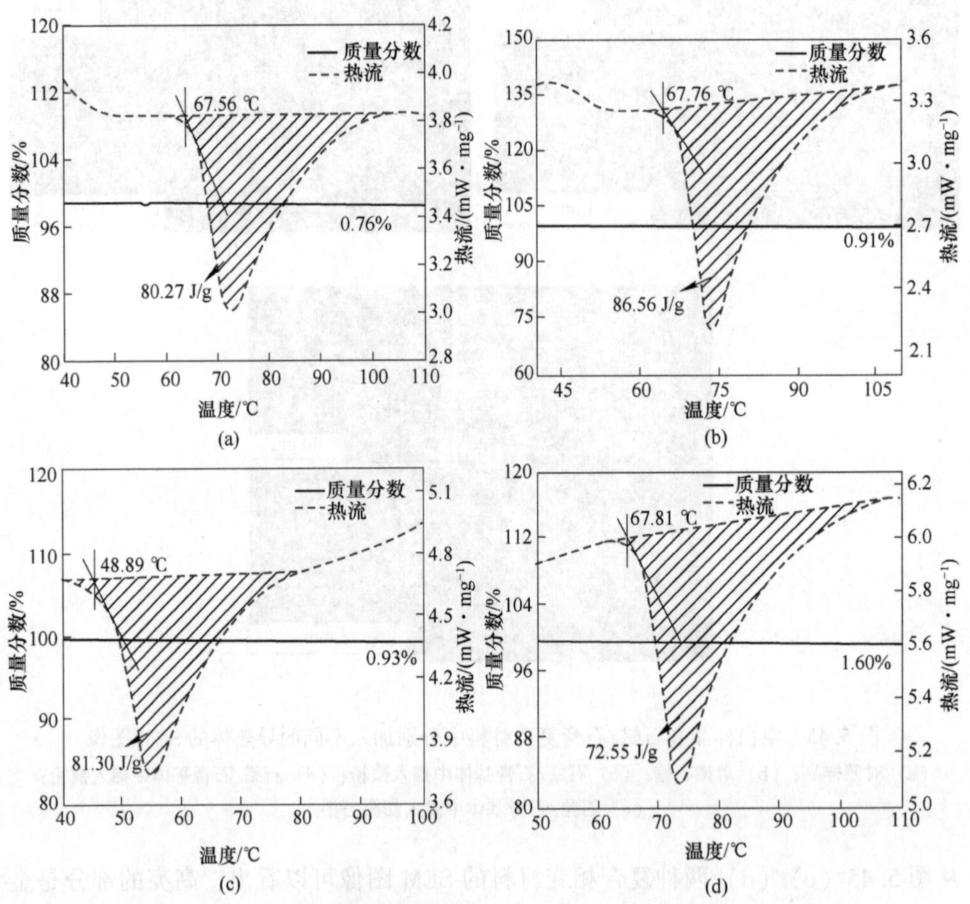

图 5.46　石蜡/石膏和导热体/石蜡/石膏复合材料的热分析曲线

（a）石蜡；（b）石蜡/石膏基体中掺入铁粉；（c）石蜡/石膏基体中掺入铜粉；（d）石蜡/石膏基体中掺入膨胀石墨

由图 5.46（a）可知，当石膏中加入 20% 的 PA 时，相变反应温度为 67.56 ℃，相变焓为 80.27 J/g。由图 5.46（b）可知，当石蜡/石膏复合材料中加入铁粉时，相变反应的起始温度为 67.76 ℃，相变反应焓为 86.56 J/g。由图 5.46（c）可知，在石蜡/石膏复合材料中掺入微米铜粉时，相变反应起始温度为 48.89 ℃，相变反应焓为 81.30 J/g。由图 5.46（d）可知，石蜡/石膏复合材料与膨胀石墨混合时，相变反应起始温度为 67.81 ℃，相变反应焓为 72.55 J/g。

导热体微米铁粉和膨胀石墨分别加入石蜡/石膏复合材料时，复合材料的相变温度均在67 ℃左右，与铜粉加入石蜡/石膏复合材料时的相变温度48.89 ℃相差较大。此外根据图中的热重分析，当温度从室温升高到120 ℃时，样品的质量变化均很小。导热体/石蜡/石膏复合材料的热力学性能是符合实际要求的，根据导热体/石蜡/石膏复合材料的相变焓可知添加微米铜粉时较为合适，且微米铜粉/石蜡/石膏复合材料的相变温度更好。

不同导热体对掺有20%石蜡的石膏基复合材料的导热系数影响如图5.47所示。从图5.47可以看出，石蜡/石膏复合材料的导热系数（0.1544 W/(m·K)）远低于含有8%铁粉、8%铜粉和4%膨胀石墨的石蜡/石膏复合材料。由于铜粉的热导系数（其值为401 W/(m·K)）高于铁粉（其值为80 W/(m·K)），并且铜粉具有较高的导热性和密度（铁粉为7.85 g/cm^3，铜粉为8.92 g/cm^3），因此含8%铜粉的石蜡/石膏复合材料的导热性比含8%铁粉的石蜡/石膏复合材料高14.6%。含有4%膨胀石墨的石蜡/石膏复合材料的热导系数也相对较高，其值为1.6531 W/(m·K)，因为膨胀石墨的导热系数为300 W/(m·K)，而且单位体积石膏的质量相对较低，因此含有8%铜粉的石蜡/石膏复合材料的传热性能是最佳的。

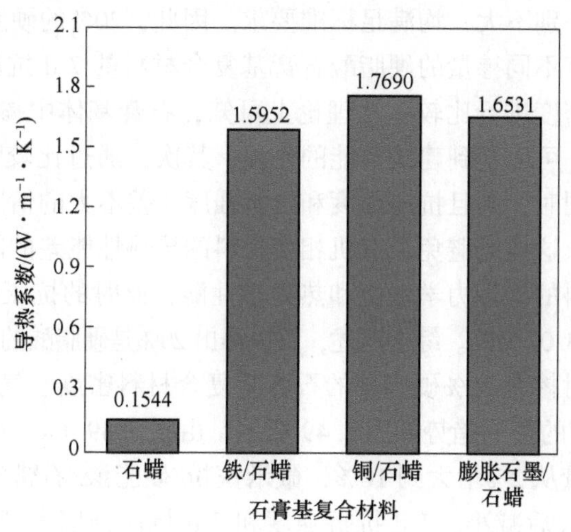

图5.47 石蜡/石膏和导热体/石蜡/石膏复合材料的导热系数

5.4.2 导热体对硬脂酸/石膏复合材料性能的影响

在硬脂酸（stearic acid，SA）掺量不同的情况下，测试了硬脂酸有机相变材料对建筑石膏密度、气孔率、7 d抗压强度和7 d抗折强度的影响。为了便于分析不同掺量的硬脂酸对建筑石膏性能的影响，将单掺不同质量分数的硬脂酸的建筑石膏试样的密度、气孔率、7 d 抗压强度和 7 d 抗折强度变化趋势进行分析，结果如图 5.48 所示。

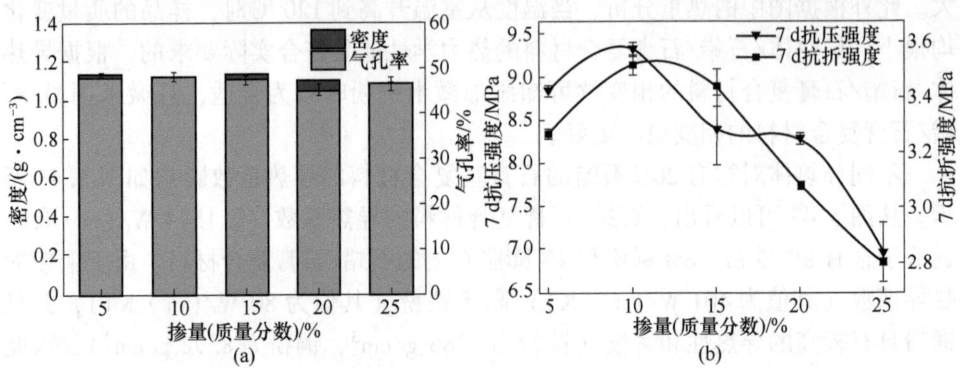

图 5.48 不同硬脂酸掺量的石膏基复合材料的密度、气孔率、7 d 抗压强度和 7 d 抗折强度

(a) 密度和气孔率；(b) 7 d 抗压强度和抗折强度

从图 5.48 可以看出，随着硬脂酸掺量从 5%增加到 25%，7 d 抗压强度和 7 d 抗折强度都是先增大后减小。当硬脂酸用量为 20%时，气孔率最小为 45%，抗折强度和抗压强度差别不大，均满足标准要求。因此，20%的硬脂酸是在石膏材料中的最佳掺量。将不同掺量的硬脂酸石膏基复合材料的 7 d 抗压强度和 7 d 抗折强度、气孔率和密度进行比较。从理论上可知，石膏基体中掺入的硬脂酸越多，储热效率就越好，可以起到建筑节能的作用；其次，通过比较图 5.48 中各数据，在硬脂酸掺量不同时，并且抗压强度和抗折强度相差不大的情况下，硬脂酸尽量选择较大的掺量，这样既避免了有机相变材料的导热性能差的问题，又能满足相变石膏基复合材料的物理力学性能和热力学性能，此时的抗压强度和抗折强度分别为 8.26 MPa 和 3.07 MPa。综上所述，可以得出 20%是硬脂酸的最佳掺量。

不同导热体对掺有 20%硬脂酸的石膏基复合材料密度、气孔率、7 d 抗压强度和 7 d 抗折强度的影响趋势如图 5.49 所示。由图 5.49（a）（b）可以看出，随着微米铁粉的掺量从 2%增大到 10%，微米铁粉/硬脂酸/石膏复合材料的气孔率和密度都是先增大后减小。7 d 抗折强度和 7 d 抗压强度先减小后增大再减小，当铁粉的掺量为 6%时，气孔率为 46%，7 d 抗折强度和 7 d 抗压强度最大分别为 3.43 MPa 和 7.32 MPa，均达到理论标准值，因此 6%的铁粉是最佳的掺量。由图 5.49（c）（d）可以看出，随着微米铜粉的掺量从 2%增大到 10%，微米铜粉/硬脂酸/石膏复合材料的气孔率和密度基本保持不变。当微米铜粉的掺量为 10%时，气孔率最低，密度最大，7 d 抗折强度和 7 d 抗压强度与最大值相差不大，均达到理论标准。因此，微米铜粉的最佳掺量为 10%。结合图 5.49（e）（f）可以看出，随着膨胀石墨的掺量从 2%增大到 10%，膨胀石墨/硬脂酸/石膏复合材料的气孔率先减小后增大，密度是先增大后减小。当膨胀石墨的掺量为10%时，气孔率最小，密度最大，7 d 抗折强度和 7 d 抗压强度最大，其值为 3.97 MPa 和 7.88 MPa，且均达到理论标准。因此，膨胀石墨的最佳掺量为 10%。上述分析表明，石膏材料在与硬脂酸复合的过程中，微米铁粉、微米铜粉和膨胀石墨的最佳掺量分别为 6%、10%和 10%。

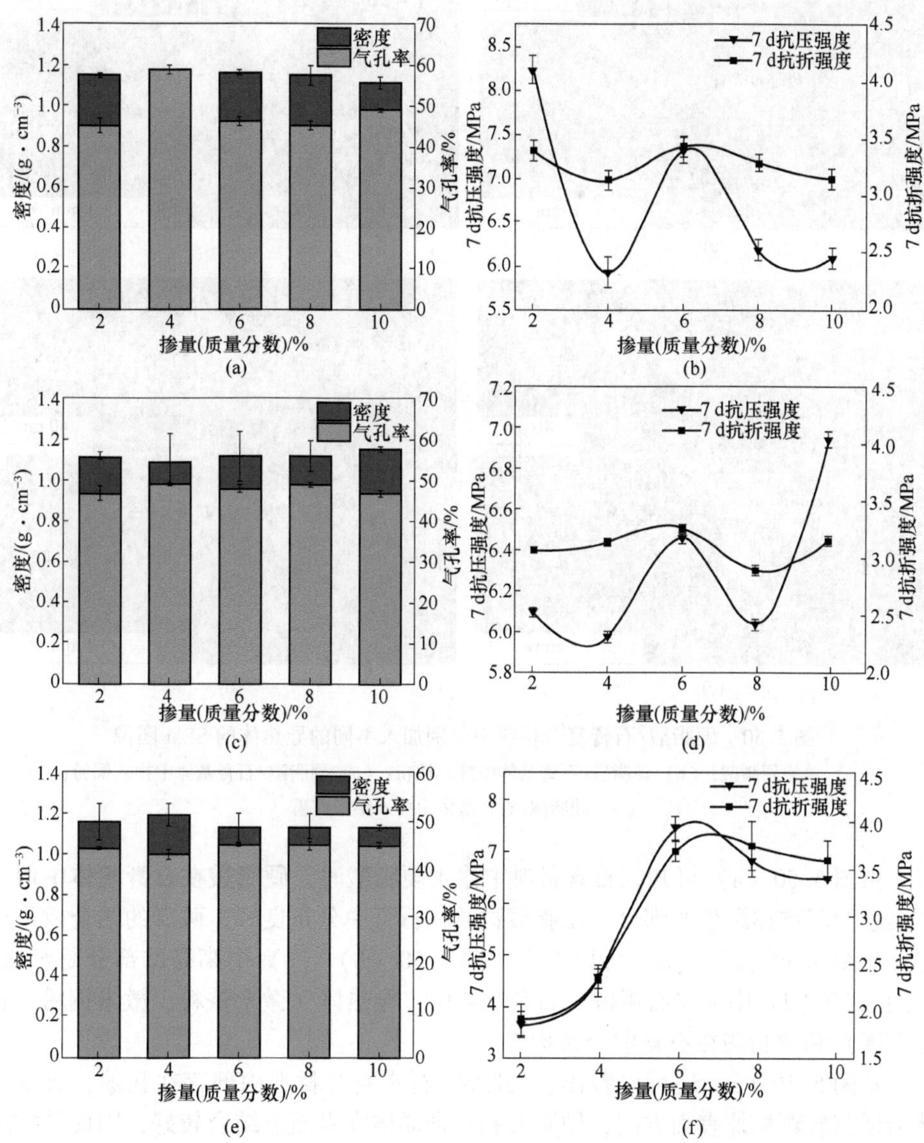

图 5.49 导热体/硬脂酸/石膏复合材料的物理和力学性能

(a)(b) 硬脂酸/石膏基体中掺入铁粉；(c)(d) 硬脂酸/石膏基体中掺入铜粉；(e)(f) 硬脂酸/石膏基体中掺入膨胀石墨

图 5.50 为硬脂酸/石膏复合材料中分别加入不同的导热体的 SEM 图像。

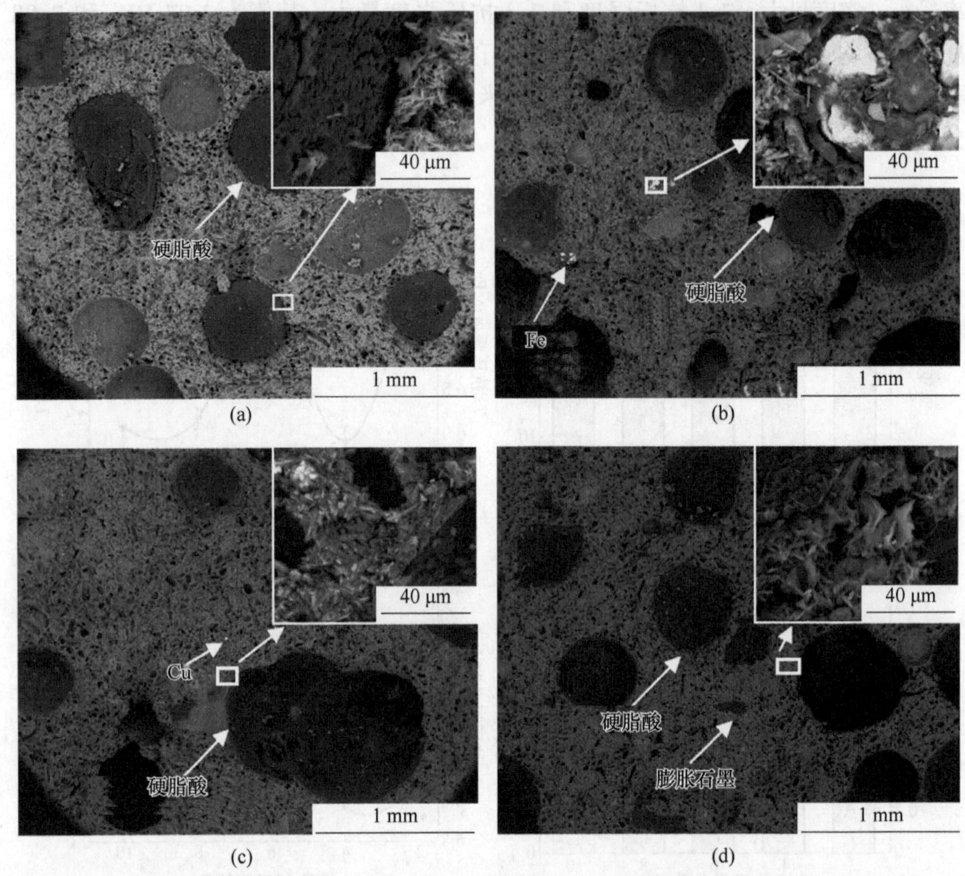

图 5.50 硬脂酸/石膏复合材料中分别加入不同的导热体的 SEM 图像
(a) 单掺硬脂酸；(b) 硬脂酸/石膏基体中掺入铁粉；(c) 硬脂酸/石膏基体中掺入铜粉；
(d) 硬脂酸/石膏基体中掺入膨胀石墨

由图 5.50（a）可知，石膏材料中掺入硬脂酸时，硬脂酸在石膏基体中留下了白色的凹坑和黑色的部分，硬脂酸颗粒在石膏中分布良好，两者的结合效果更好。从图 5.50（b）~（d）可以看出，图 5.50（b）（c）中高亮的部分是金属，而图 5.50（d）中膨胀石墨嵌入石膏基体中，导热体（微米铁粉、微米铜粉、膨胀石墨）和硬脂酸在石膏中分布均匀。

从图 5.50（a）还可以看出，硬脂酸/石膏复合材料内部存在孔隙，石膏晶体沿硬脂酸颗粒外表面方向，硬脂酸和石膏晶体在界面上结合较好，因此其抗压强度和抗折强度较高。从图 5.50（b）（c）可以看出，金属粉末在硬脂酸/石膏复合材料中结块并发生絮凝，在材料内部形成较大的颗粒，所以金属粉末、硬脂酸和石膏基材料界面的结合没有单掺硬脂酸的好，测量时抗折强度和抗压强度也比单掺硬脂酸情况下的低。此外，还可以观察到金属粉末、硬脂酸和石膏（内部也有孔）之间的相对分布和结合状况，在热量传递方面与石蜡相同。从图 5.50（d）可以看出，在石膏和硬脂酸之间是镶嵌有片状膨胀石墨的，其结合情况要比金属粉末和硬脂酸/石膏复合材料的结合情况好，所以其抗折强度和抗压强度比金属粉末掺入到硬脂酸/石膏复合材料的高，但复合材料内部有孔，仍比单掺硬脂酸时的 7 d 抗压强度和 7 d 抗折强度低。

硬脂酸/导热体/石膏复合材料的相变潜热决定了相变材料的储能换热能力的大小，图 5.51 是硬脂酸/石膏和导热体/硬脂酸/石膏复合材料的热分析曲线。

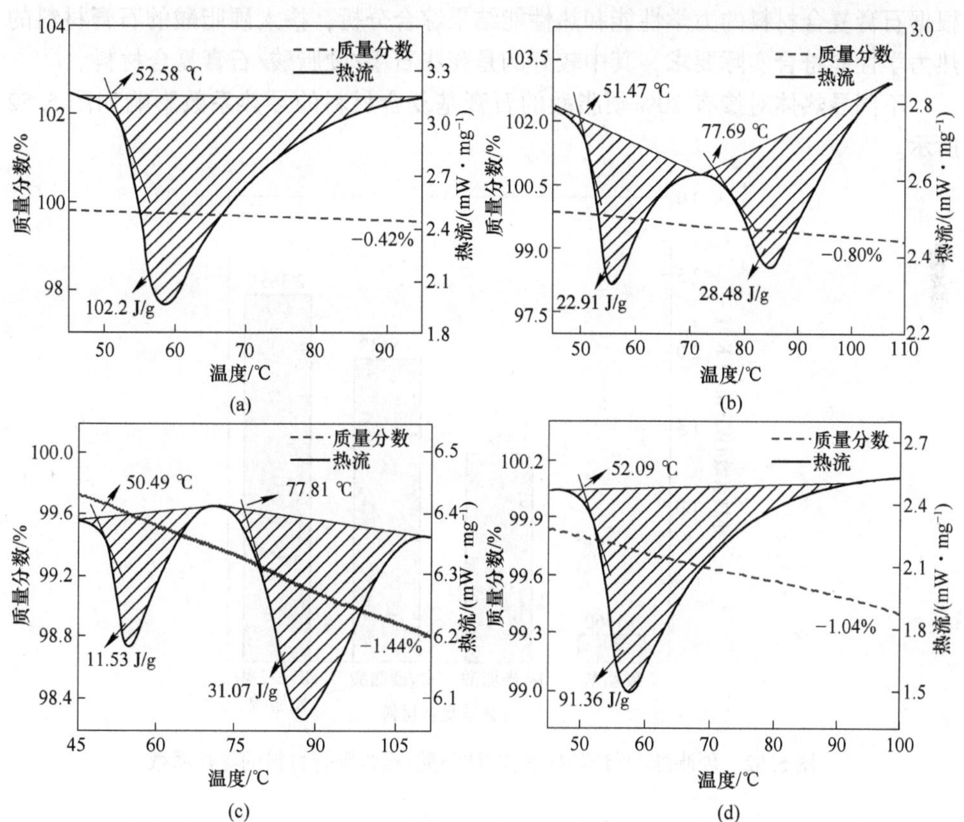

图 5.51 硬脂酸/石膏和导热体/硬脂酸/石膏复合材料的热分析曲线

（a）硬脂酸；（b）硬脂酸/石膏基体中掺入铁粉；（c）硬脂酸/石膏基体中掺入铜粉；（d）硬脂酸/石膏基体中掺入膨胀石墨

从图 5.51（a）可以看出，石膏基体中单独掺入硬脂酸时，开始相变的温度为 52.58 ℃，结束相变的温度为 70.00 ℃，相变吸热峰的温度为 58.58 ℃，相变反应焓为 102.20 J/g。从图 5.51（b）可以看出，铁粉掺入硬脂酸/石膏复合材料后，出现两个相变吸热峰，第一个相变吸热峰开始相变的温度为 51.47 ℃，结束相变的温度为 69.00 ℃，相变反应焓为 56.08 ℃。第二个相变吸收峰开始相变温度为 77.69 ℃，结束相变温度为 100.00 ℃，相变吸收峰温度为 86.50 ℃，相变焓为 28.48 J/g。从图 5.51（c）可以看出，当铜粉掺入硬脂酸/石膏复合材料后，也出现两个相变吸收峰。第一个相变吸热峰始于 50.49 ℃，止于 67.00 ℃，相变吸热峰为 54.57 ℃，相变焓为 11.53 J/g。第二个相变吸热峰起于 77.81 ℃，止于 107.00 ℃，相变吸热峰为 87.20 ℃，相变焓为 31.07 J/g。从图 5.51（d）可以看出，当膨胀石墨掺入硬脂酸/石膏复合材料后开始相变的温度为 52.09 ℃，结束相变的温度为 75.00 ℃，相变吸热峰的温度为 58.00 ℃，相变焓为 91.36 J/g。根据石膏复合材料的力学性能和热性能结果综合分析，掺入硬脂酸的石膏材料的热力学性能符合实际要求，其中较好的是膨胀石墨/硬脂酸/石膏复合材料。

不同导热体对掺有 20%硬脂酸的石膏基复合材料的导热系数影响如图 5.52 所示。

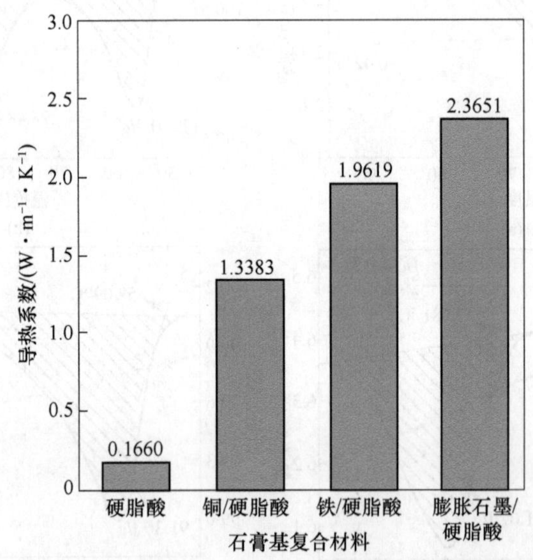

图 5.52 硬脂酸/石膏和导热体/硬脂酸/石膏复合材料的导热系数

由前文可知，硬脂酸/石膏复合材料中微米铜粉、微米铁粉和膨胀石墨的最佳掺量分别为 6%、10%和 10%。从图 5.52 中可以看出，掺入三种导热体后，复合材料的导热系数均较不添加导热体的硬脂酸/石膏复合材料增大 10 倍以上，硬脂酸/石膏复合材料的导热系数远低于含有 6%铁粉、10%铜粉和 10%膨胀石墨的硬脂酸/石膏复合材料。由于微米铜粉的导热系数（401 W/(m · K)）高于微米铁粉（80 W/(m · K)），并且微米铜粉具有较高的导热系数和密度（微米铁粉为 7.85 g/cm^3，微米铜粉为 8.92 g/cm^3），因此含 6%微米铜粉的硬脂酸/石膏复合材料的导热性比含 10%铁粉的石蜡/石膏复合材料的导热性高。此外，含有 10%膨胀石墨的硬脂酸/石膏复合材料的导热系数为1.6651 W/(m·K)，这是因为膨胀石墨的导热系数为300 W/(m·K)，体积较大，气孔率高，孔径丰富，传热路径多，因此含有10%膨胀石墨的硬脂酸/石膏复合材料的热性能是最佳的。

5.5 秸秆定形相变材料的制备及其对石膏基复合材料性能的影响

5.5.1 秸秆定形相变材料的性能研究

小麦作为一种主要谷类作物，全球种植面积超过200万公顷。其中，我国小麦种植面积为23.57万公顷，占全球比重约10.59%。伴随着每年巨大的小麦产量，大量的秸秆随之产出。小麦秸秆已被证明是一种低价值、高产量的农副产品。分布在秸秆表层的蜡质层与秸秆表层之间具有天然形成的良好结合力。植物表层蜡质难以脱除，常用的获取方法是采用有机溶剂萃取，如氯仿、正己烷、乙醚等。秸秆蜡质组成较为复杂，通常由各直链脂肪族化合物及其衍生物组成，是一种潜在的相变材料（PCMs）。此外，脂肪酸作为一种有机类相变材料，其过冷度小，潜热高，结构稳定性好，并且相变时体积变化小，广泛应用于建筑材料领域。而单一脂肪酸相变材料的相变温度较高，不适用于人类所居住的一般建筑温度环境，因此，通常将两种或多种相变材料混合，形成相变温度范围较广的二元或多元共熔体系，以达到合适的相变温度与较高潜热值。本节将脂肪酸与秸秆蜡质混合，制备能够满足调节室内温度需求的有机复合相变材料。同时，利用秸秆表层与蜡质的天然牢固结合力，使外加相变材料与蜡质两者固溶，制备秸秆基定形相变材料。

5.5.1.1 秸秆表层蜡质含量及成分分析

一般情况下，秸秆表层蜡质主要由长链的脂肪酸及其衍生物组成，包括烷烃、酮类、伯醇类、酯类等，以及一些三萜类和低分子量次生代谢物。本研究采用正己烷为溶剂萃取小麦秸秆表层蜡质。首先向干净的烧杯中加入500 mL正己烷溶剂，水浴加热至稍低于正己烷沸点温度（约65 ℃）。然后将洁净干燥的小麦秸秆裁剪成2~3 cm小段，每次萃取分别取10 g秸秆置于盛有正己烷溶液的烧杯中。由于正己烷溶剂易于将细胞中的脂溶性物质提取出来，所以应当控制有机溶剂萃取时间不宜过长。然而，想要提取秸秆蜡质干净、彻底，萃取时间也不宜过短。因此，控制麦秸秆蜡质萃取时间为60 s。一次萃取完毕后，将秸秆取出，再进行下一次提取，每次萃取秸秆总量为100 g。由于正己烷一直处于加热状态，具有较大的挥发性，因此，实验过程中应不断补充溶剂使其保持在500 mL。全部萃取完毕后，将萃取溶液通过0.45 μm的有机微孔滤膜抽滤。抽滤后将锥形瓶中的液体置于室温下通风橱内，在自然条件下使正己烷溶剂完全挥发，挥发完毕后，最终获得存留于烧杯中的秸秆蜡质。使用分析天平称取蜡质质量，然后室温下保存，以备后续测试分析使用。其中，蜡质含量（%）= 蜡质质量（g）/秸秆质量（g）。

麦秸秆表层蜡质萃取实验结果如表 5.7 所示，由表可知，经三次麦秸秆蜡质萃取平行实验得到麦秸秆表层平均蜡质含量为 0.0602%，即每 100 g 小麦秸秆样品中，约含有蜡质 60.2 mg。

表 5.7 正己烷萃取小麦秸秆蜡质含量实验结果

序号	秸秆质量/g	蜡质质量/g	蜡质含量/%	平均蜡质含量/%
1	100.12	0.0604	0.0603	0.0602
2	101.32	0.0640	0.0632	
3	100.64	0.0575	0.0571	

秸秆表层蜡质是一种复杂的混合物，具有很大的分子量和结构范围。为研究蜡质提取物的具体组成，使用气相色谱-质谱联用（GC-MS）技术对小麦秸秆表层提取的蜡质进行鉴定和定量分析，结果如图 5.53 所示。从 GC-MS 实验结果来看，虽然麦秸秆的提取物由复杂的混合物组成，但本实验所使用的色谱分离方法和测试程序有效地将秸秆蜡质各组分分离。根据不同物质在色谱柱上保留时间的不同，GC-MS 技术将蜡质混合物共分离成 32 种有效成分。其中，图中未标注的峰值为蜡质中部分化合物与衍生试剂（N,O-双（三甲基硅基）三氟乙酰胺）反应后生成的衍生化副产物，其不应纳入蜡质混合物组分之内。

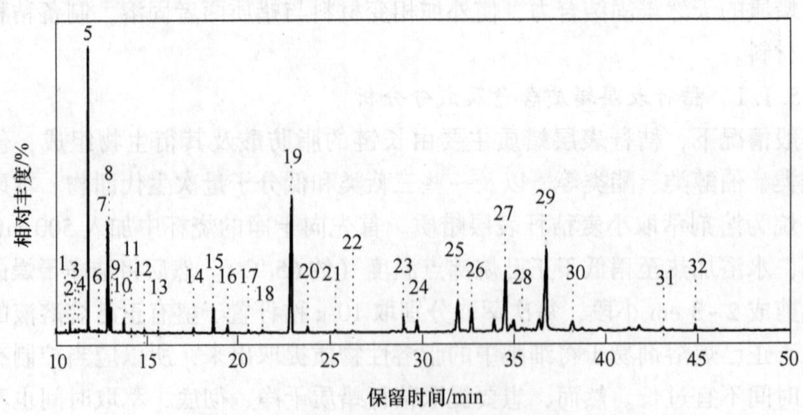

图 5.53 小麦秸秆蜡质衍生物的 GC-MS 色谱图

结合质谱分析，如表 5.8 所示，小麦秸秆表层蜡质主要成分由烷烃、脂肪醇、脂肪酸、β-二酮、甾醇以及少量的其他复杂有机化合物组成，其在蜡质混合物中的占比分别为 24.89%、2.47%、26.18%、18.96%、23.42%和 4.08%。脂肪族分子的碳链分子从 C_{14} 到 C_{33}，并且发现较小的脂肪族分子表现为低浓度的游离脂肪酸和不同程度的不饱和度。首先，脂肪酸类在蜡质混合物中的相对含量为26.18%，在所有化合物中占绝对优势，脂肪酸的碳链分布从 C_{14} 到 C_{20}，还有部分碳烯酸，如十八碳烯酸、十八碳烯二酸和十九碳烯酸。其次是 7 种长链烷烃类和 4 种甾醇类所占比例相对较高，两者相对含量分别为 24.89%和 23.42%。烷烃类主要是 C_{21} ~ C_{33} 的奇数直链烷烃，三十一碳烷是含量较高的长链烷烃，这在包括小麦在内的许多植物中均有存在且含量均较为丰富。这种奇数链烷烃通常来源于偶数脂肪酸的脱羧作用。由于生物合成途径的存在，偶数烷烃往往不会在植物中发现。甾醇类在麦秸秆蜡质混合物中所占比例也较高，主要包括 β-谷甾醇，以及少量的其他甾醇。其中，β-谷甾醇在总甾醇中含量最高，约占 50.06%，而胆甾醇含量最少，占总甾醇量的 4.86%。另外，在所有化合物中，含量最多的是 C_{31} 烷烃和 14,16-C_{31}-β-二酮，两者在蜡质混合物中的相对含量分别为 21.49%和18.54%。同时，在植物表层蜡质成分分析的众多相关研究中均发现了类似的观察结果。综上所述，由于脂肪酸类在秸秆蜡质中占有绝对比例，因此，对于后续研究中所使用的外加相变材料，为使其与蜡质能够达到更好的相互固溶效果，应优先考虑有机脂肪酸类相变材料。

表 5.8 小麦秸秆蜡质中不同化合物分布及相对含量

类别	碳链长度或分子式	保留时间/min	峰面积/%	相对含量/%	相对分子质量	相对总量/%
烷烃	C_{21}	10.687	0.05	0.10	296.56	24.89
	C_{23}	11.204	0.03	0.06	324.61	
	C_{25}	15.751	0.06	0.11	352.67	
	C_{27}	18.803	0.16	0.31	380.72	
	C_{29}	20.716	1.28	2.45	408.77	
	C_{31}	23.034	11.23	21.49	436.82	
	C_{33}	25.375	0.20	0.38	464.87	
脂肪醇	C_{24}	19.574	0.38	0.73	354.64	2.47
	C_{26}	23.886	0.35	0.67	382.69	
	C_{28}	29.744	0.56	1.07	410.74	
脂肪酸	C_{14}	10.918	0.26	0.50	228.36	26.18
	C_{15}	11.414	0.05	0.10	242.39	
	C_{16}	11.929	5.34	10.22	256.42	
	C_{17}	12.490	0.10	0.19	270.44	
	C_{18}（二烯酸）	12.969	2.85	5.45	280.44	
	C_{18}（烯酸）	12.998	3.07	5.87	282.45	
	C_{18}	13.169	0.70	1.34	284.47	
	C_{19}（烯酸）	13.868	0.36	0.69	296.48	

续表 5.8

类别	碳链长度或分子式	保留时间/min	峰面积/%	相对含量/%	相对分子质量	相对总量/%
脂肪酸	C_{20}	15.007	0.10	0.19	312.52	26.18
	C_{22}	17.711	0.21	0.40	340.57	
	C_{24}	21.471	0.34	0.65	368.62	
	C_{26}	26.290	0.30	0.57	396.68	
β-二酮	C_{31}(14,16-C_{31})	36.792	9.69	18.54	464.79	18.96
	C_{33}(2,4-C_{33})	44.858	0.22	0.42	492.84	
甾醇	$C_{28}H_{28}O$（菜油甾醇）	31.985	3.40	6.51	380.50	23.42
	$C_{29}H_{48}O$（豆甾醇）	32.730	2.13	4.08	412.67	
	$C_{29}H_{50}O$（β-谷甾醇）	34.574	6.13	11.73	414.69	
	$C_{27}H_{46}O$（胆甾醇）	29.043	0.58	1.11	386.64	
其他	$C_{21}H_{40}O_2$（4,8,12,16-四甲基十七烷-4-内酯）	14.283	0.05	0.10	324.53	4.08
	$C_{33}H_{64}O$((Z)24-三十四烷-2-酮)	43.101	0.50	0.96	476.90	
	$C_{29}H_{48}O$（豆甾-4-烯-3-酮）	38.223	1.28	2.45	412.67	
	$C_{28}H_{46}O$（菜油甾-4-烯-3-酮）	35.461	0.30	0.57	398.65	

采用 FT-IR 技术对小麦秸秆表层蜡质的主要光谱特征进行了研究，结果如图 5.54 所示。

由图 5.54 可以看出，在蜡质的 FT-IR 曲线中，4000~1800 cm^{-1}范围内特征峰较少，而在 1800~400 cm^{-1}范围内特征峰较为复杂。其中，2920 cm^{-1}处的特征峰为—CH_3 中 C—H 不对称吸收峰；2850 cm^{-1}处为—CH_2 中 C—H 的对称吸收峰；1735 cm^{-1}处出现的特征峰是由酯类中羰基 —C═O 官能团的拉伸引起；1640 cm^{-1}处的特征峰是由甾醇或甾醇酯中—C═C—顺式拉伸引起的；在 1471 cm^{-1}对应甲基和亚甲基中—C—H 的弯曲振动峰；而 1375 cm^{-1}处为甲基的—C—H 对称弯曲振动峰；而在 1175 cm^{-1}处出现的是脂肪族酯（O═C—O—$CHCH_2$—）中 C—O 拉

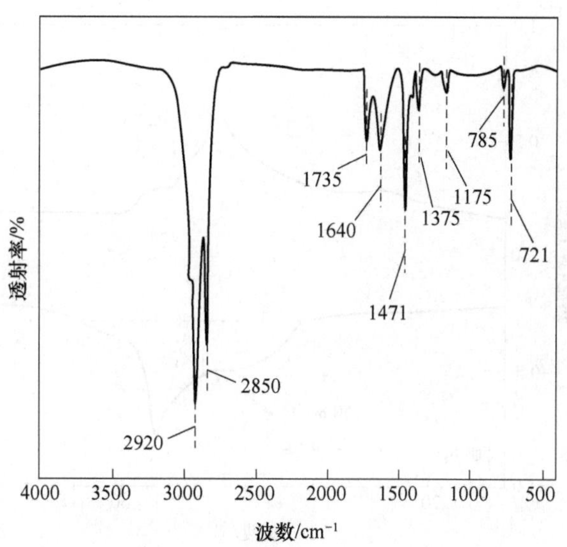

图 5.54 小麦秸秆表层蜡质的 FT-IR 光谱图

伸振动特征峰；另外，在 785 cm^{-1} 和 721 cm^{-1} 处分别对应着 CH_2 的重叠振动峰和脂肪醇中—OH 基团的平面内摆动振动峰。综上所述，对照前期蜡质组分相关分析，由 GC-MS 测试得出的秸秆蜡质中主要物质成分的特征峰在红外光谱中均有所体现，也就是说，FT-IR 的观察结果与 GC-MS 得到蜡质成分分析结果是一致的。

相变储能建筑材料的温度调节能力与其所含相变材料的相变行为密切相关。在选择所使用的相变材料时，首先考虑的通常是其相变温度范围与相变潜热的大小。然而，所有的天然蜡都是一个复杂的组成，因此没有明确的熔点。这是因为所含的脂类物质有不同的熔化范围，同时各组分之间也可能相互影响。因此，对所提取的小麦秸秆蜡质进行热性能分析，其 DSC 曲线如图 5.55 所示。

从图 5.55 中可以看出，小麦秸秆蜡质表现出一个单一的、较宽的吸/放热峰，这表明了它们的共晶性质。根据峰值最大处切线与基线的交点，推算出小麦秸秆蜡质的相变温度约为 50.86 ℃，将总峰面积积分得到相变潜热为 121.6 J/g。这与在其他植物表层蜡质中观察到的热行为相类似。然而，适用于建筑节能领域相变材料的转变温度需满足室内人体居住的舒适温度（25~30 ℃）。因此，不论是从秸秆蜡质含量角度，还是秸秆相变特性角度，若要达到较适宜的相变温度，均需引入其他相变材料与蜡质复合，形成适用于建筑领域的多元相变材料，从而达到实际应用的目的。综上所述，通过对所使用麦秸秆蜡质的相关分析，包括秸秆蜡质化学组成及热性能，可以推测出将小麦秸秆表层蜡质作为一种特殊的相变材料，加入建筑材料中，应用于相变储能建筑领域是可行的。

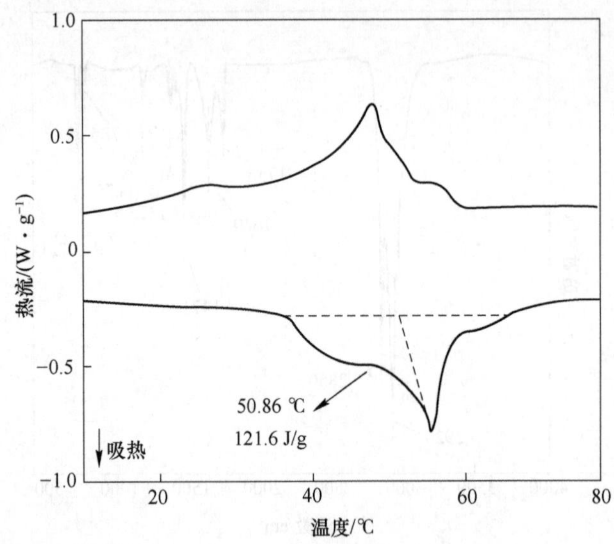

图 5.55 小麦秸秆表层蜡质的 DSC 曲线

5.5.1.2 蜡质-癸酸复合相变材料的性能研究

根据以上对秸秆蜡质展开的相关测试及分析，本实验最终选用脂肪酸类相变材料作为外加相变材料与秸秆蜡质复合制备复合相变材料。几种常用的脂肪酸类相变材料的种类及热性能参数如表 5.9 所示。结合所提取小麦秸秆蜡质的含量、组分和热物理性质，也基于对共晶体系相变温度的大致理论预测，最终选择癸酸作为外加相变材料。

表 5.9 几种常用脂肪酸的热物性

脂肪酸 PCMs	化学式	相变温度/℃	相变潜热/(J·g^{-1})
癸酸	$C_{10}H_{20}O_2$	30~32	155~165
月桂酸	$C_{12}H_{24}O_2$	44~46	175~185
肉豆蔻酸	$C_{14}H_{28}O_2$	52~55	168~204
棕榈酸	$C_{16}H_{32}O_2$	58~63	185~214
硬脂酸	$C_{18}H_{36}O_2$	69~70	194~255

为了快速准确地获得蜡质-癸酸复合相变材料体系的相变温度及两者配比，将蜡质混合物看作为一种物质，然后与癸酸形成复合体系。而对于蜡质-癸酸共晶体系混合物，可以根据两种物质在温度-组成（*T-x*）相图中的液相线，然后从图中获得最低共熔点温度和组成的理论值。根据对固液相变（准）共晶系统的低共熔点进行的分析与预测，推出相关理论公式即施罗德（Schroder）公式：

$$T_m = (1/T_i - R\ln x_i/H_i)^{-1} \tag{5.6}$$

式中，T_m 为低共熔混合物的熔点，K；T_i 为第 i 种物质的熔点，K；H_i 为第 i 种物质的熔化潜热，J/mol；x_i 为第 i 种物质的摩尔分数，且有 $x_A + x_B = 1$；R 为摩尔气体常数，取 8.3145 J/(mol·K)。以 J/mol 为单位的蜡质混合物的熔化潜热为经 DSC 测试所得的熔化潜热值（即 121.6 J/g）与蜡质摩尔质量的乘积。其中，蜡质混合物作为单一物质，其摩尔质量根据式（5.7）计算：

$$M = m/n \tag{5.7}$$

式中，M 为物质的摩尔质量，g/mol；m 为物质的质量，g；n 为物质的量，mol。根据 GC-MS 分析结果中各成分的相对含量及相对分子质量（见表 5.8），计算出麦秸秆蜡质混合物的摩尔质量约为 373.12 g/mol，从而进一步计算蜡质混合物以 J/mol 为单位的熔化潜热值，计算结果 ΔH_{SW} 为 45371.39 J/mol。

当以癸酸为溶剂，蜡质为溶质时，二元复合体系低共熔混合物的理论熔点为：

$$T_m = (1/303.48 - 8.3145 \times \ln x_{CA} \div 164.3 \div 172.26)^{-1} \tag{5.8}$$

当以蜡质为溶剂，癸酸为溶质时，二元复合体系低共熔混合物的理论熔点为：

$$T_m = (1/324.01 - 8.3145 \times \ln x_{SW} \div 121.6 \div 373.12)^{-1} \tag{5.9}$$

通过式（5.8）和式（5.9）可以得到不同物质的量比的蜡质-癸酸复合体系低共熔混合物的大致熔点，根据计算结果可绘制蜡质-癸酸复合体系低共熔混合物的理论相图，拟合结果如图 5.56 所示。

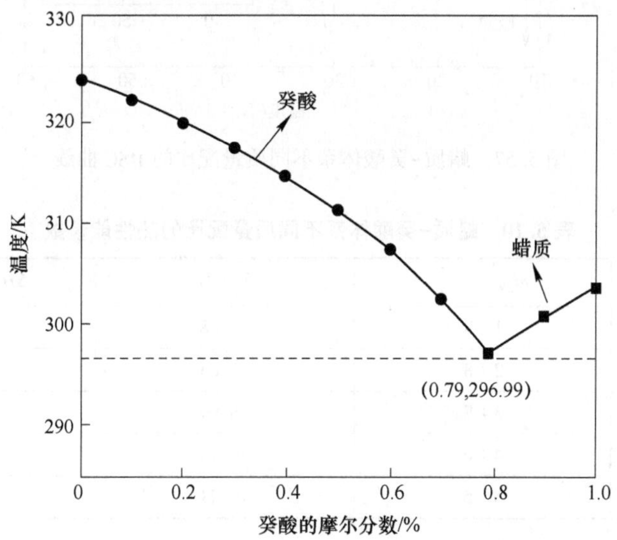

图 5.56 蜡质-癸酸共晶体系的理论计算相图

两条线交点的纵坐标表示最低共晶温度，横坐标表示蜡质-癸酸二元复合体系中蜡质的物质的量比。

从蜡质-癸酸共晶体系的理论计算相图中，两曲线的交点即蜡质-癸酸的最低共熔点，纵坐标约为296.99 K，即23.84 ℃，此时交点横坐标即蜡质与癸酸的物质的量比为0.21∶0.79，换算为质量比即 $m_{SW}:m_{CA}=0.36:0.64$。因此，选取$m_{SW}:m_{CA}=1:9$、2∶8、3∶7、4∶6、5∶5的比例分别配制蜡质-癸酸熔融混合物，并通过DSC测试以进一步验证及确定蜡质-癸酸二元体系的实际共晶配比和适宜的共熔点。

不同质量比的蜡质-癸酸低共熔混合物进行DSC测试，测试结果如图5.57所示。其中，各配比下的熔化温度（T_m）与熔化潜热（ΔH_m）数据见表5.10。

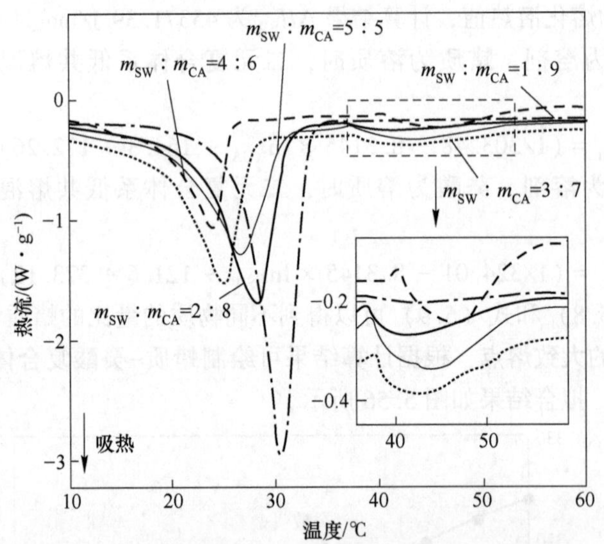

图5.57　蜡质-癸酸体系不同质量配比的DSC曲线

表5.10　蜡质-癸酸体系不同质量配比的热性能参数

序号	$m_{SW}:m_{CA}$	T_m/℃	ΔH_m/(J·g^{-1})
1	1∶9	27.08	142.83
2	2∶8	21.83	137.58
3	3∶7	18.99	131.26
4	4∶6	20.13	128.31
5	5∶5	18.21	107.83

由图5.57可以看出，当癸酸与蜡质的质量比分别为8∶2、7∶3、6∶4和5∶5时，共晶混合物在吸热/放热时的DSC曲线均出现了双峰，一个相对较大的

主峰和一个较小的次峰。从图 5.57 的局部放大图来看，随着蜡质在体系中所占比例的增加，次峰的相对面积逐渐增大。分析不同蜡质-癸酸质量配比下，除 $m_{SW}:m_{CA}=4:6$ 时次峰的起始温度稍有区别外，其他三个配比下，次峰的起始温度大致相同，并且该温度与提取的纯秸秆蜡质开始发生相变时的温度相一致。分析造成该结果的原因可能是实际上秸秆蜡质过多，不能达到完全与癸酸互相固溶；另外，也可能是蜡质含量较少，在配制蜡质-癸酸低共熔混合物时两者之间未充分混合均匀，以及在 DSC 测试取样时的人为因素所造成的。

由表 5.10 可知，当 $m_{SW}:m_{CA}$ 分别为 1：9、2：8、3：7、4：6 和 5：5 时，蜡质-癸酸复合相变材料的相变温度分别为 27.08 ℃、21.83 ℃、18.99 ℃、20.13 ℃和 18.21 ℃。相变潜热分别为 142.83 J/g、137.58 J/g、131.26 J/g、128.31 J/g 以及 131.26 J/g。对比前期根据低共熔理论大致计算的结果，当 $m_{SW}:m_{CA}=2:8$ 时，与预测最低共熔点温度（即 23.84 ℃）相比，相变温度相差 2.01 ℃，误差为 8%，在允许范围内。这也验证了施罗德公式理论计算应用于本实验共熔体系计算的适用性与一定的准确性。同时，根据对不同质量配比下蜡质-癸酸复合相变材料实际 DSC 测试结果可以发现，蜡质-癸酸复合体系的最低相变温度出现在 $m_{SW}:m_{CA}=5:5$ 的配比下。这也说明了施罗德公式理论计算结果与实际真实值的差异性，另外，将蜡质混合物看作单一物质利用施罗德公式进行最低共熔点的理论计算也是存在较大误差的。

然而，从五种质量配比蜡质-癸酸复合体系的 DSC 测试结果来看，当 $m_{SW}:m_{CA}=1:9$ 时，癸酸-蜡质共熔物体系的相变温度为 27.08 ℃，该相变温度处于节能建筑领域所需的温度区间，也就是该配比下蜡质-癸酸复合相变材料的相变温度在室内舒适的温度范围内（25~30 ℃），可以满足建筑领域的使用需求。此外，该配比下复合 PCMs 的相变潜热最高，达到 142.83 J/g，说明其具有良好的储热性能，适用于建筑中潜热热能的储存，从而通过减少内部气温波动提高居住的舒适度，同时降低能源消耗。

为了测试癸酸与蜡质之间的化学相容性，判断癸酸与蜡质这两种物质之间是否发生化学反应，本实验利用 FT-IR 分别对癸酸、蜡质以及两者的熔融混合物进行了分析测试，得到的化学结构如图 5.58 所示。

由图 5.58 可知，蜡质与癸酸均为有机相变材料，且蜡质混合物中脂肪酸类占绝大多数，因此在红外光谱图中，两种物质所对应的峰形和位置有相似之处。其中，癸酸在 2927 cm^{-1} 和 2856 cm^{-1} 处出现了由甲基和亚甲基基团引起的 C—H 键伸缩振动吸收峰；在 2678 cm^{-1} 处出现了 O—H 键的伸缩振动吸收峰，在 1709 cm^{-1} 处出现了 C═O 伸缩振动吸收峰，这证明癸酸中含有羧基；另外，在 1462 cm^{-1} 和 1248 cm^{-1} 处观察到的特征峰分别对应于—CH_2 和—CH_3 的弯曲振动峰；在 938 cm^{-1} 处观察到的峰对应于羧基上—OH 的面外弯曲振动峰，727 cm^{-1} 处是 C—H

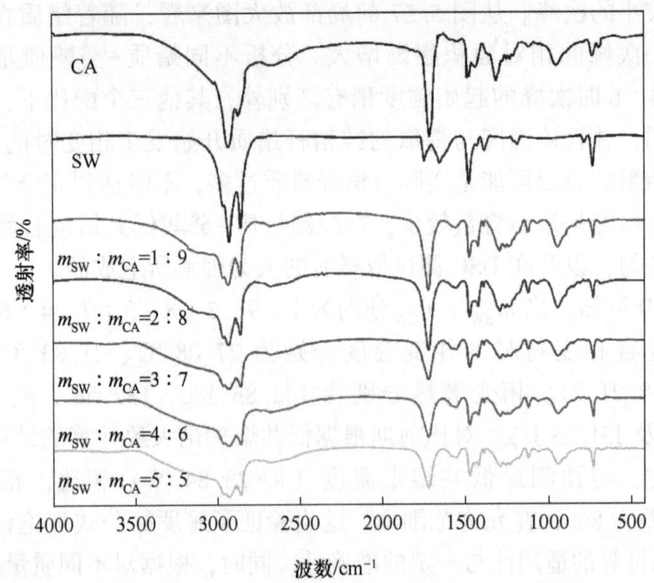

图 5.58 蜡质、癸酸及蜡质-癸酸的 FT-IR 光谱图

平面外弯曲振动引起的特征峰。

在蜡质的 FT-IR 曲线中 2920 cm^{-1} 和 2850 cm^{-1} 处的特征峰分别代表—CH_3 中的 C—H 不对称和—CH_2 对称吸收峰，1735 cm^{-1} 处是酯类中羰基—C═O 官能团的特征峰；1640 cm^{-1} 处的特征峰是由甾醇或甾醇酯中—C═C—顺式拉伸引起的；在 1471 cm^{-1} 和 1375 cm^{-1} 处分别是 CH_3 和 CH_2 中—C—H 的弯曲振动峰以及 CH_3 中—C—H 对称弯曲振动峰，1175 cm^{-1} 处是脂肪族酯（O═C—O—$CHCH_2$—）中 C—O 拉伸振动特征峰，785 cm^{-1} 和 721 cm^{-1} 处分别为 CH_2 的重叠振动峰和脂肪醇中—OH 基团的平面内摆动振动峰。由图 5.58 中还可以看出在蜡质-癸酸的 FT-IR 曲线中，除癸酸和蜡质所出现的所有特征峰外，没有新的特征峰出现，也就是说，不同质量比下的蜡质-癸酸复合体系中均没有新的物质生成。同时蜡质与癸酸的所有特征峰在蜡质-癸酸的 FT-IR 光谱中均有体现，说明癸酸与蜡质之间只是简单的物理混合，没有新的基团产生。另外，也说明在两种物质的熔融混合过程中并未影响到材料本身的物化性质，同时也保证了复合相变材料的相变特性和储热能力。

5.5.1.3 秸秆定形相变材料的制备及其性能研究

为了确定蜡质以及喷涂癸酸后复合相变材料在秸秆表层的分布状况，将样品分割为小段后对其表面进行了场发射扫描电镜分析，观察添加癸酸相变材料前后麦秸秆外表面的结构差异。图 5.59 为不同放大倍数下未处理小麦秸秆与经癸酸雾化喷涂处理后所制得秸秆基定形相变材料的外表面 SEM 图。

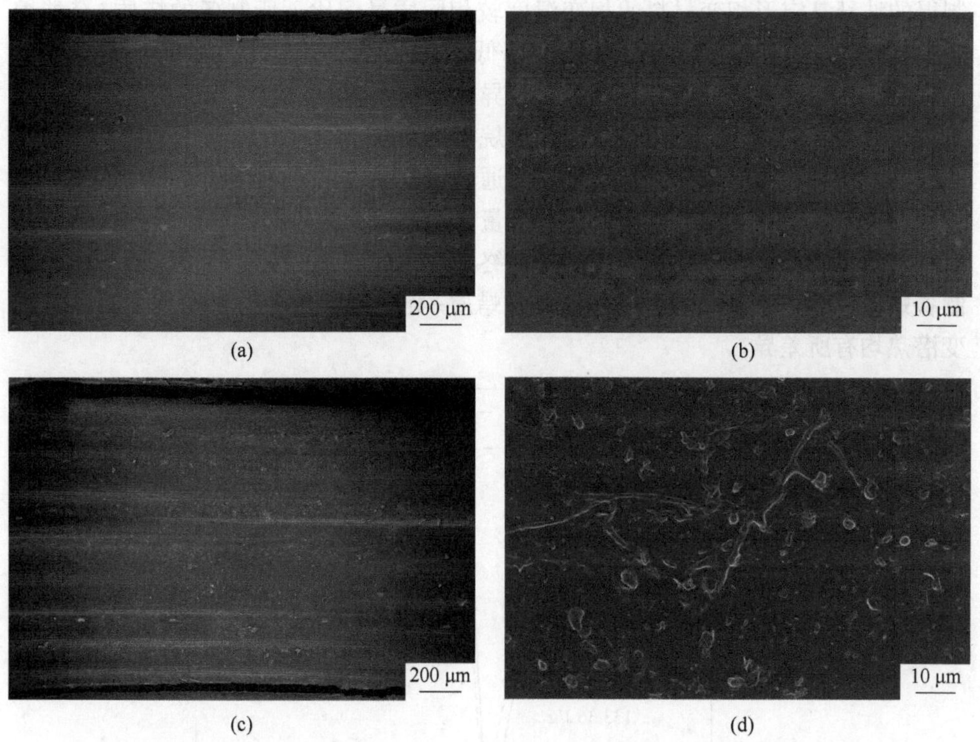

(a) (b) (c) (d)

图 5.59 未处理秸秆（a）（b）与处理后麦秸秆（c）（d）表面 SEM 图

由图 5.59（a）（b）可以看出，所用麦秸秆的外表面结构排布整齐，组织十分致密，包括表层蜡质以及少量浅色圆形的凸起。其中，表面的蜡质膜覆盖了麦秸秆的内部显微结构，未经过任何处理的麦秸秆表面较光滑，这是因为麦秸秆表面是由一系列饱和烃族化合物等所组成的一层角质蜡状膜，同时该层蜡质均匀地覆盖在秸秆表面；而喷涂癸酸相变材料后的秸秆在外观形态上发生了较大变化，表面变得相对粗糙，光泽度降低，且有清晰的癸酸涂层，同时在秸秆表层的分布较为均匀。另外，从放大倍数较大的 SEM 图中可以看到癸酸晶体与秸秆蜡质很好地结合，形成连续相，未有明显的相分离现象。

利用 DSC 对所制备的蜡质-癸酸/秸秆（SW-CA/WS）进行热学分析，所得热性能 DSC 曲线如图 5.60 所示。按照上述所确定的蜡质-癸酸复合体系的最佳比例（即 $m_{SW}:m_{CA}=1:9$）喷涂癸酸相变材料后，所制备蜡质-癸酸/秸秆复合材料的 DSC 曲线与 $m_{SW}:m_{CA}=1:9$ 时所配制的蜡质-癸酸熔融混合物的 DSC 曲线区别不大，只出现了一个单一的相变峰。这表明秸秆表层原有蜡质与喷涂的癸酸 PCMs 成功固溶，形成低共熔混合物。所制备蜡质-癸酸/秸秆的相变温度为 26.25 ℃，相变潜热为 133.36 J/g。另外，当 $m_{SW}:m_{CA}=1:9$ 时，喷涂癸酸后制得的秸秆基定形相变材料的相变温度较相同质量配比下所制备的蜡质-癸酸熔融混合物的相变温度（即 27.08 ℃）降低了 0.83 ℃，相变潜热降低了 9.47 J/g，两者之间相变温度和相变潜热均存在差异，但相差不大，均在合理的范围内。分析造成该差异的原因，可能是采用正己烷溶剂萃取出的秸秆蜡质并不完全，实际情况下，秸秆表层蜡质的含量往往要比通过实验萃取出来的总量要多。因此，在按照通过萃取实验的结果作为蜡质总含量，进而以此为依据计算所需外加癸酸相变材料用量时，是存在一定误差的。最终导致在经癸酸相变材料喷涂固溶后，所制备蜡质-癸酸/秸秆与熔融共混法制备蜡质-癸酸复合相变材料的相变温度与相变潜热均有所差异。

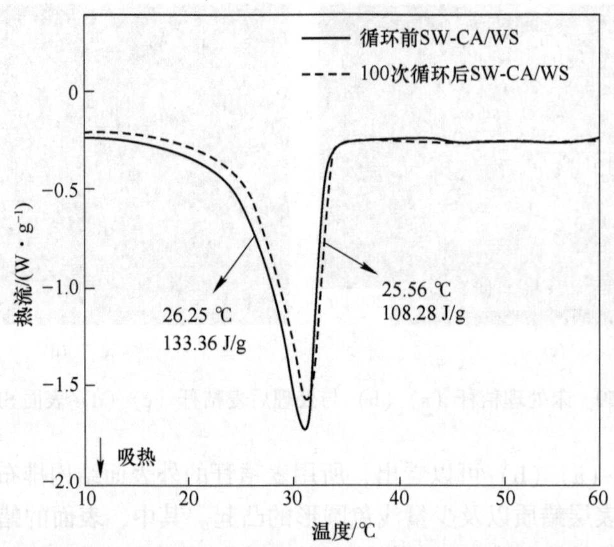

图 5.60 蜡质-癸酸/秸秆循环前及经过 100 次循环后的 DSC 曲线图

本研究所制备的蜡质-癸酸/秸秆的主要目的是将其应用于建筑材料领域制备相变储能建筑材料。在实际的使用过程中，我们必须要考虑到相变储能材料在使用中会随着室内外温度的变化不断地经历升温-降温的循环过程。在这种反复的冷-热循环作用下，探究相变材料是否能够长时间维持其相变特性是十分重要的。因此，本研究对所制备的蜡质-癸酸/秸秆进行了热循环实验，从图 5.60 中可以发现，当蜡质-癸酸/秸秆经历 100 次冷-热循环后，其熔化吸热峰仍表现为一个较狭窄的单峰形状，并未出现宽峰或多峰形态。此外，经 100 次循环后蜡质-癸酸/秸秆的 DSC 曲线与循环前基本一致，相变温度相差不大，循环前后分别为 26.25 ℃和 25.56 ℃。但峰形面积比循环前小，相变潜热有所降低，循环前后相变潜热分别为 133.36 J/g 和 108.28 J/g，融化潜热降低了 18.81%。这可能是由于在不断地冷却-加热循环过程中，秸秆表层的相变成分发生了少部分的泄漏，也可能与癸酸和蜡质的化学结构有关。但这对脂肪酸以及蜡质分子的内部结构不产生影响。因此，根据实验结果，可以得出复合材料蜡质-癸酸/秸秆在 100 次热循环后表现出合理的热可靠性和较好的热稳定性。

5.5.2 秸秆定形相变材料/石膏复合材料的性能研究

开发新型节能建筑材料对于实现净零建筑的节能目标至关重要。将相变材料纳入建筑材料在应对这一挑战上具有巨大潜力。目前，众多相关研究已经提出了各种方法来将相变材料纳入建筑材料中，包括直接掺入法、浸泡法、封装法和多孔吸附法等，通过不同形式将两者混合，可制成能够应用于建筑围护结构中的相变储能建筑材料。相变材料储热通过降低室内温度波动的频率，在更长时间内保持温度更接近期望温度，在提高建筑热舒适度和能源效率方面起着重要作用。在所有可使用相变材料的建筑材料中，由于石膏成本低、防火及环保等优点，成为相变储能建筑材料设计、制作的较佳解决方案。本章将所制备的蜡质-癸酸/秸秆与脱硫建筑石膏通过直接混合法制备得到储能石膏复合建筑材料，同时在不同秸秆长度及秸秆掺量条件下，对蜡质-癸酸/秸秆/石膏复合材料的密度、力学性能、断裂形貌和蓄热能力等进行表征和研究。

5.5.2.1 秸秆定形相变材料长度对石膏基复合材料性能影响研究

不同蜡质-癸酸/秸秆长度的蜡质-癸酸/秸秆/石膏复合材料的配合比如表 5.11 所示。由表可知，空白石膏样品的密度为 1.51 g/cm^3，与未掺加蜡质-癸酸/秸秆的空白试样相比，蜡质-癸酸/秸秆/石膏复合材料的密度明显降低。当蜡质-癸酸/秸秆长度为 25 mm 时，复合材料密度达到最低，其值为 1.38 g/cm^3，与空白石膏样品相比降低了约 7.95%。这是由于与石膏相比，秸秆本身密度较小，加入石膏基体中，石膏的相对含量降低，最终导致石膏基复合材料的密度下降。此外，蜡质-癸酸/秸秆/石膏复合材料的密度随着蜡质-癸酸/秸秆长度的增加而稍有降低。这是因为秸秆长度较小时，与石膏结合后在搅拌过程中容易发生破碎，绝大多数管状秸秆材料破碎成为片状，与石膏结合后产生的空腔孔隙相对较少，蜡质-癸酸/秸秆/石膏复合材料整体较为密实，因此，蜡质-癸酸/秸秆/石膏复合材料的密度相对较高。

表 5.11 不同蜡质-癸酸/秸秆长度的蜡质-癸酸/秸秆/石膏复合材料的配合比

序号	脱硫建筑石膏质量/g	水膏比	秸秆掺量（体积分数）/%	秸秆尺寸/mm	P·O 42.5 水泥质量/g	减水剂质量/g	缓凝剂质量/g	保水剂质量/g	消泡剂质量/g
A0	1000	0.45	0	—	66.67	1.67	0.17	1.33	0.33
A1	700	0.45	30	5	46.67	1.17	0.12	0.94	0.23
A2	700	0.45	30	10	46.67	1.17	0.12	0.94	0.23

续表 5.11

序号	脱硫建筑石膏质量/g	水膏比	秸秆掺量（体积分数）/%	秸秆尺寸/mm	P·O 42.5 水泥质量/g	减水剂质量/g	缓凝剂质量/g	保水剂质量/g	消泡剂质量/g
A3	700	0.45	30	15	46.67	1.17	0.12	0.94	0.23
A4	700	0.45	30	20	46.67	1.17	0.12	0.94	0.23
A5	700	0.45	30	25	46.67	1.17	0.12	0.94	0.23

图 5.61 为不同蜡质-癸酸/秸秆长度对蜡质-癸酸/秸秆/石膏复合材料密度的影响。

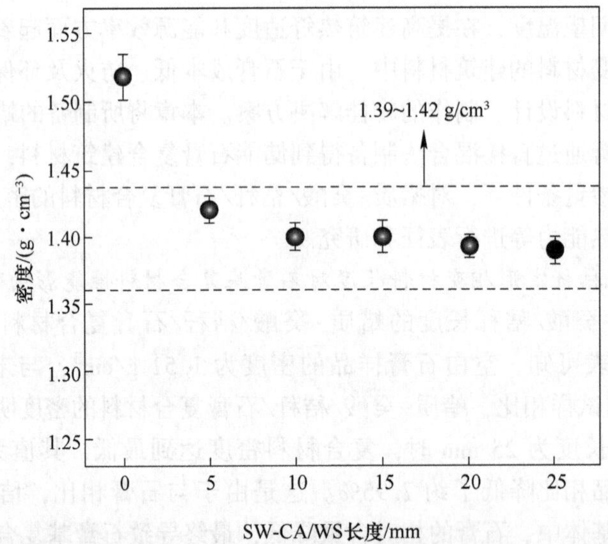

图 5.61 不同蜡质-癸酸/秸秆长度对蜡质-癸酸/秸秆/石膏复合材料密度的影响

然而，随着秸秆长度的增大，由于麦秸秆整体结构排布整齐，组织致密，搅拌过程中长度较大的秸秆能够保持原始形状而不会发生破碎，石膏浆体难以完全流入管状秸秆内部，使秸秆管状空腔内难以被石膏浆体完全填充，最终导致蜡质-癸酸/秸秆/石膏复合材料内部孔隙增加，密度值降低。但蜡质-癸酸/秸秆/石膏复合材料的密度始终在较小的范围内（即 1.39~1.42 g/cm^3）波动，总体变化幅度较小。

图 5.62 为不同蜡质-癸酸/秸秆长度对蜡质-癸酸/秸秆/石膏复合材料的力学性能影响。由图可以看出，空白石膏样品的抗折与抗压强度分别为 10.87 MPa 和 17.33 MPa。当加入蜡质-癸酸/秸秆后，蜡质-癸酸/秸秆/石膏复合材料试样较空白石膏样品的抗折与抗压强度均发生了不同程度的降低。这是由于秸秆本身的

强度与石膏硬化结构相比要低，当作为外加材料掺入后，对石膏基复合材料试样的抗折与抗压强度均会起到不利作用。从图中可以看出，随着蜡质-癸酸/秸秆长度的增大，复合材料的抗折强度逐渐增加，当长度分别为 5 mm、10 mm、15 mm、20 mm 和 25 mm 时，复合材料试样的抗折强度分别为 2.58 MPa、3.17 MPa、4.89 MPa、5.01 MPa 和 6.66 MPa。当蜡质-癸酸/秸秆长度为 25 mm 时，抗折强度达到最大值，这是由于随着秸秆长度的增加，其在石膏基体中的锚固作用增强，使蜡质-癸酸/秸秆/石膏复合材料在受到外力作用时产生了较高的拉拔阻力，从而使抗折强度逐渐提高。但该长度下的复合材料试样与空白石膏试样相比，抗折强度仍下降了 38.73%。分析原因为秸秆加入石膏基体中所引入的大量孔隙以及与石膏基体间的薄弱结合所导致的。

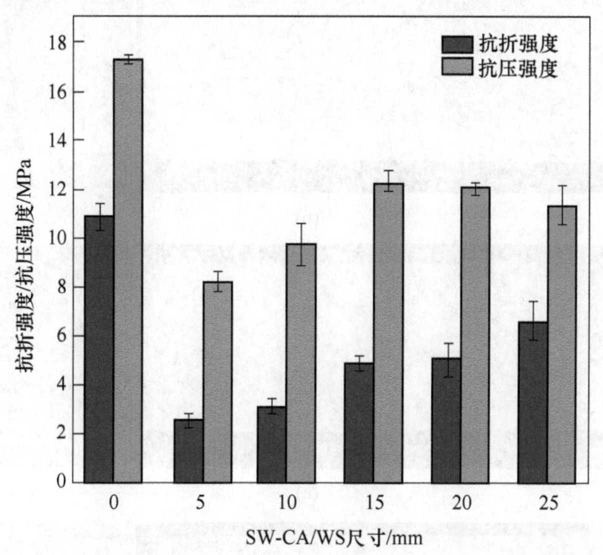

图 5.62 不同蜡质-癸酸/秸秆长度对蜡质-癸酸/秸秆/石膏复合材料力学性能影响

另一方面，随着蜡质-癸酸/秸秆长度的增大，复合材料的抗压强度呈现出先升高后降低的趋势。当蜡质-癸酸/秸秆长度分别为 5 mm、10 mm、15 mm、20 mm 和 25 mm 时，蜡质-癸酸/秸秆/石膏复合材料试样的抗压强度分别为 8.26 MPa、9.77 MPa、12.35 MPa、12.03 MPa 和 11.39 MPa。当秸秆长度为 15 mm 时，复合材料的抗压强度达到最高值。这是由于当秸秆长度较小时，秸秆与石膏基体之间相互接触的界面相对较多，且由于两者的化学差异性较大导致该界面较为薄弱，秸秆纤维的增强增韧作用难以发挥。然而，当秸秆长度越大时，其内部空腔越难以被石膏浆体填充，造成内部留下大量孔隙，最终表现为复合材料抗压强度的下降。因此，基于蜡质-癸酸/秸秆/石膏复合材料力学性能综合效果，确定 15 mm 为蜡质-癸酸/秸秆的最佳长度，用于后续的实验研究。

图 5.63 所示为秸秆长度变化对蜡质-癸酸/秸秆/石膏复合材料试样裂纹形貌的影响。

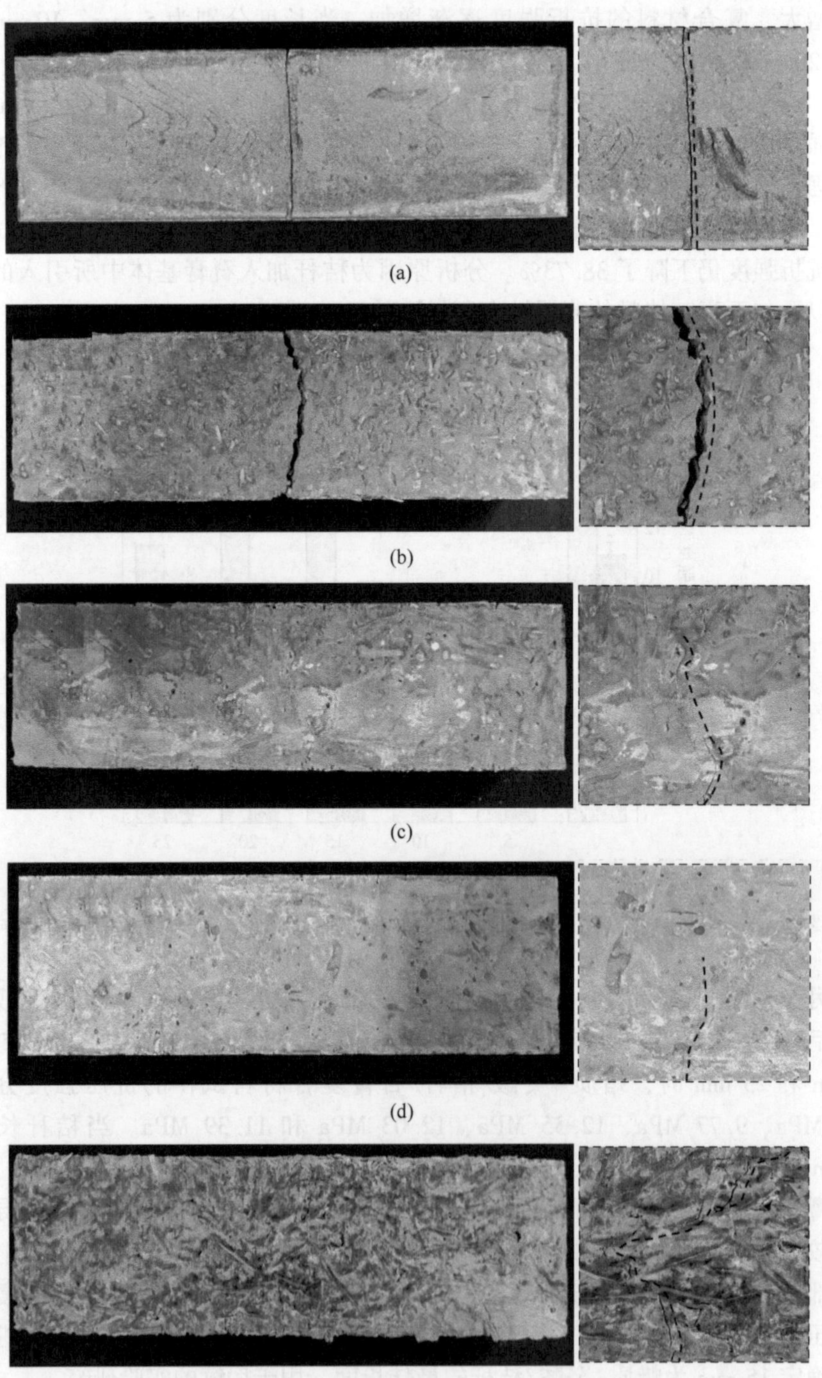

(a)

(b)

(c)

(d)

(e)

(f)

图 5.63 不同蜡质-癸酸/秸秆长度下蜡质-癸酸/秸秆/石膏复合材料断裂后裂纹形貌

(a) 0 mm；(b) 5 mm；(c) 10 mm；(d) 15 mm；(e) 20 mm；(f) 25 mm

从图 5.63 中可以看出，当未掺加蜡质-癸酸/秸秆或掺加的蜡质-癸酸/秸秆长度较小时，复合材料表现为脆性断裂。空白石膏样品呈现脆性断裂主要是石膏本身的结构特性和组成所决定的。二水硫酸钙晶体特性使材料在受外力作用时难以形成塑性变形，更容易发生直接断裂。另外，当蜡质-癸酸/秸秆长度较小时，由于长度较短而直径相对较大，秸秆难以发挥其作为纤维的作用。同时，蜡质-癸酸/秸秆与石膏基体间较大的化学性质差异而导致二者之间界面结合能力较差，当蜡质-癸酸/秸秆长度较小时，其在石膏基体中的分布绝大部分倾向于与断裂面平行，裂纹的扩展路径主要集中在两者界面上，因此也表现为复合材料的脆性断裂。然而，随着蜡质-癸酸/秸秆长度的增加，复合材料在受到外力作用后发生破坏，但未发生断裂，试样仍保持原有的形状，同时伴随着微小裂纹的产生。这说明，较长秸秆的加入能够避免复合材料在失效后的脆性破坏，由于其具有更大的锚固长度，因而产生了较高的拉拔阻力，防止了复合材料的脆性断裂。

不同蜡质-癸酸/秸秆长度下蜡质-癸酸/秸秆/石膏复合材料断面形貌如图 5.64 所示。

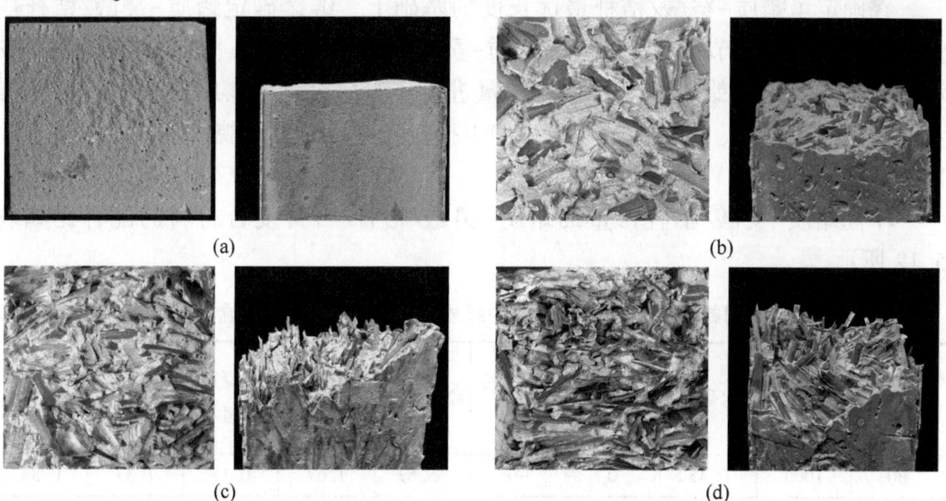

(a) (b) (c) (d)

(e)

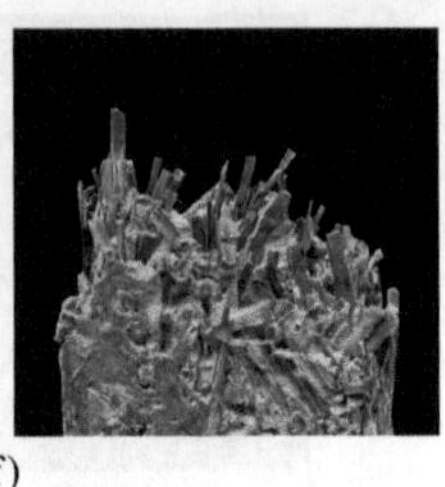
(f)

图 5.64 不同蜡质-癸酸/秸秆长度下蜡质-癸酸/秸秆石膏复合材料断面形貌

(a) 0 mm；(b) 5 mm；(c) 10 mm；(d) 15 mm；(e) 20 mm；(f) 25 mm

从图 5.64 中可以发现，在不同的蜡质-癸酸/秸秆长度下，其在石膏基体中的分布都是较为均匀的，这说明秸秆较低的密度与石膏自流平浆体的稠度达到了较佳的协同作用，使蜡质-癸酸/秸秆在试样制备的过程中均水平排列且分散性良好。此外，当蜡质-癸酸/秸秆长度为 5 mm 时，蜡质-癸酸/秸秆/石膏复合材料的断裂发生于蜡质-癸酸/秸秆与石膏基体材料的界面上。这是由于两者之间化学成分存在较大的差异，导致形成的界面较为薄弱，当受到外力作用时，复合材料容易在黏结不够紧密的界面处断裂破碎与基体分离。因此，裂纹总是最先发生于两者的界面上。随着蜡质-癸酸/秸秆长度的增加，复合材料中秸秆未发生断裂，表现为秸秆的拔出。同时，随着秸秆长度的增长，复合材料发生断裂时所需要消耗的能量越多，表现为断裂韧性的提高。而当蜡质-癸酸/秸秆长度增加到一定程度时，如图 5.64（e）（f）所示，复合材料内部存在大量的未填充孔隙。这是由于秸秆的长度较大，在搅拌过程中秸秆未能得到充分的分散，最终导致浇筑后秸秆分布不均匀，形成较多大尺寸的孔隙，同时也降低复合材料强度。

5.5.2.2 秸秆定形相变材料掺量对石膏基复合材料性能影响研究

在确定了蜡质-癸酸/秸秆最优长度的基础上，继续确定蜡质-癸酸/秸秆掺量的最佳参数。本节针对所制备的蜡质-癸酸/秸秆，取 20%、25%、30%、35% 和 40% 五组不同的蜡质-癸酸/秸秆掺量进行实验研究，考察蜡质-癸酸/秸秆掺量对复合材料密度、绝干抗压强度、绝干抗折强度、断裂形貌以及导热系数等性能指标的影响。

不同蜡质-癸酸/秸秆掺量的蜡质-癸酸/秸秆/石膏复合材料的配合比如表 5.12 所示。

表 5.12 不同蜡质-癸酸/秸秆掺量的蜡质-癸酸/秸秆/石膏复合材料的配合比

序号	脱硫建筑石膏质量/g	水膏比	秸秆掺量（体积分数）/%	秸秆尺寸/mm	P·O 42.5 水泥质量/g	减水剂质量/g	缓凝剂质量/g	保水剂质量/g	消泡剂质量/g
B0	1000	0.45	0	—	66.67	1.67	0.17	1.33	0.33

续表 5.12

序号	脱硫建筑石膏质量/g	水膏比	秸秆掺量（体积分数）/%	秸秆尺寸/mm	P·O 42.5 水泥质量/g	减水剂质量/g	缓凝剂质量/g	保水剂质量/g	消泡剂质量/g
B1	800	0.45	20	15	53.33	1.34	0.13	1.07	0.27
B2	750	0.45	25	15	50.00	1.25	0.12	1.00	0.25
B3	700	0.45	30	15	46.67	1.17	0.12	0.93	0.23
B4	650	0.45	35	15	43.33	1.09	0.11	0.87	0.32
B5	600	0.45	40	15	40.00	1.00	0.10	0.80	0.20

图 5.65 为不同蜡质-癸酸/秸秆掺量对蜡质-癸酸/秸秆/石膏复合材料密度的影响。其中，空白石膏样品的密度为 1.51 g/cm^3。从图中可以发现，随着蜡质-癸酸/秸秆掺量的不断增大，复合材料的密度呈现出持续降低的趋势。当蜡质-癸酸/秸秆掺量分别为 20%、25%、30%、35%和 40%时，蜡质-癸酸/秸秆/石膏复合材料的密度分别为 1.47 g/cm^3、1.45 g/cm^3、1.40 g/cm^3、1.34 g/cm^3 和 1.32 g/cm^3。当蜡质-癸酸/秸秆的掺量为 40%时，蜡质-癸酸/秸秆/石膏复合材料的密度达到最小值，较未掺加蜡质-癸酸/秸秆时的空白石膏试样密度降低了约 12.58%。

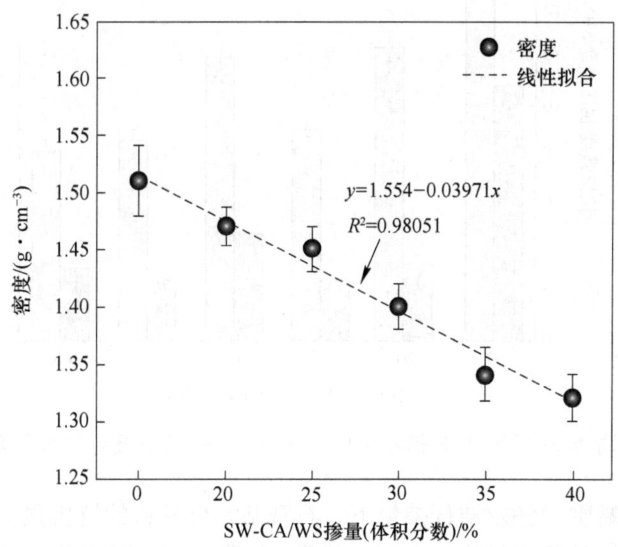

图 5.65 不同蜡质-癸酸/秸秆掺量对蜡质-癸酸/秸秆/石膏复合材料密度的影响

造成这一现象的原因是麦秸秆自身较低的密度以及麦秸秆在石膏基复合材料中的占比，同时，也是因为秸秆的加入导致复合材料中孔隙以及未被填充的管状空腔的增多。因此，蜡质-癸酸/秸秆的加入量越多，其引入的内部孔隙也就越多，蜡质-癸酸/秸秆石膏复合材料的气孔率就越大。该实验结果也可表明，所制备蜡质-癸酸/秸秆的加入能够有效降低石膏复合材料的容重，减小所建成建筑物自重。

不同蜡质-癸酸/秸秆掺量对蜡质-癸酸/秸秆/石膏复合材料力学性能的影响如图 5. 66 所示。由图可知，空白石膏样品的抗折与抗压强度分别为 10. 87 MPa 和 17. 33 MPa。随着蜡质-癸酸/秸秆掺量的增加，复合材料的抗折和抗压强度并未呈现出明显的规律性。抗折强度随蜡质-癸酸/秸秆的加入先升高，后降低，再升高。当蜡质-癸酸/秸秆掺量分别为 20%、25%、30%、35%和 40%时，蜡质-癸酸/秸秆/石膏复合材料的抗折强度分别为 3. 26 MPa、2. 62 MPa、4. 52 MPa、2. 55 MPa 和 3. 02 MPa。抗压强度随蜡质-癸酸/秸秆的加入先降低再升高，再降低。当蜡质-癸酸/秸秆掺量分别为 20%、25%、30%、35%和 40%时，蜡质-癸酸/秸秆石膏复合材料的抗压强度分别为 12. 54 MPa、8. 95 MPa、12. 07 MPa、8. 51 MPa 和 8. 04 MPa。

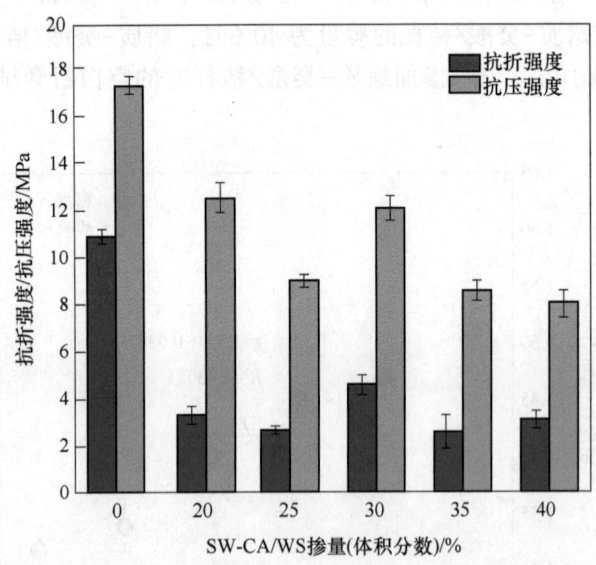

图 5. 66 不同蜡质-癸酸/秸秆掺量对蜡质-癸酸/秸秆/石膏复合材料力学性能的影响

观察不同蜡质-癸酸/秸秆掺量下，石膏基复合材料的抗折强度曲线，可以发现当蜡质-癸酸/秸秆掺量为 30%时，蜡质-癸酸/秸秆/石膏复合材料的抗折强度达到最优，为 4. 89 MPa。此时，蜡质-癸酸/秸秆/石膏复合材料的抗压强度也较高，为 12. 07 MPa，达到空白石膏试样抗压强度的 69. 65%。主要原因有两个方面：一方面，蜡质-癸酸/秸秆的掺入对复合材料内部的孔隙有一定的填充作用；另一方面，蜡质-癸酸/秸秆部分保持了其特殊的管状结构，当秸秆内部管状空腔未被石膏浆体充分填充时，会在复合材料内部留下较大孔隙。因此，在多种因素的共同影响下，结合实验结果，当蜡质-癸酸/秸秆掺量为30%时，蜡质-癸酸/秸秆/石膏复合材料的内部结构达到了相对密实的结合状态，抗折强度、抗压强度均较优。同时，该掺量下的石膏基复合材料满足《建筑石膏》(GB/T 9776—2022) 中2.0等级要求。综合考虑，选用30%为蜡质-癸酸/秸秆/石膏复合材料中蜡质-癸酸/秸秆的最佳掺量。

图5.67为不同蜡质-癸酸/秸秆掺量下蜡质-癸酸/秸秆/石膏复合材料断裂后的裂纹形貌图。

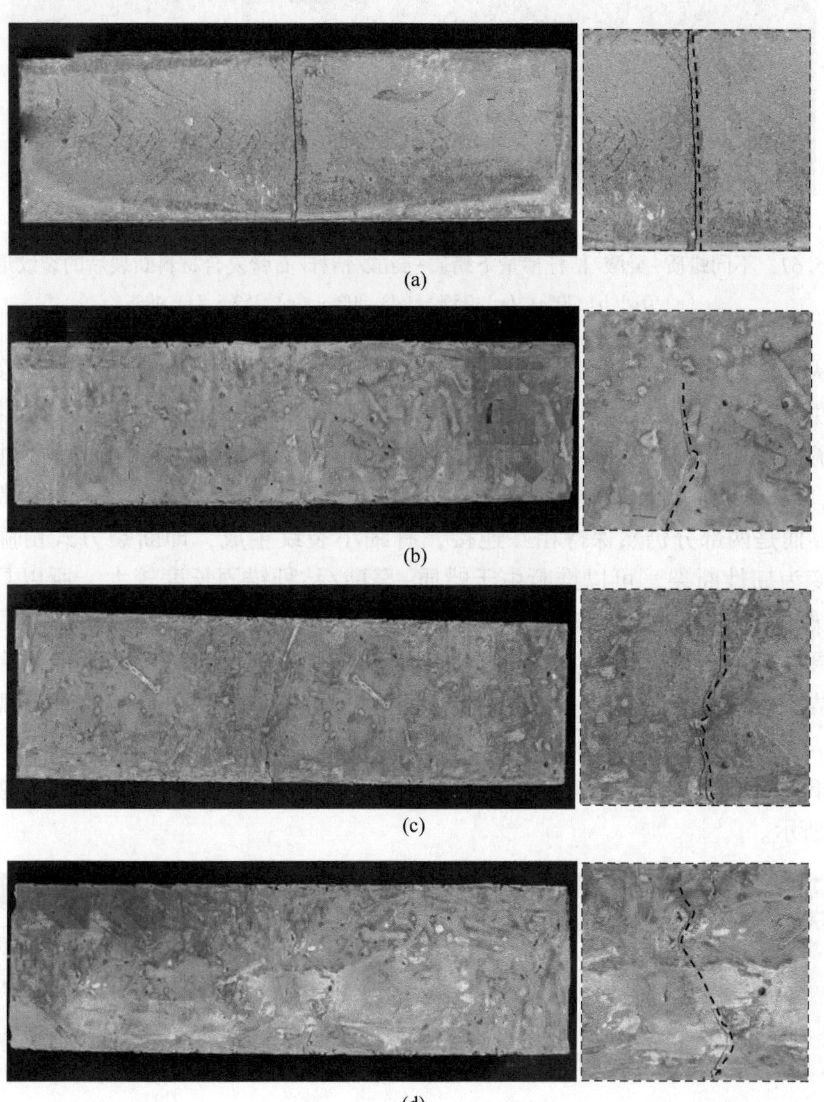
(a)

(b)

(c)

(d)

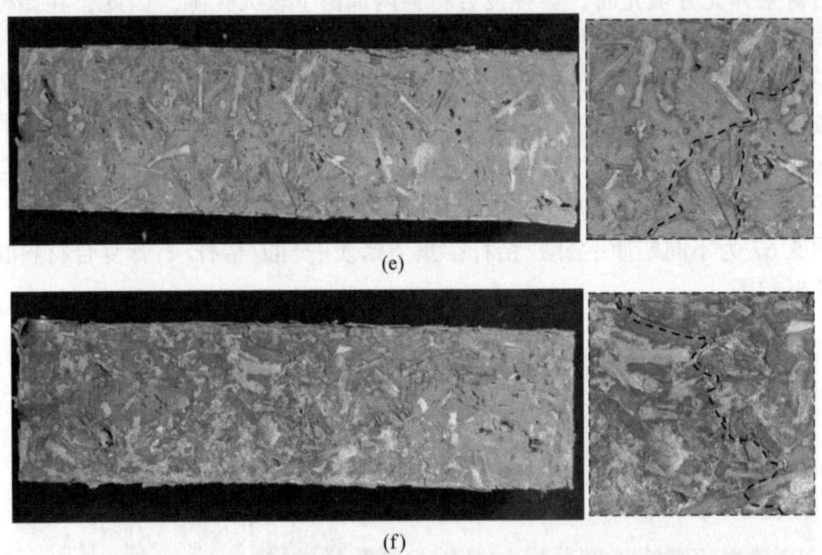

(e)

(f)

图 5.67 不同蜡质-癸酸/秸秆掺量下蜡质-癸酸/秸秆/石膏复合材料断裂后的裂纹形貌
(a) 0;(b) 20%;(c) 25%;(d) 30%;(e) 35%;(f) 40%

从图 5.67 中可以看出，当未掺加蜡质-癸酸/秸秆时，复合材料的断裂形式为脆性断裂，且断面较为平整。这是因为空白石膏样品的强度主要源自水化产物二水硫酸钙之间的相互搭接，这种搭接形式也导致了石膏断裂前几乎不产生塑性变形。当加入所制备的蜡质-癸酸/秸秆复合材料后，复合材料未出现直接断裂的情况，而是两部分仍然保持相互连接，有细小裂纹生成，即断裂方式由脆性断裂转变为韧性断裂。可以推断由于蜡质-癸酸/秸秆锚固长度较大，所以具有较高的拔出阻力。同时，随着蜡质-癸酸/秸秆掺量的增大，复合材料断裂后的裂纹扩展路径曲折度逐渐增加，分析原因为随着蜡质-癸酸/秸秆掺量的增大导致两者界面增多，断面间通过蜡质-癸酸/秸秆互相咬合在一起，进而出现这种现象。

不同蜡质-癸酸/秸秆掺量下蜡质-癸酸/秸秆/石膏复合材料的断面形貌如图 5.68 所示。

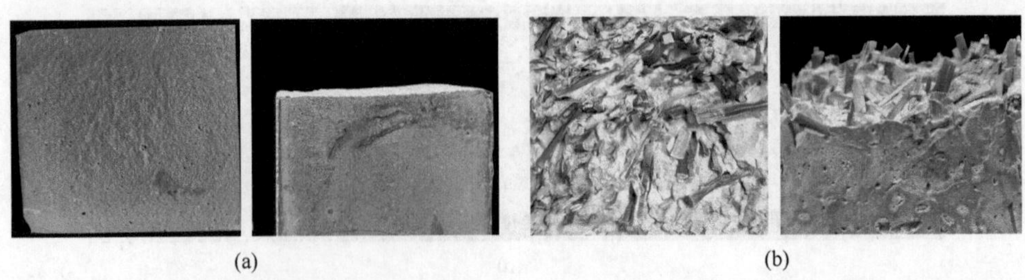

(a) (b)

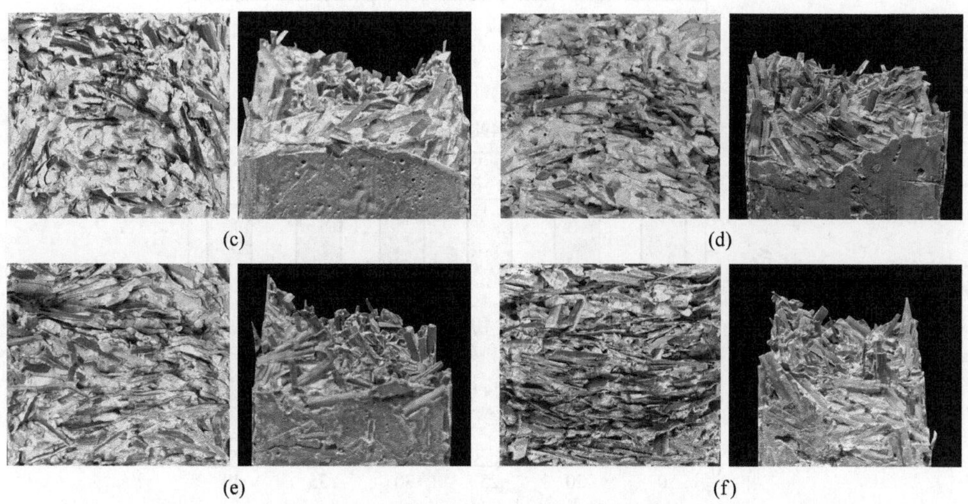

图 5.68 不同蜡质-癸酸/秸秆掺量下蜡质-癸酸/秸秆/石膏复合材料的断面形貌
(a) 0; (b) 20%; (c) 25%; (d) 30%; (e) 35%; (f) 40%

从图 5.68 中可以看出，空白石膏试样断面较为平整，结构相对致密，但同时也存在微小孔隙。加入蜡质-癸酸/秸秆后，观察图 5.68 (b)~(f) 可以发现，蜡质-癸酸/秸秆在石膏基体中的分布较为均匀，并且秸秆在试块的断裂面处并未发生断裂，而是仍然锚定在两个断裂后的测试样品中的一个，并从另一个拔出。也就是说，观察到蜡质-癸酸/秸秆/石膏复合材料的断裂形式以延晶断裂为主，这是蜡质-癸酸/秸秆的有机表层与石膏间较大的化学性质差异所导致的。当蜡质-癸酸/秸秆掺量一定时，其与石膏基体紧密结合，秸秆纤维的作用有效阻止了蜡质-癸酸/秸秆/石膏复合材料的开裂现象，复合材料的结构致密度较高。然而，随着蜡质-癸酸/秸秆掺量的继续增大，其与石膏基体产生的薄弱界面增多，同时试样中存在较多未被填充的孔隙和秸秆的管状空腔，结构致密度下降，强度降低。

导热系数是表征复合材料热性能的一个重要参数，也是建筑墙体所用材料最重要的特性之一。导热系数随蜡质-癸酸/秸秆掺量的变化情况如图 5.69 所示。

由图 5.69 可知，随着蜡质-癸酸/秸秆含量的增加，秸秆定形相变材料/石膏复合材料的导热系数逐渐降低。其中，空白石膏试样的导热系数为 0.6346 W/(m·K)。随着蜡质-癸酸/秸秆的加入，当蜡质-癸酸/秸秆含量为 20%、25%、30%、35% 和 40%时，蜡质-癸酸/秸秆/石膏复合材料试样的导热系数分别为 0.5480 W/(m·K)、0.4984 W/(m·K)、0.4889 W/(m·K)、0.4172 W/(m·K) 和 0.4165 W/(m·K)。另外，当蜡质-癸酸/秸秆的掺量从 30%增加到 35%时，复合材料的导热系数降低幅度较大，下降了约 14.7%。当蜡质-癸酸/秸秆的掺量达到最大时，蜡质-癸酸/秸秆/石膏复合材料的导热系数达到最低，与未掺加蜡质-癸酸/秸秆的空白石

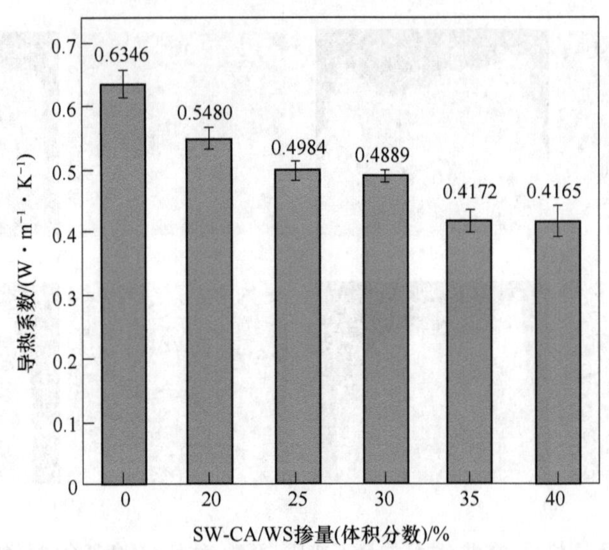

图 5.69 不同蜡质-癸酸/秸秆掺量下蜡质-癸酸/秸秆/膏复合材料的导热系数

膏样品相比，降低了约 34.4%。可以解释导热系数下降的原因有两个：一是麦秸秆内部含有大量丰富的孔结构，自身导热系数较低；二是处理后的麦秸秆表面含有相变材料涂层。随着复合材料中相变材料含量的增加，发生相变时吸收的热量随之增加，宏观上表现为导热系数的下降。因此，复合材料具有良好的热性能，表现出良好的保温隔热效果。

不同蜡质-癸酸/秸秆含量试样的表面温度分布结果如图 5.70 所示。使用不同的时间间隔图像，即 0 min、10 min、30 min、50 min、70 min 和 90 min，可以直观地看到所制备秸秆定形相变材料/石膏复合材料的热量传递过程。

实验室温度约为 23.0～24.0 ℃，尽管为确保初始温度大致相同，所有试样在测试前均在实验室下保存 24 h，但初始温度仍在 23.2～23.7 ℃之间变化。从图 5.70 中可以看出，测试过程中随着加热时间的延长，复合材料表面温度逐渐升高。当测试时间为 90 min 时，蜡质-癸酸/秸秆含量为 0、20%、25%、30%、35%和 40%的复合材料试样的表面温度分别达到 45.2 ℃、43.9 ℃、41.0 ℃、40.6 ℃、39.6 ℃和 39.3 ℃。与测试前相比，各试样 90 min 后的表面温度分别提升了 22 ℃、20.3 ℃、17.3 ℃、17.0 ℃、16.4 ℃和 15.7 ℃。总体而言，含有蜡质-癸酸/秸秆的试样表面温度上升速度小于不含蜡质-癸酸/秸秆试样的表面温度。并且随着蜡质-癸酸/秸秆含量的升高，试样的升温速率越缓慢。这是因为在温度较低时，热能可以作为显热储存在基体中，而随着加热时间的推移，复合材料内部温度达到相变温度后，热能作为潜热储存在秸秆表层的相变材料中，从而形成较低的传热速率。根据测试结果，可以推测在建筑围护结构中加入蜡质-癸酸/秸秆可以通过其导热性和蓄热性来减少多余的热量传递，控制室内温度。

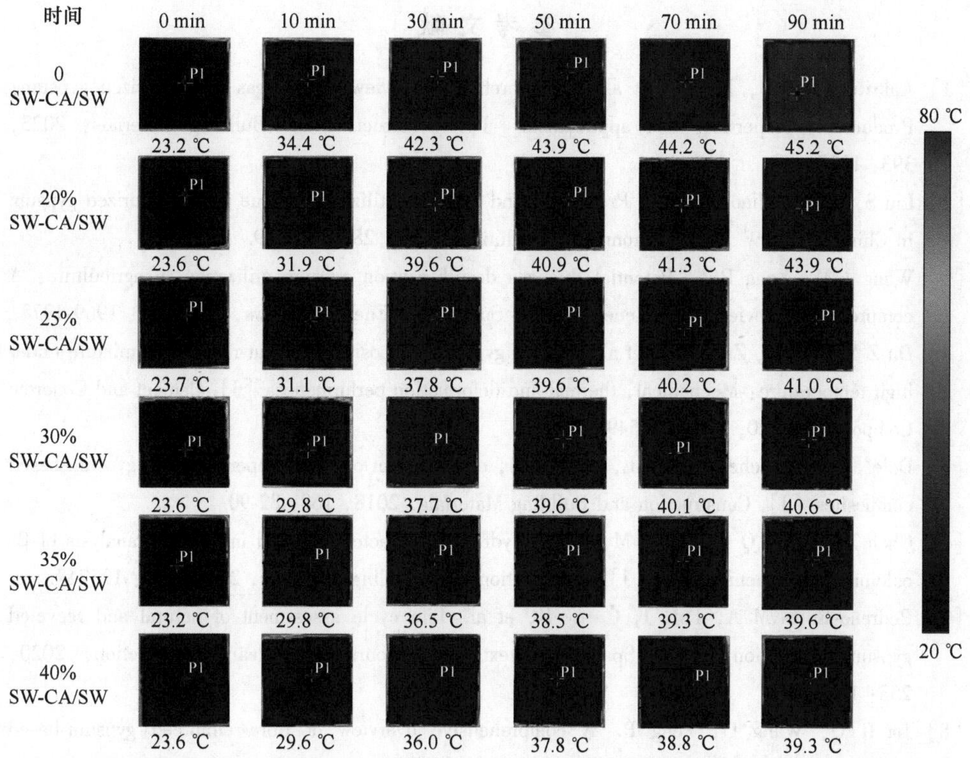

图 5.70 不同 SW-CA/WS 掺量下 SW-CA/WS/石膏复合材料瞬态温度分布的红外热像

彩图

参考文献

[1] Aakriti, Maiti S, Jain N, et al. A comprehensive review of flue gas desulphurized gypsum: Production, properties, and applications [J]. Construction and Building Materials, 2023, 393: 131918.

[2] Liu S, Liu W, Jiao F, et al. Production and resource utilization of flue gas desulfurized gypsum in China-A review [J]. Environmental Pollution, 2021, 288: 117799.

[3] Wang J M, Yang P L. Potential flue gas desulfurization gypsum utilization in agriculture: A comprehensive review [J]. Renewable and Sustainable Energy Reviews, 2018, 82: 1969-1978.

[4] Du Z X, She W, Zuo W Q, et al. Foamed gypsum composite with heat-resistant admixture under high temperature: Mechanical, thermal and deformation performances [J]. Cement and Concrete Composites, 2020, 108: 103549.

[5] Doleželová M, Scheinherrová L, Krejsová J, et al. Effect of high temperatures on gypsum-based composites [J]. Construction and Building Materials, 2018, 168: 82-90.

[6] Chen X M, Wu Q H, Gao J M, et al. Hydration characteristics and mechanism analysis of β-calcium sulfate hemihydrate [J]. Construction and Building Materials, 2021, 296: 123714.

[7] Pedreño-Rojas M A, Fořt J, Černý R, et al. Life cycle assessment of natural and recycled gypsum production in the Spanish context [J]. Journal of Cleaner Production, 2020, 253: 120056.

[8] Jia R Q, Wang Q, Feng P. A comprehensive overview of fibre-reinforced gypsum-based composites (FRGCs) in the construction field [J]. Composites Part B: Engineering, 2021, 205: 108540.

[9] 李响. 石灰石石膏湿法脱硫废水浓缩蒸发及氯迁移研究 [D]. 杭州: 浙江大学, 2018.

[10] Zhao S L, Duan Y F, Lu J C, et al. Thermal stability, chemical speciation and leaching characteristics of hazardous trace elements in FGD gypsum from coal-fired power plants [J]. Fuel, 2018, 231: 94-100.

[11] Fu B, Liu G J, Mian Md Manik, et al. Characteristics and speciation of heavy metals in fly ash and FGD gypsum from Chinese coal-fired power plants [J]. Fuel, 2019, 251: 593-602.

[12] Beaugnon F, Preturlan J G D, Fusseis F, et al. From atom level to macroscopic scale: Structural mechanism of gypsum dehydration [J]. Solid State Sciences, 2022, 126: 106845.

[13] Jiang L H, Li C Z, Wang C, et al. Utilization of flue gas desulfurization gypsum as an activation agent for high-volume slag concrete [J]. Journal of Cleaner Production, 2018, 205: 589-598.

[14] Gu K, Chen B. Research on the incorporation of untreated flue gas desulfurization gypsum into magnesium oxysulfate cement [J]. Journal of Cleaner Production, 2020, 271: 122497.

[15] 王亚光. 赤泥-粉煤灰-脱硫石膏新型胶凝材料微结构演变与复合协同效应 [D]. 北京: 北京科技大学, 2023.

[16] Liu S, Yang C R, Zhang T F, et al. Effective recovery of calcium and sulfur resources in FGD gypsum: Insights from the mechanism of reduction roasting and the conversion process of sulfur element [J]. Separation and Purification Technology, 2023, 314: 123537.

[17] Madeja B, Avaro J, van Driessche A E S, et al. Tuning the growth morphology of gypsum crystals by polymers [J]. Cement and Concrete Research, 2023, 164: 107049.

[18] Chen X, Gao J, Wu Y, et al. Preparation of CSHW with Flue Gas Desulfurization Gypsum [J]. Materials, 2022, 15 (7): 2691.

[19] Liu C J, Zhao Q, Wang Y G, et al. Hydrothermal synthesis of calcium sulfate whisker from flue gas desulfurization gypsum [J]. Chinese Journal of Chemical Engineering, 2016, 24 (11): 1552-1560.

[20] Zhang X T, Wang X, Jin B, et al. Crystal structure formation of hemihydrate calcium sulfate whiskers (HH-CSWs) prepared using FGD gypsum [J]. Polyhedron, 2019, 173: 114140.

[21] Zhang G, Cao D, Wang X, et al. Alpha-calcium sulfate hemihydrate with a 3D hierarchical straw-sheaf morphology for use as a remove Pb^{2+} adsorbent [J]. Chemosphere, 2022, 287 (Pt 1): 132025.

[22] 柳京育. 脱硫石膏基自流平砂浆的制备与性能研究 [D]. 邯郸: 河北工程大学, 2021.

[23] Wang Q, Jia R Q. A novel gypsum-based self-leveling mortar produced by phosphorus building gypsum [J]. Construction and Building Materials, 2019, 226: 11-20.

[24] Zhang L, Dai Y Q, Bai Y, et al. Fire performance of loaded fibre reinforced polymer multicellular composite structures with fire-resistant panels [J]. Construction and Building Materials, 2021: 296.

[25] Li J, Zhuang X G, Leiva C, et al. Potential utilization of FGD gypsum and fly ash from a Chinese power plant for manufacturing fire-resistant panels [J]. Construction and Building Materials, 2015, 95: 910-921.

[26] Ma F T, Chen C, Wang Y B. Mechanical behavior of calcium sulfate whisker-reinforced paraffin/gypsum composites [J]. Construction and Building Materials, 2021, 305: 124795.

[27] 石文华. 硅藻土基体相变储能石膏板的制备与性能研究 [D]. 武汉: 武汉理工大学, 2018.

[28] Ma Y T, Nie Q K, Xiao R, et al. Experimental investigation of utilizing waste flue gas desulfurized gypsum as backfill materials [J]. Construction and Building Materials, 2020, 245: 118393.

[29] 高英力, 孟浩, 冷政, 等. 电石渣—脱硫石膏复合激发充填材料性能及微观结构 [J]. 土木与环境工程学报 (中英文), 2023, 45 (3): 99-106.

[30] 付建. 硅酸盐水泥对建筑石膏强度和耐水性的影响 [J]. 非金属矿, 2019, 42 (5): 39-41.

[31] Wu Q S, Ma H E, Chen Q J, et al. Preparation of waterproof block by silicate clinker modified FGD gypsum [J]. Construction and Building Materials, 2019, 214: 318-325.

[32] 赵敏, 张明涛, 彭家惠, 等. 硫铝酸盐水泥增强建筑石膏的力学性能与耐水性能机理 [J]. 材料导报, 2021, 35 (12): 12099-12102.

[33] Cui G Y, Kong D W, Huang Y Y, et al. Effects of Different Admixtures on the Mechanical and Thermal Insulation Properties of Desulfurization Gypsum-Based Composites [J]. Coatings, 2023, 13 (6): 1089.

[34] Lesovik V, Chernysheva N, Fediuk R, et al. Optimization of fresh properties and durability of the green gypsum-cement paste [J]. Construction and Building Materials, 2021, 287: 123035.

[35] Wu C X, He J H, Wang K, et al. Enhance the mechanical and water resistance performance of flue gas desulfurization gypsum by quaternary phase [J]. Construction and Building Materials, 2023, 387: 131565.

[36] Gou M F, Zhao M K, Zhou L F, et al. Hydration and mechanical properties of FGD gypsum-cement-mineral powder composites [J]. Journal of Building Engineering, 2023, 69: 106288.

[37] Zhou Y S, Xie L, Kong D W, et al. Research on optimizing performance of desulfurization-gypsum-based composite cementitious materials based on response surface method [J]. Construction and Building Materials, 2022, 341: 127874.

[38] Li Z X, Wang X, Hou Y H, et al. Optimization of mechanical properties and water absorption behavior of building gypsum by ternary matrix mixture [J]. Construction and Building Materials, 2022, 350: 128910.

[39] 刘凤利，张安康，刘俊华，等. 基于响应曲面法的脱硫石膏基胶凝材料体系配比优化 [J]. 中国粉体技术，2023，29 (2)：19-28.

[40] Ji X, Wang Z J, Zhang H B, et al. Optimization design and characterization of slag cementitious composites containing carbide slag and desulfurized gypsum based on response surface methodology [J]. Journal of Building Engineering, 2023, 77: 107441.

[41] Wong J, Altassan A, Rosen D W. Additive manufacturing of fiber-reinforced polymer composites: A technical review and status of design methodologies [J]. Composites Part B: Engineering, 2023, 255: 110603.

[42] Taherzadeh-Fard A, Khodadadi A, Liaghat G, et al. Mechanical properties and energy absorption capacity of chopped fiber reinforced natural rubber [J]. Composites Part C: Open Access, 2022, 7: 100237.

[43] Nguyễn H H, Nguyễn P H, Luong Q H, et al. Mechanical and autogenous healing properties of high-strength and ultra-ductility engineered geopolymer composites reinforced by PE-PVA hybrid fibers [J]. Cement and Concrete Composites, 2023, 142: 105155.

[44] Zhuang J P, Shen S Z, Yang Y, et al. Mechanical performance of basalt and PVA fiber reinforced hybrid-fiber engineered cementitious composite with superimposed basalt fiber content [J]. Construction and Building Materials, 2022, 353: 129183.

[45] Abdal Q I M, Noaman A T. Effect of combination between hybrid fibers and rubber aggregate on rheological and mechanical properties of self-compacting concrete [J]. Construction and Building Materials, 2024, 414: 135038.

[46] Touil M, Lachheb A, Saadani R, et al. A new experimental strategy assessing the optimal thermo-mechanical properties of plaster composites containing Alfa fibers [J]. Energy and Buildings, 2022, 262: 111984.

[47] Sair S, Mandili B, Taqi M, et al. Development of a new eco-friendly composite material based on gypsum reinforced with a mixture of cork fibre and cardboard waste for building thermal insulation [J]. Composites Communications, 2019, 16: 20-24.

[48] Quintana A, Alba J, del Rey R, et al. Comparative Life Cycle Assessment of gypsum plasterboard and a new kind of bio-based epoxy composite containing different natural fibers [J]. Journal of Cleaner Production, 2018, 185: 408-420.

[49] Guna V, Yadav C, Maithri B R, et al. Wool and coir fiber reinforced gypsum ceiling tiles with enhanced stability and acoustic and thermal resistance [J]. Journal of Building Engineering, 2021, 41: 102433.

[50] Du X Q, Li Y L, Si Z, et al. Effects of basalt fiber and polyvinyl alcohol fiber on the properties of recycled aggregate concrete and optimization of fiber contents [J]. Construction and Building Materials, 2022, 340: 127646.

[51] Gonçalves R M, Martinho A, Oliveira J P. Evaluating the potential use of recycled glass fibers for the development of gypsum-based composites [J]. Construction and Building Materials, 2022, 321: 126320.

[52] Xie L, Zhou Y S, Xiao S H, et al. Research on basalt fiber reinforced phosphogypsum-based composites based on single factor test and RSM test [J]. Construction and Building Materials, 2022, 316: 126084.

[53] Li X Q, Yu T Y, Park S J, et al. Reinforcing effects of gypsum composite with basalt fiber and diatomite for improvement of high-temperature endurance [J]. Construction and Building Materials, 2022, 325: 126762.

[54] Rovero L, Galassi S, Misseri G. Experimental and analytical investigation of bond behavior in glass fiber-reinforced composites based on gypsum and cement matrices [J]. Composites Part B: Engineering, 2020, 194: 108051.

[55] Awang N S, Dams B, Ansell M P, et al. Structural performance of fibrous plaster. Part 1: Physical and mechanical properties of hessian and glass fibre reinforced gypsum composites [J]. Construction and Building Materials, 2020, 259: 120396.

[56] 祖群，宋伟，黄松林，等. 高强玻璃纤维直径及其分布对纤维力学性能的影响 [J]. 硅酸盐学报, 2022, 50 (4): 957-965.

[57] An H F, Wang L L, Lv F T, et al. Multi-objective optimization of properties on polymer fiber-reinforced desulfurization gypsum-based composite cementitious materials [J]. Construction and Building Materials, 2023, 369: 130590.

[58] Benzannache N, Belaadi A, Boumaaza M, et al. Improving the mechanical performance of biocomposite plaster/Washingtonian filifira fibres using the RSM method [J]. Journal of Building Engineering, 2021, 33: 101840.

[59] Sakthieswaran N, Sophia M. Prosopis juliflora fibre reinforced green building plaster materials—An eco-friendly weed control technique by effective utilization [J]. Environmental Technology & Innovation, 2020, 20: 101158.

[60] 刘川北，高建明，孟礼元，等. 聚合物和纤维对石膏基材料早期水化与浆体微结构的影响 [J]. 材料导报, 2022, 36 (8): 215-219.

[61] Pekrioglu B A. The effects of waste marble dust and polypropylene fiber contents on mechanical properties of gypsum stabilized earthen [J]. Construction and Building Materials, 2017, 134:

556-562.

[62] Zhang L J, Mo K H, Tan T H, et al. Synthesis and characterization of fiber-reinforced lightweight foamed phosphogypsum-based composite [J]. Construction and Building Materials, 2023, 394: 132244.

[63] Zhu C, Zhang J X, Peng J H, et al. Physical and mechanical properties of gypsum-based composites reinforced with PVA and PP fibers [J]. Construction and Building Materials, 2018, 163: 695-705.

[64] Suárez F, Felipe-Sesé L, Díaz F A, et al. On the fracture behaviour of fibre-reinforced gypsum using micro and macro polymer fibres [J]. Construction and Building Materials, 2020, 244: 118347.

[65] Suresh B K, Ratnam C. Mechanical and thermophysical behavior of hemp fiber reinforced gypsum composites [J]. Materials Today: Proceedings, 2021, 44: 2245-2249.

[66] Boccarusso L, Durante M, Iucolano F, et al. Production of hemp-gypsum composites with enhanced flexural and impact resistance [J]. Construction and Building Materials, 2020, 260: 120476.

[67] Désiré O B A, Martoïa F, Dumont P J J, et al. Gypsum plaster composites reinforced with tropical fibre bundles extracted from Rhecktophyllum camerunense and Ananas comosus plants: Microstructure and mechanical performance [J]. Construction and Building Materials, 2023, 392: 131815.

[68] Li L, Shu W L, Xu H Y, et al. Experimental study on flexural toughness of fiber reinforced concrete beams: Effects of cellulose, polyvinyl alcohol and polyolefin fibers [J]. Journal of Building Engineering, 2024, 81: 108144.

[69] Wang Z B, Li P F, Han Y D, et al. Dynamic compressive properties of seawater coral aggregate concrete (SCAC) reinforced with mono or hybrid fibers [J]. Construction and Building Materials, 2022, 340: 127801.

[70] Kuqo A, Mai C. Mechanical properties of lightweight gypsum composites comprised of seagrass Posidonia oceanica and pine (Pinus sylvestris) wood fibers [J]. Construction and Building Materials, 2021, 282: 122714.

[71] 杨慧君. 纤维/膨胀珍珠岩对脱硫石膏性能影响研究 [D]. 石河子: 石河子大学, 2021.

[72] Lv F T, Wang L L, An H F, et al. Effects of hybrid fibers on properties of desulfurized gypsum-based composite cementitious materials [J]. Construction and Building Materials, 2023, 392: 131840.

[73] 姚源. 脱硫石膏-粉煤灰胶凝体系性能研究 [D]. 西安: 西安建筑科技大学, 2014.

[74] 来勇, 王培铭, 张国防, 等. 纤维素醚和造孔剂对脱硫石膏基保温砂浆新拌性能的影响 [J]. 商品砂浆的科学与技术, 2011: 317-322.

[75] Collepardi M. Admixture used to enhance placing characteristics of concrete [J]. Cement and Concrete Composites, 1998 (2): 103-112.

[76] 刚家斌. 脱硫石膏基材新型砌块性能及综合评价研究 [D]. 西安: 西安建筑科技大学, 2015.

[77] 彭家惠，张建新，陈明凤，等．石膏减水剂作用机理研究［J］．硅酸盐学报，2003，31（11）：1031-1036.

[78] 李亭颖．防水保温轻质高强石膏板制备技术［D］．杭州：浙江大学，2013.

[79] Playa E, Recio C, Mitchell J. Extraction of gypsum hydration water for oxygenisotopic analysis by the guanidine hydrochloride reaction method [J]. Chemical Geology, 2005, 217 (1/2): 89-96.

[80] Sievert T, Wolter A, Singh N B. Hydration of anhydrite of gypsum ($CaSO_4$. Ⅱ) in aball mill [J]. Cement and Concrete Research, 2005, 35 (4): 623-630.

[81] Colak A. Characteristics of acrylic latex-modified and partiallyepoxy-impregnated gypsum [J]. Cement and Concrete Research, 2001, 31 (11): 1539-1547.

[82] 徐彩宣，陆文雄．新型水性有机硅系防水剂的制备研究［J］．化学建材，2001，17（1）：33-34.

[83] 关淑君．耐水建筑石膏的试验研究［J］．新型建筑材料，2005（2）：1-3.

[84] Camarini G, De Milito J A. Gypsum hemihydrate-cement blendsto improve renderings durability [J]. Construction and BuildingMaterials, 2011, 25 (11): 4121-4125.

[85] 姜洪义，袁润章，向新．石膏基新型胶凝材料高强耐水机理的探讨［J］．武汉工业大学学报，2000，22（2）：22-24.

[86] 张志国，高玲艳，杨伶凤，等．脱硫石膏制耐水石膏砌块的研究［J］．粉煤灰综合利用，2009，（2）：27-30.

[87] 闫亚楠．磷石膏制高性能石膏粉及耐水石膏砌块研究［J］．砖瓦世界，2010（10）：22-30.

[88] 黄洪财．矿物掺合料与化学外加剂对建筑石膏的改性研究［D］．武汉：武汉理工大学，2008.

[89] 赵俊梅，张金山，李侠．无机掺合料改善脱硫建筑石膏耐水性试验研究［J］．山西建筑，2012，38（20）：105-106.

[90] Ekaterina F, Elena V, Oleg B. Some aspects on improvement of water resistant perfornace of gypsum binders [J]. MATEC Web of Conferences, 2016, 86: 04065.

[91] 曹同玉，刘庆普，胡金生．聚合物乳液合成原理性能及应用［M］．北京：化学工业出版社，1999：13-35.

[92] 张坤玲，李瑞珍，卢玉妹，等．HLB 值与乳化剂的选择［J］．石家庄职业技术学院学报，2004，16（6）：20-22.

[93] 杨飘．超高黏度硅油乳液的研制及其在香波中的应用［J］．日用化学工业，2002，32（1）：85-86.

[94] Greve D R, ONeill E D. Waler-resistant gypsum products: US, US3935021 (A) [P]. 1976-01-27.

[95] Veeramasuneni S, Capacasa K. Method of making water-resislant gypsum-based article: US, US7892472 (B2) [P]. 2011-02-22.

[96] 刘润章．石膏防水性能研究［J］．西北民族学院学报（自然科学版），2000，21（34）：28-37.

[97] 宣玲，邓玉和，冯谦，等．有机硅防水剂对石膏刨花板性能的影响［J］. 林产工业，2006，33（2）：23-26.

[98] Wang X M，Liu Q X，Reed P. Siloxane polymerization in wallboard：US，US7815730（B2）［P］. 2010-10-19.

[99] 王东，刘凯．有机硅憎水剂对不同石膏性能的影响［J］. 四川建材，2013，39（1）：14-16.

[100] 王斓懿，于学华，赵震．无机多孔材料的合成及其在环境催化领域的应用［J］. 物理化学学报，2017，33：2359-2376.

[101] Davis M E. Ordered porous materials for emerging applications［J］. Nature，2002，417（6891）：813-821.

[102] Kenisarin M M，Kenisarina K M. Form-stable phase change materials for thermal energy storage［J］. Renewable and Sustainable Energy Reviews，2012，16（4）：1999-2040.

[103] Schmit H，Rathgeber C，Hoock P，et al. Critical review on measured phase transition enthalpies of salt hydrates in the context of solid-liquid phase change materials［J］. Thermochimica Acta，2020，683：178477.

[104] Arunachalam S. Latent heat storage：Container geometry，enhancement techniques，and applications—A review［J］. Journal of Solar Energy Engineering，2019，141（5）：050801.

[105] Maleki M，Imani A，Ahmadi R，et al. Low-cost carbon foam as a practical support for organic phase change materials in thermal management［J］. Applied Energy，2020，258：114108.

[106] Wi S，Yang S，Park J H，et al. Climatic cycling assessment of red clay/perlite and vermiculite composite PCM for improving thermal inertia in buildings［J］. Building and Environment，2020，167：106464.

[107] Xie N，Li Z P，Gao X N，et al. Preparation and performance of modified expanded graphite/eutectic salt composite phase change cold storage material［J］. International Journal of Refrigeration，2020，110：178-186.

[108] Zou T，Fu W W，Liang X H，et al. Hydrophilic modification of expanded graphite to develop form-stable composite phase change material based on modified $CaCl_2 \cdot 6H_2O$［J］. Energy，2020，190：116473.

[109] 谢宝珊，李传常，张波，等．硅酸盐矿物储热特征及其复合相变材料［J］. 硅酸盐学报，2019，47：143-152.

[110] 张伟，张薇，张师军．聚合物基相变储能材料的研究与发展［J］. 塑料，2008：56-61.

[111] Chen C Z，Wang L G，Huang Y. A novel shape-stabilized PCM：Electrospun ultrafine fibers based on lauric acid/polyethylene terephthalate composite［J］. Materials Letters，2008，62（20）：3515-3517.

[112] Ye H，Ge X S. Preparation of polyethylene-paraffin compound as a form-stable solid-liquid phase change material［J］. Solar Energy Materials and Solar Cells，2000，64（1）：37-44.

[113] Cai C W，Ouyang X，Zhou L，et al. Co-solvent free interfacial polycondensation and properties of polyurea PCM microcapsules with dodecanol dodecanoate as core material［J］. Solar Energy，2020，199：721-730.

[114] Ma Y J, Zong J W, Li W, et al. Synthesis and characterization of thermal energy storage microencapsulated n-dodecanol with acrylic polymer shell [J]. Energy, 2015, 87: 86-94.

[115] 刘炎昌, 娄鸿飞, 刘东志, 等. 界面聚合法制备十二醇相变微胶囊的工艺及性能 [J]. 材料导报, 2021, 35: 2157-2160.

[116] Shi J, Wu X L, Sun R, et al. Nano-encapsulated phase change materials prepared by one-step interfacial polymerization for thermal energy storage [J]. Materials Chemistry and Physics, 2019, 231: 244-251.

[117] Zhang Y, Tao W, Wang K H, et al. Analysis of thermal properties of gypsum materials incorporated with microencapsulated phase change materials based on silica [J]. Renewable Energy, 2020, 149: 400-408.

[118] Zhu C Q, Lin Y X, Fang G Y. Preparation and thermal properties of microencapsulated stearyl alcohol with silicon dioxide shell as thermal energy storage materials [J]. Applied Thermal Engineering, 2020, 169: 114943.

[119] 王宇, 李琳. 溶胶-凝胶法制备脂肪酸/SiO_2 复合储能相变材料研究 [J]. 化工新型材料, 2016, 44: 64-66.

[120] Wang C M, Cai Z Y, Wang T J, et al. Preparation and thermal properties of shape-stabilized 1, 8-octanediol/SiO_2 composites via sol gel methods [J]. Materials Chemistry and Physics, 2020, 250: 123041.

[121] Li W, Zhang X X, Wang X C, et al. Preparation and characterization of microencapsulated phase change material with low remnant formaldehyde content [J]. Materials Chemistry and Physics, 2007, 106 (2/3): 437-442.

[122] 宋云飞, 娄鸿飞, 吕绪良, 等. 原位聚合法制备微胶囊的研究进展 [J]. 化工新型材料, 2018, 46: 30-33, 40.

[123] Zhang X X, Fan Y F, Tao X M, et al. Fabrication and properties of microcapsules and nanocapsules containing n-octadecane [J]. Materials Chemistry and Physics, 2004, 88 (2/3): 300-307.

[124] Alkan C, Sarı A, Karaipekli A, et al. Preparation, characterization, and thermal properties of microencapsulated phase change material for thermal energy storage [J]. Solar Energy Materials and Solar Cells, 2009, 93 (1): 143-147.

[125] 刘国军, 杨金燕, 张桂霞, 等. 相反转界面细乳液聚合法制备石蜡纳胶囊与表征 [J]. 高分子材料科学与工程, 2017, 33: 12-17.

[126] Alkan C, Sari A, Karaipekli A. Preparation, thermal properties and thermal reliability of microencapsulated n-eicosane as novel phase change material for thermal energy storage [J]. Energy Conversion and Management, 2011, 52 (1): 687-692.

[127] Maithya O M, Li X, Feng X, et al. Microencapsulated phase change material via Pickering emulsion stabilized by graphene oxide for photothermal conversion [J]. Journal of Materials Science, 2020, 55 (18): 7731-7742.

[128] Zhao Q H, Yang W B, Zhang H P, et al. Graphene oxide Pickering phase change material emulsions with high thermal conductivity and photo-thermal performance for thermal energy

management [J]. Colloids and Surfaces A: Physicochemical and Engineering Aspects, 2019, 575: 42-49.

[129] Zhou Y, Li C H, Wu H, et al. Construction of hybrid graphene oxide/graphene nanoplates shell in paraffin microencapsulated phase change materials to improve thermal conductivity for thermal energy storage [J]. Colloids and Surfaces A: Physicochemical and Engineering Aspects, 2020, 597: 124780.

[130] Graham M, Smith J, Bilton M, et al. Highly stable energy capsules with nano-SiO_2 Pickering shell for thermal energy storage and release [J]. ACS Nano, 2020, 14 (7): 8894-8901.

[131] 尚建丽，张浩，董莉．石膏基双壳微纳米相变胶囊复合材料制备及调温调湿性能研究[J]．太阳能学报，2016，37：1481-1487.

[132] Lu S F, Xing J W, Zhang Z H, et al. Preparation and characterization of polyurea/polyurethane double-shell microcapsules containing butyl stearate through interfacial polymerization [J]. Journal of Applied Polymer Science, 2011, 121 (6): 3377-3383.

[133] Tahan L S, Mehrali M, Mehrali M, et al. Synthesis, characterization and thermal properties of nanoencapsulated phase change materials via sol-gel method [J]. Energy, 2013, 61: 664-672.

[134] He F, Wang X D, Wu D Z. New approach for sol-gel synthesis of microencapsulated n-octadecane phase change material with silica wall using sodium silicate precursor [J]. Energy, 2014, 67: 223-233.

[135] 钟丽敏，杨穆，栾奕，等．石蜡/二氧化硅复合相变材料的制备及其性能[J]．工程科学学报，2015，37：936-941.

[136] 程璐璐，杨建森，曹向阳，等．原位聚合法制备微胶囊相变材料及热工性能研究[J]．新型建筑材料，2019，46：89-93.

[137] 杨文禹，江梦婷，闵洁．原位聚合法十八烷相变微胶囊的合成与应用[J]．纺织导报，2019：80-84.

[138] Sánchez-Silva L, Lopez V, Cuenca N, et al. Poly (urea-formaldehyde) microcapsules containing commercial paraffin: in situ polymerization study [J]. Colloid and Polymer Science, 2018, 296 (9): 1449-1457.

[139] 陈春明，陈中华，曾幸荣．细乳液聚合法制备正十二醇/聚合物相变纳米胶囊及其性能研究[J]．功能材料，2011，42：2112-2115.

[140] Zhang B, Zhang Z, Kapar S, et al. Microencapsulation of phase change materials with polystyrene/cellulose nanocrystal hybrid shell via pickering emulsion polymerization [J]. ACS Sustainable Chemistry & Engineering, 2019, 7 (21): 17756-17767.

[141] Wang H, Zhao L, Song G L, et al. Organic-inorganic hybrid shell microencapsulated phase change materials prepared from SiO_2/TiC-stabilized pickering emulsion polymerization [J]. Solar Energy Materials and Solar Cells, 2018, 175: 102-110.

[142] Cui H Z, Tang W C, Qin Q H, et al. Development of structural-functional integrated energy storage concrete with innovative macro-encapsulated PCM by hollow steel ball [J]. Applied Energy, 2017, 185: 107-118.

[143] Rathore P K S, Shukla S K. An experimental evaluation of thermal behavior of the building

envelope using macroencapsulated PCM for energy savings [J]. Renewable Energy, 2020, 149: 1300-1313.

[144] 周建庭，聂志新，郭增伟，等．相变混凝土的制备与性能研究综述[J]．江苏大学学报（自然科学版），2020，41：588-595.

[145] Mohseni E, Tang W, Khayat K H, et al. Thermal performance and corrosion resistance of structural-functional concrete made with inorganic PCM [J]. Construction and Building Materials, 2020, 249: 118768.

[146] Cabeza L F, Navarro L, Pisello A L, et al. Behaviour of a concrete wall containing micro-encapsulated PCM after a decade of its construction [J]. Solar Energy, 2020, 200: 108-113.

[147] Erlbeck L, Schreiner P, Schlachter K, et al. Adjustment of thermal behavior by changing the shape of PCM inclusions in concrete blocks [J]. Energy Conversion and Management, 2018, 158: 256-265.

[148] Jeong S, Wi S, Chang S J, et al. An experimental study on applying organic PCMs to gypsum-cement board for improving thermal performance of buildings in different climates [J]. Energy and Buildings, 2019, 190: 183-194.

[149] Abden M J, Tao Z, Pan Z, et al. Inclusion of methyl stearate/diatomite composite in gypsum board ceiling for building energy conservation [J]. Applied Energy, 2020, 259: 114113.

[150] Kishore R A, Bianchi M V A, Booten C, et al. Modulating thermal load through lightweight residential building walls using thermal energy storage and controlled precooling strategy [J]. Applied Thermal Engineering, 2020, 180: 115870.

[151] Lu S L, Xu B W, Tang X L. Experimental study on double pipe PCM floor heating system under different operation strategies [J]. Renewable Energy, 2020, 145: 1280-1291.

[152] Fang Y T, Su J M, Fu W W, et al. Preparation and thermal properties of NaOAc · $3H_2O$-$CO(NH_2)_2$ non-eutectic binary mixture PCM for radiant floor heating system [J]. Applied Thermal Engineering, 2020, 167: 114820.

[153] Sun W C, Zhang Y X, Ling Z Y, et al. Experimental investigation on the thermal performance of double-layer PCM radiant floor system containing two types of inorganic composite PCMs [J]. Energy and Buildings, 2020, 211: 109806.

[154] Feldman D, Banu D, Hawes D W. Development and application of organic phase change mixtures in thermal storage gypsum wallboard [J]. Solar Energy Materials and Solar Cells, 1995, 36 (2): 147-157.

[155] Lee T, Hawes D W, Banu D, et al. Control aspects of latent heat storage and recovery in concrete [J]. Solar Energy Materials and Solar Cells, 2000, 62 (3): 217-237.

[156] Hawes D W, Feldman D. Absorption of phase change materials in concrete [J]. Solar Energy Materials and Solar Cells, 1992, 27 (2): 91-101.

[157] Borreguero A M, Luz S M, Valverde J L, et al. Thermal testing and numerical simulation of gypsum wallboards incorporated with different PCMs content [J]. Applied Energy, 2011, 88 (3): 930-937.

[158] Tuncel Y, Pekmezci B. Sustainable fiber reinforced cementitious panels containing PCM:

Mechanical and thermal performance [J]. Revista ALCONPAT, 2020, 10 (2): 180-190.

[159] Cui H Z, Feng T J, Yang H B, et al. Experimental study of carbon fiber reinforced alkali-activated slag composites with micro-encapsulated PCM for energy storage [J]. Construction and Building Materials, 2018, 161: 442-451.

[160] Zhang B, Yang H B, Xu T, et al. Mechanical and Thermo-Physical Performances of Gypsum-Based PCM Composite Materials Reinforced with Carbon Fiber [J]. Applied Sciences, 2021, 11 (2): 468.

[161] Wang R, Ren M, Gao X J, et al. Preparation and properties of fatty acids based thermal energy storage aggregate concrete [J]. Construction and Building Materials, 2018, 165: 1-10.

[162] Karaipekli A, Sarı A. Development and thermal performance of pumice/organic PCM/gypsum composite plasters for thermal energy storage in buildings [J]. Solar Energy Materials and Solar Cells, 2016, 149: 19-28.

[163] Li M, Wu Z S, Chen M R. Preparation and properties of gypsum-based heat storage and preservation material [J]. Energy and Buildings, 2011, 43 (9): 2314-2319.

[164] Lecompte T, Le B P, Glouannec P, et al. Mechanical and thermo-physical behaviour of concretes and mortars containing phase change material [J]. Energy and Buildings, 2015, 94: 52-60.

[165] Borreguero A M, Garrido I, Valverde J L, et al. Development of smart gypsum composites by incorporating thermoregulating microcapsules [J]. Energy and Buildings, 2014, 76: 631-639.

[166] Srinivasaraonaik B, Singh L P, Sinha S, et al. Studies on the mechanical properties and thermal behavior of microencapsulated eutectic mixture in gypsum composite board for thermal regulation in the buildings [J]. Journal of Building Engineering, 2020, 31: 101400.

[167] Rao V V, Parameshwaran R, Ram V V. PCM-mortar based construction materials for energy efficient buildings: A review on research trends [J]. Energy and Buildings, 2018, 158: 95-122.